青少年人工智能学习丛书

Arduino Uno 轻松入门48例

◎ 周宝善　编著

電子工業出版社
Publishing House of Electronics Industry
北京 · BEIJING

内容简介

本书以实验案例形式系统讲述了 Arduino Uno 入门基础知识与编程实现方法。第一部分讲述了初学者应了解的入门基础知识，包括 Arduino 是什么、如何开始 Arduino 编程、Arduino 语言等；第二部分依次讲解了 48 例经典的 Arduino Uno 编程实例，内容包括实验描述、知识要点、编程要点、程序设计、拓展和挑战等。

本书编程和硬件设计案例丰富，图文对照、讲解清晰，可作为 Arduino 初学者的参考用书，尤其可作为课外或校外中小学生学习和进行 Arduino 编程的辅导教材。

图书在版编目（CIP）数据

Arduino Uno 轻松入门 48 例 / 周宝善编著 .—北京：电子工业出版社，2021.1
（青少年人工智能学习丛书）
ISBN 978-7-121-40201-2

Ⅰ.① A…　Ⅱ.①周…　Ⅲ.①单片微型计算机 – 程序设计 – 青少年读物　Ⅳ.① TP368.1–49

中国版本图书馆 CIP 数据核字（2020）第 247982 号

责任编辑：曲　昕　　文字编辑：张　彬
印　　刷：北京天宇星印刷厂
装　　订：北京天宇星印刷厂
出版发行：电子工业出版社
　　　　　北京市海淀区万寿路 173 信箱　　邮编：100036
开　　本：787 × 1 092　1/16　印张：16.25　字数：312 千字
版　　次：2021 年 1 月第 1 版
印　　次：2023 年 8 月第 6 次印刷
定　　价：59.00 元

凡所购买电子工业出版社图书有缺损问题，请向购买书店调换。若书店售缺，请与本社发行

质量投诉请发邮件至 zlts@phei.com.cn，盗版侵权举报请发邮件至 dbqq@phei.com.cn。
本书咨询联系方式：（010）88254468，quxin@phei.com.cn。

前言

大家都知道计算机和手机，那是否还知道单片机和 Arduino 呢？

计算机是一种用于高速计算的电子计算器，包含硬件和软件，能按照程序自动运行，高速处理海量数据。计算机具有强大的科学计算能力、高效的数据处理能力、可靠的自动控制性能，可以进行辅助设计、人工智能开发、多媒体应用、网络信息处理等。计算机广泛应用于各个领域，是现代社会不可缺少的工具。

手机是一种可以拿在手上的移动电话机，具有无线通话、收发短信等功能。智能手机还具有无线互联网接入能力，具备掌上计算机的一些功能。

单片机即单片微型计算机，是一种集成电路芯片，由中央处理器、只读存储器、随机存储器、输入/输出端口等部分组成，能装配到电路板上，可应用于自动控制设备中，具有系统结构简单、使用方便、可靠性高、控制功能强等特点。单片机广泛应用于仪器仪表、家用电器、医用设备、航空航天设备、专用设备等智能化管理与自动化控制领域。

Arduino 是一款开源电子平台，包含硬件和软件，具有跨平台、系统简单、技术开放、发展迅速等特点，可运用开关、传感器、控制器件编程来控制 LED 灯、步进电机和其他输出装置。Arduino 硬件价格低、软件开源（可以免费下载使用），且功能强大、简单易学。

或许，你最关心的问题是“我能学会 Arduino 吗？如何去学？”

如果你喜欢动手实践，会电子焊接和计算机打字，那么你一定能学会 Arduino，而且一定会喜欢上 Arduino。

找一本优秀的入门级实验教程，或者参加 Arduino 培训课都是学习 Arduino 相当不错的选择。因为学习过程中可能会遇到各种困难，可能会浪费时间，走很多弯路，甚至有些人感觉越学越复杂。一本优秀的入门级实验教程犹如一位优秀的辅导教师，能带领你拨云见日，柳暗花明。

本书的特点如下：实例经典，学习材料精致。本书集中讲述了 48 例 Arduino Uno 实例，提供 33 例配套学习材料（需要单独联系作者购置），实例与学习材料对于初学者来说比较容易接受，实现难度低，有助于提升学习效率。

（1）抓住要点，简单明了

本书内容由入门基础和编程实例两部分组成。编写思路如下：找出在初学者看来容易接受的 Arduino 技术中的重要知识点，进行深入浅出、通俗易懂的讲解，配合必要的图片，突出编程指导作用。

第 1 章 Arduino Uno 入门基础部分简单介绍 Arduino 的组成部分、主要用途及主要特点，详细讲述 Arduino Uno 开发板的端口及组成部件；简单介绍 Arduino IDE 软件的安装方法，详细讲述 Arduino IDE 软件的编程方法；简单介绍 Arduino 程序的组成及一些常见的 Arduino 语句。对于常用的电子元件、电子焊接基础、面包板实验，采用插图方式简单介绍对于初学者来说容易接受的重要知识点。

第 2 章 Arduino Uno 编程实例部分采用框架方式，由实验描述、知识要点、编程要点、程序设计、拓展和挑战等部分组成，使读者清晰掌握实验步骤、关键知识和编程技巧。

（2）循序渐进，举一反三

本书一方面引领初学者循序渐进地学习编程，获得成功体验，激发学习编程的兴趣，另一方面引领初学者举一反三，拓宽编程思路，增长编程知识，提升编程技能，锻炼严谨的编程思维。

（3）联系实际，切实可行

本书的编程实例紧密联系生活实际，与日常生活息息相关，有利于初学者提升实践水平。

本书面向小学高年级及以上层次读者。书中所有实验代码均经笔者调试通过。由于笔者水平有限，书中难免有错误，敬请有关专家与广大读者批评指正。

2020 年 7 月

目 录

第 1 章 Arduino 入门基础

1.1 Arduino 是什么

1. Arduino概述

2005 年，欧洲的一个开发团队开发出一款名称为 Arduino 的开源电子平台，用于开发智能控制类电子项目。该平台包括硬件（用于连接电路的 Arduino 板）和软件（程序开发环境 Arduino IDE）两部分。注：开源是公开硬件资源、开放软件源代码的意思。

Arduino 开发板（又称板）由电路板、微控制器（使用的是 AVR 单片机）、输入/输出端口、USB 接口、外接电源插孔、复位键等部分组成。它是一块微型计算机主板，包含支持单片机工作所需要的所有外围电路，接通电源后就可以工作。

Arduino IDE 软件可在计算机上安装使用，运用 Arduino 编程语言编写程序代码，运用 Arduino 编译器将程序代码转换为二进制代码，运用 Arduino 连接器将二进制代码上传到 Arduino 板上的微控制器，Arduino 板因此在程序控制下自动运行。注：IDE 是英文 Integrated Development Environment 的缩写，意思是集成开发环境，包括编辑器、编译器、连接器等。

Arduino 的主要用途：可运用开关、传感器、控制器件编程来控制 LED 灯、步进电机或其他输出装置。比如：运用红外遥控器编程控制 LED 灯，非常简单实用；再如：运用超声波传感器编程控制避障小车，十分有趣好玩。

Arduino 的主要特点：跨平台，Arduino IDE 软件可在 Windows、Macintosh OS、Linux 操作系统上安装使用；开源，Arduino 硬件的电路原理图、电路图、Arduino IDE 软件及核心库文件开源，且 Arduino 全球流行，共享资源十分丰富，用户可以免费下载、自由使用，通过整合资源，用户能明显加快开发的速度，提高开发的效率；低成本，Arduino 板价格低，Arduino IDE 软件免费，Arduino 硬件资源与软件源代码开源，微控制器价廉物美，由 USB 接口供电，无须外接电源，程序开发接口可免费下载，支持在线编程，系统结构简单清晰，开发方式易学好用，对于初学者来说，可大大节约学习的成本。

Arduino 的突出优点：Arduino 的 IDE 软件开源，可免费下载使用；Arduino 板价格低，资源丰富；Arduino 基于 AVR 单片机平台，对 AVR 库进行了二次编译封装，大大降低了软件开发难度，功能强大，简单易学，非常适合初学者。

2. Arduino Uno开发板

Arduino 板有多种型号，其中 Arduino Uno 开发板是一款适合初学者学习使用的开发板，因此，本书仅以 Arduino Uno 开发板为例展开学习辅导。Arduino Uno 开发板的尺寸为 70mm（宽）X54mm（高），外形如图 1.1 所示。

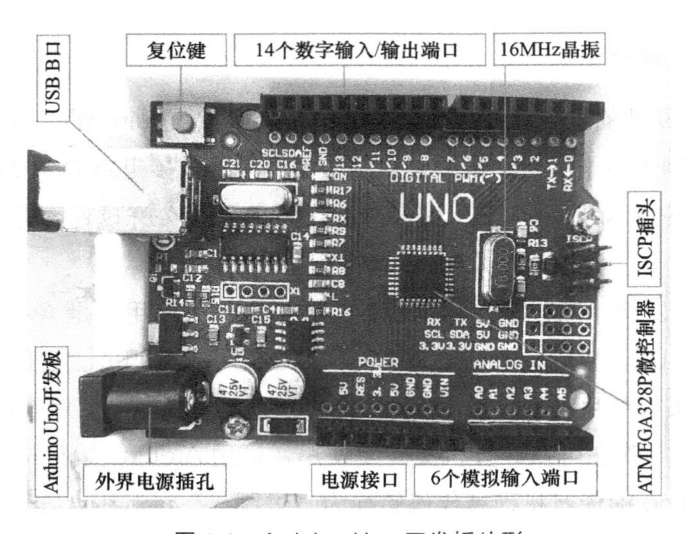

图 1.1　Arduino Uno 开发板外形

端口及组成部件说明如下。

（1）0 ~ 13 为 14 个数字输入 / 输出（Digital I/O）端口，最大输入 / 输出电流为 40mA，其中，端口 0 和 1 可用作串口通信数据发送和接收引脚，端口 3、5、6、9、10、11 具有 PWM（脉冲宽度调制）功能，端口 13 与板载 LED 灯连接。注：这里的数字指数字量，数字量指在一定范围内不连续变化的物理量；输入 / 输出端口指输入或输出的引脚，引脚电压的变化范围为 0 ~ 5V，数字端口的返回值为数字 0 或 1，当引脚电压低于 0.8V 时，数字端口的返回值为数字 0，数字 0 表示低电平，当引脚电压高于 2.0V 时，数字端口的返回值为数字 1，数字 1 表示高电平，当引脚电压高于 0.8V 且低于 2.0V 时，数字端口的返回值将无法确定；当端口 13 输出数字 1 时，板载 LED 灯点亮，当端口 13 输出数字 0 时，板载 LED 灯熄灭，具体用法详见 2.2 节；串口通信详见 2.1 节；PWM 详见 2.5 节。

（2）A0 ~ A5 为 6 个模拟输入（Analog In）端口，具有 10 位的分辨率，默认输入信号为 0 ~ 5V 电压。注：这里的模拟指模拟量，模拟量指在一定范围内连续变化的物理量；输入端口指输入引脚；10 位的分辨率指采用 10 位编码将模

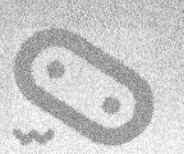

拟信号量化为 2^{10}=1024 个量级，如输入信号为 0V，端口返回值为 0，输入信号为 5V，端口返回值为 1024，输入信号为 2.5V，端口返回值为 512，具体用法见 2.4 节；A0 ~ A5 也可当成普通数字输入 / 输出端口使用，具体用法见 2.36 节。

（3）GND 为电路公共逻辑参考电平引脚、电线接地端口，对于电源而言，GND 为电源负极。Arduino Uno 开发板上共有 3 个 GND。

（4）AREF 为模拟输入的基准电压（Reference Voltage for the Analog Inputs），使用 analogReference() 命令调用。

（5）SCL/SDA 是 I2C 通信专用引脚，SCL 引脚是用于同步数据传输的时钟线，与模拟端口 A5 连接，SDA 引脚是用于传输数据的数据线，与模拟端口 A4 连接。I2C 通信可实现单个板上组成部件之间的通信，具体用法见 2.37 节。

（6）复位（Reset）键，又称重新启动键，在设备通电状态下手动按下复位键可使设备重新启动，程序从起始状态重新开始运行。

（7）USB B 口是 USB 接口的一种，内置 2 根电源线与 2 根信号线。Arduino Uno 开发板通过 USB B 型电缆线连接到计算机 USB 接口上，可获得 5V、500mA 的供电电源；可借助计算机将程序下载到开发板上；能与计算机串口通信，USB 2.0 传输速率可以达到 480Mbps。注：480Mbps 表示 1 秒钟传输 480 兆比特的数据信息，bit（比特）是计算机中最小的存储单位，平时看到的 KB、MB 中的 B 指 Byte（字节），1Byte=8bit。

（8）外接电源插孔连接 7 ~ 12V 直流电源适配器，外接电源插孔的正极与 1N4007 二极管的正极连接，1N4007 二极管的负极与 VIN 端口、AMS1117 三端稳压器输入端连接。当 Arduino Uno 开发板的耗电电流小于 500mA 时，采用 USB 接口供电即可，无须外接电源；当耗电电流大于 500mA 时，必须外接电源，否则，开发板不能正常工作。

（9）5V 和 3.3V 端口可向外部电路提供 5V 和 3.3V 电源。

（10）RESET 端口与复位键的引脚连接。将此端口与 GND 端口快速连接一下然后断开，可使设备重新启动，从起始状态重新开始。

（11）VIN 端口为外接电源输入（Voltage In）端口，外接电源的输入电压为 7 ~ 12V。

（12）ISCP 插头用于 ISP（ISP 是英文 In-System Programming 的缩写，是在线编程的意思），开发板有 6 只引脚，可通过电缆线连接到编程设备上，向芯片写入程序或擦除程序，即具有在线调试、编程功能。

（13）ATMEGA328P 芯片是一款高性能、低功耗、可编程、带 32KB 闪存的 8 位 AVR 微控制器，工作电压为 1.8 ~ 5.5V，速度等级为 0 ~ 20MHz，闪存可反复擦写 10000 次，数据可保存 20 年不丢失。

（14）16MHz 晶振表示使用的晶体振荡器的振荡频率为 16MHz（16000000Hz），晶振在 Arduino Uno 开发板上的主要作用是产生基准频率，微控制器通过基准频率控制电路中的频率的准确性。注：频率指单位时间内变化的次数，频率的单位是赫兹，简称“赫”，符号为 Hz。16MHz 表示 1 秒钟变化 16000000 次。

1.2 如何开始 Arduino 编程

1. 安装Arduino IDE

安装步骤如下。

（1）上网搜索 Arduino IDE 并下载。

（2）双击 arduino-windows.exe，安装 Arduino IDE。用方头 USB 数据线将 Arduino Uno 开发板与计算机连接起来，出现识别新硬件提示并自动安装。打开设备管理器查看 USB 端口安装情况，端口 USB-SERIAL CH340 无异常，USB 端口为 COM3，如图 1.2 所示。如有异常，需联网安装驱动。

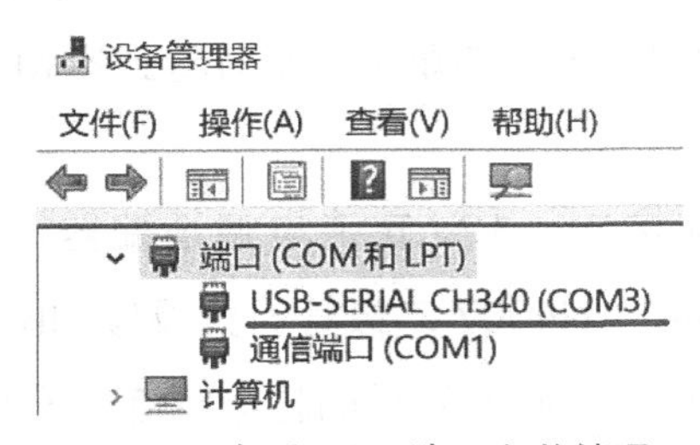

图 1.2 查看 USB 端口安装情况

（3）安装成功后，双击 Arduino 软件图标，进入 Arduino 软件界面。

2. 运用Arduino IDE编程

编程步骤如下。

（1）双击 Arduino 软件图标，进入 Arduino 软件界面，如图 1.3 所示。

图 1.3 Arduino 软件图标和界面

（2）单击“文件”→“新建”命令（或单击菜单栏下方的第 3 个图标，如图 1.4 所示）（或在英文输入法状态下按 Ctrl+N 组合键）。

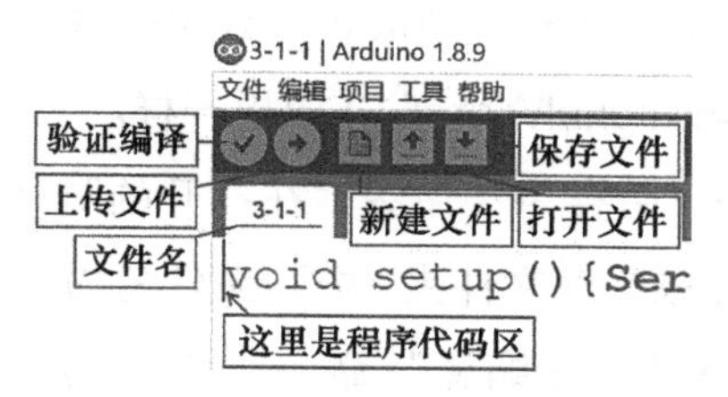

图 1.4　Arduino 软件常用图标

（3）输入程序代码。在英文输入法状态下输入程序代码（程序代码区自动生成的代码可全部删掉，然后重新输入自己的代码，也可以在此基础上保留需要的代码，删除不需要的代码）。

输入代码时，要注意以下 9 点。

① Arduino 程序代码的英文字母、空格键、标点符号必须在英文输入法状态下输入。其中，标点符号包括逗号（,）、句点（.）、冒号（:）、分号（;）、感叹号（!）、括号（()）、花括号（{}）、引号（""）等。

② 英文字母有大小写之分。

③ 字母和字母之间空 1 个格与空多个格效果一样。

④ 字母和标点符号之间、标点符号和标点符号之间空格与不空格效果一样。

⑤ 括号、花括号、单斜线必须成对出现。注：单斜线之间的内容为注释，双斜线之后的内容为注释；单行注释以 // 开头，多行注释以 /* 开头、以 */ 结尾。注释内容本身不参与程序运行，因此，在输入程序代码时，注释内容不必输入。所谓注释，即对程序代码的功能和含义进行解释与说明，注释的作用是方便自己记录、阅读程序编写思路，或方便其他程序员了解程序编写情况。另外，给程序代码加注释，可阻止注释内容参与执行。

⑥ 除下列类型的语句外，所有 Arduino 编程语句一律以分号结束，否则编译时将出错。

```
#define D1 262
#include <IRremote.h>
void setup(){}
void loop(){}
for(int i=0;i<14;i++){}
if(val==1){ 语句 1;}else{ 语句 2;}
```

⑦ Arduino 编程语句写成多行或一行效果一样。

```
void setup(){for(int i=0;i<14;i++){pinMode(i,OUTPUT);}}
```

⑧ 将代码格式化的方法是按 Ctrl+T 组合键。

⑨ digitalWrite(i,HIGH) 与 digitalWrite(i,1) 效果一样。

digitalWrite(i,LOW) 与 digitalWrite(i,0) 效果一样。

（4）单击“文件”→“另存为”命令，在打开的对话框中选择将程序代码保存在 D:\MyArduino 文件夹（或其他文件夹）中，文件名为 3-1-1（或其他）。

（5）单击“项目”→“验证编译”命令（或单击菜单栏下方的第 1 个图标）（或在英文输入法状态下按 Ctrl+R 组合键）。如果程序代码区下方显示“编译完成”，表示程序代码输入正确；如果程序代码区下方出现“复制错误信息”按钮，表示代码输入有错误，需改正错误。注：重点检查是否在英文输入法状态下，输入的字符有没有错误。

（6）用方头 USB 数据线将 Arduino Uno 开发板与计算机连接起来。

（7）单击“工具”→“端口”→“COM3”命令，即在 COM3 前出现√，如图 1.5 所示。

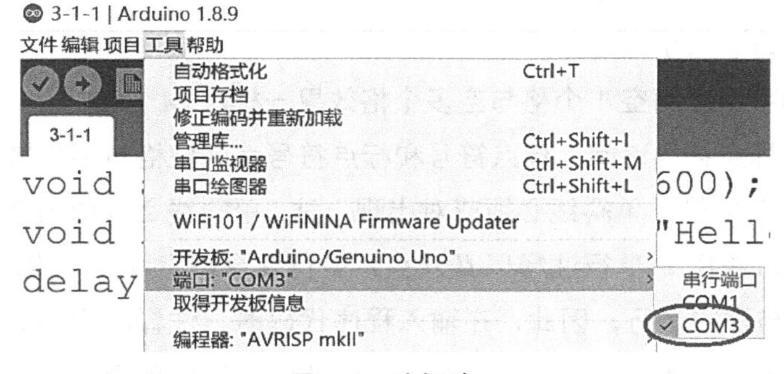

图 1.5 选择端口

（8）单击“工具”→“开发板：’Arduino/Genuino Uno’”→“Arduino/Genuino Uno”命令，如图 1.6 所示。

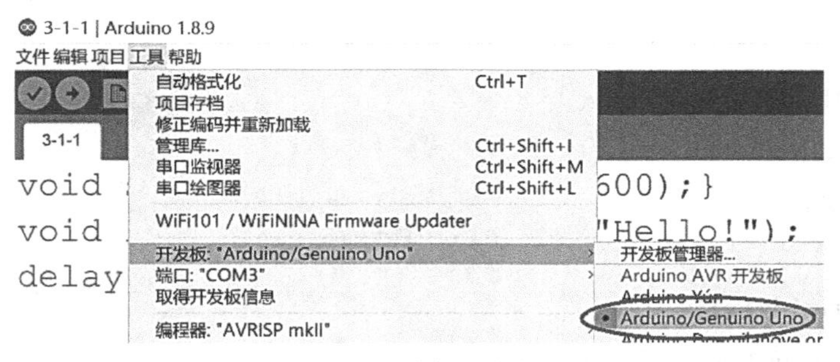

图 1.6 选择开发板

（9）单击“项目”→“上传”命令（或单击菜单栏下方的第 2 个图标）（或在

英文输入法状态下按 Ctrl+U 组合键)。如果程序代码区下方显示“上传成功”，表示程序代码已传入 Arduino Uno 开发板。随后，Arduino Uno 开发板将在程序控制下自动运行。注：有时候上传文件失败，是因为 Arduino Uno 开发板上的实验模块工作电流较大，解决的办法是将外接直流 7 ~ 12V 电源插接到开发板上的电源插孔内；或者上传文件时先不要连接实验模块，上传成功后再连接实验模块，最后通电实验。

1.3　Arduino 语言

Arduino 语言是在 C/C++ 基础上将 AVR 单片机（微控制器）的相关参数设置编写成函数的 C 语言。

1. Arduino程序的组成

运用 Arduino 语言编写的程序由结构、值和函数 3 个主要部分组成。

结构主要包括 void setup(){// 设置初始化程序代码，此代码只运行一次 ;} 和 void loop(){// 放置主程序代码，此代码循环运行无数次 ;} 两部分，另外还包括定义头文件、定义变量、自定义函数、自定义库等。setup 函数用于初始化变量、设置引脚的输入 / 输出模式、配置串口、引入库函数文件等，只在 Arduino Uno 开发板上电或复位后运行一次。loop 函数用在 setup 函数初始化并设置好初始值之后，用于循环运行主程序代码，以实现预期的功能。

值包括变量的值和常量的值。变量的值在整个程序执行期间可以改变，包括 int 整型变量（用于存放整数，占 4 字节）、float 单精度浮点变量（用于存放带小数点的数值，占 4 字节）、char 字符变量（用于存放字符，占 1 字节）等。变量可以通过变量名访问，在使用前必须声明其类型并赋值（创建变量）。常量的值在整个程序执行期间固定不变。

函数包括核心库函数、贡献库函数、第三方库函数。核心库函数文件在 Arduino\hardware\arduino\avr 目录里，贡献库函数文件在 Arduino\libraries 目录里。在调用库函数文件 *.h 中的函数之前，必须首先输入代码 #include <xx.h>，在编译程序代码之前，必须首先安装库函数文件，然后重启软件。

2. 写在void setup()之前的语句

在初始化程序之前一般有以下语句。

```
#define D1 196// 定义变量 D1=196，这是 G 调低音 1 的振动频率。
#define Da 9// 定义变量 Da=9，表示数码管引脚 a 接数字端口 9。
#include <IRremote.h> // 定义头文件 IRremote.h。
```

#include <Servo.h> // 定义头文件 Servo.h。

#include <LiquidCrystal.h>// 定义头文件 LiquidCrystal.h。

byte digitPins[]={0,1,11,12};// 数码管公共极引脚连接数字端口。

byte hardwareConfig=2;// 共阴极数码管公共极接高电平时导通，引脚接高电平时点亮。

byte numDigits=4;// 数码管位数为 4 位。

byte segmentPins[]={2,4,8,7,6,3,9};// 数码管引脚 a、b、c、d、e、f、g 连接数字端口。

char ledpin[]={9,8,7,12,13,10,11};// 设置数码管引脚对应的数字端口。

decode_results results;// 一个 decode_results 类的对象。

digitalWrite(13,1);if(digitalRead(13)==0){delay(250);flag=(flag+1)%3;break;} // 按键切换运行模式，用于设置 3 种运行模式；延时 250ms，目的是避免切换速度过快；break 用于退出 do、for、while 循环和 switch 语句。

digitalWrite(Da,num[i][0]);// 将数组 num 中第 i[①]行第 0 列的数据赋给数码管引脚 a。

float duration[]={};// 定义单精度浮点变量数组 duration，排列音符的音长。

int flag=0;// 定义整型变量 flag（模式数），初始化赋值为 0。

int index=0;// 定义整型变量 index，初始化赋值为 0。

int tune[]={};// 定义整型变量数组 tune，排列各音符的音调。

int val=0;// 定义整型变量 val，初始化赋值为 0。

int val;// 定义整型变量 val，有符号整型变量的取值范围为 −32768 ~ 32767，即 $-2^{15} \sim 2^{15}-1$。

IRrecv irrecv(2); //IRrecv 类构造函数，红外接收头输出引脚连接数字端口 2。

LiquidCrystal lcd(3,4,5,8,9,10,11);// 创 建 LiquidCrystal(rs，rw，enable，d4，d5，d6，d7) 类实例 lcd。

long Seco=0;// 定义长整型变量 Seco（秒数），有符号长整型变量的取值范围为 −2147483648 ~ 2147483647，即 $-2^{31} \sim 2^{31}-1$。

Servo servo13; // 定义舵机变量名为 servo13。

Unsigned char num[10][7]={};// 定义 10 行 7 列的无符号字符型数组。

3．写在void setup()之中的语句

初始化程序一般包含以下语句。

digitalWrite(12,1);// 设置数字端口 12 输出高电平。

for(int i=0;i<14;i++){pinMode(i,OUTPUT);}// 循环执行，从 i=0 开始，到 i=13 结束；设置数字端口 0 ~ 13 为输出模式。

irrecv.enableIRIn();// 初始化红外接收器。

lcd.begin(16,2);// 设定显示屏尺寸。

lcd.clear();// 清除屏幕。

lcd.print("Hello!Friend!");// 输出字符串"Hello!Friend!"。

lcd.setCursor(0,0);// 设置光标位置为 (0,0)，即第 0 位第 0 行。

① 为与程序代码保持一致，本书中此类变量统一使用正体。

pinMode(13,INPUT); // 设置数字端口 13 为输入模式。

pinMode(13,OUTPUT);// 设置数字端口 13 为输出模式。

Serial.begin(9600);// 打开串口，设置数据传输速率为 9600bps。

servo13.attach(13);// 设置舵机接口为数字端口 13。

4．写在void loop()之中的语句

主程序一般包含以下语句。

analogRead(0)// 读取模拟端口 A0 的数值，取值范围为 0 ~ 1023。

analogWrite(3,val/4); // 设置模拟端口 A3 的输出电压值为 val/4。

analogWrite(pin,val); // 设置端口 3、5、6、9、10、11 的输出电压：当 val=255 时，引脚 pin 的输出电压为 5V；当 val=0 时，引脚 pin 的输出电压为 0V。

char key=keypad.getKey();// 字符变量 key= 键盘输入值。

deal(num[i]);void deal(unsigned char value){ 语句 1;}// 调用 deal 子程序。

// 子程序 deal 带参数 value。

delay(10+val);// 延时（10+val）ms。

delay(1000); // 延时 1000ms。

digitalRead(13) // 读取数字端口 13 的状态（高电平或低电平）。

digitalWrite(13,!digitalRead(13)); // 数字端口 13 的值取反。

digitalWrite(13,0);// 数字端口 13 输出低电平。

digitalWrite(13,1);// 数字端口 13 输出高电平。

digitalWrite(ledpin[i],bitRead(value,i));// 将变量 value 的第 i 位数据传输给数组 ledpin 对应的第 i 个数字端口。

digitalWrite(ledpin[i],num[j][i]); // 将 num 的第 j 行第 i 位数据传输给数组 ledpin 对应的第 i 个数字端口。

digitalWrite(ledpin[i],num0[i]);// 将数组 num0 的第 i 位数据传输给数组 ledpin 对应的第 i 个数字端口。

for(int i=13;i>-1;i--){digitalWrite(i,1);} // 循环执行，从 i=13 开始，到 i=0 结束；设置数字端口 13 ~ 0 输出高电平。

if(!strncmp(password,mmsn,6)){ 语句 1;} // 运用字符串比较函数比较 password 与 mmsn 是否一致，如果前 6 位完全一致，执行语句 1。

if(digitalRead(13)!=0 and (millis()-runtime) >100 and buttonpress){ 语句 1;}// 如果数字端口 13 不等于 0、距离上次按键时间大于 100ms、按键曾经被按下，那么执行语句 1。

if(flag==0){ 语句 1;}// 如果 flag==0，执行语句 1。

if(flag==1){ 语句 2;}// 如果 flag==1，执行语句 2。

if(irrecv.decode(&results)){ 语句 1;irrecv.resume();}// 如果接收到编码，执行语句 1，接收下

一个值。

if(digitalRead(12)==0){ 语句 1;while(digitalRead(12)==0)}// 如果数字端口 12 的值为 0，执行语句 1，执行循环语句，直到数字端口 12 的值为 1 跳出循环。

if(flag) 语句 1;else 语句 2;// 如果 flag 为真，执行语句 1，否则执行语句 2。

if(results.value==0xFFA25D){ 语句 1;}// 如果接收到编码 0xFFA25D，即遥控器左上角按键的键值，就执行语句 1。

if(val==1){ 语句 1;}else{ 语句 2;}// 如果 val==1，执行语句 1，否则执行语句 2。

if(val>800){ 语句 1;}// 如果 val>800，执行语句 1。

index=(index+1)%101;//% 表示取模，当 index=0 时，(index+1)%101 表示 1 除以 101，商为 0 余 1，模为 1，因此 index=(index+1)%101=1；当 index=99 时，(index+1)%101 表示 100 除以 101，商为 0 余 100，模为 100，因此 index=100；当 index=100 时，(index+1)%101 表示 101 除以 101，商为 1 余 0，模为 0，因此 index=0，综上所述，变量 index 的取值范围为 0 ~ 100。

lcd.scrollDisplayLeft();// 将显示的内容向左滚动一格。

length=sizeof(tune)/sizeof(tune[0]);// 查数组里音符的个数。

noTone(13);// 数字端口 13 不产生 PWM 信号，即停止发声。

password[i]=key;//password= 键盘输入值。

S1=(val)%10;// 变量 val/10 取余数，即读取个位数。

S2=(val/10)%10;// 变量 val/10 取商再除以 10 取余数，即读取十位数。

S3=val/100;// 变量 val/100 取商，即读取百位数。

Serial.println("Hello!");// 串口监视器输出文本并换行。

Serial.println(results.value,HEX);// 串口监视器显示十六进制代码并换行。

Serial.println(val,DEC);// 串口监视器显示 val 的值（十进制）并换行。

servo_13.write(0);// 设置舵机旋转的角度为 0°。

setColor(255,0,0);// 设置显示红色的 RGB 值。

sevseg.refreshDisplay();// 数码管刷新显示，程序中如有延时将影响显示。

sevseg.setNumber(val,−1);// 设置显示的数据不显示小数点。

switch(value){case 0xFF6897: 语句 1;break;}// 如果 value=0xFF6897，那么执行语句 1，然后退出选择，用于多个选择分支程序。

tone(13,D3,20);// 数字端口 13 输出 D3，持续时间为 20ms。

tone(13,1000);// 运用 tone 函数使数字端口 13 产生 1000Hz 的 PWM 信号。

val=0;// 变量 val 清零。

val=analogRead(0);// 读出模拟端口 A0 的值给变量 val，取值范围为 0 ~ 1023。

while(digitalRead(13)==0);// 当数字端口 13 的值为 0 时执行循环语句，直到其值为 1 时结束循环。

while(i<6){ 语句 1;}// 当 i<6 时，循环执行语句 1。

5. 写在void loop()之后的语句

在主程序之后一般有以下语句。

```
void contro(int pin9,int pin10,int pin11,int pin12){
digitalWrite(9,pin9);
digitalWrite(10,pin10);
digitalWrite(11,pin11);
digitalWrite(12,pin12);
}// 定义控制位引脚函数。
contro(0,1,1,1);// 设置数字端口 9 为低电平，数字端口 10、11、12 为高电平。
void disp0(){}// 显示子程序 disp0，消除数码管余辉效应。
void scan(){}// 逐位扫描子程序。
```

1.4 常用电子元件

1. 电阻器

电阻器简称电阻，是电子制作中常用的电子元件。

电阻的作用是可控制电流大小，电压相同时，电阻值越大，通过的电流越小。

电阻的特点是可以导电，对电流有阻碍作用，没有正负极。

电阻的实物图和图形符号如图 1.7 所示。

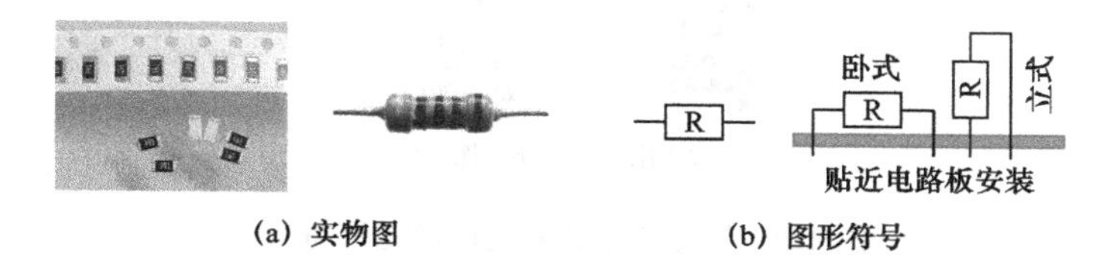

(a) 实物图　　(b) 图形符号

图 1.7　电阻的实物图和图形符号

图 1.7（a）左图为 1206 型三位数字贴片电阻，图 1.7（a）右图为五色环电阻，它们的额定功率为 0.25W。

贴片电阻是表面贴装技术（Surface Mounted Technology，SMT）中常用的电子元件。这种元件无引脚，在电路板表面组装焊接。1206 型元件尺寸为 3.2mmX1.6mm，数字 391 表示 390Ω，数字 222 表示 2200Ω，即 2.2kΩ。

五色环电阻是一种在电阻器外表面印刷有五圈颜色的电阻。色环用来表示电阻值大小。五色环电阻的色环颜色主要有棕、红、橙、黄、绿、蓝、紫、灰、白、黑色共 10 种，对应数字 1、2、3、4、5、6、7、8、9、0，另外也有的使用金色和银白色。

五色环电阻的计算方法：

第 1、2、3 个色环表示有效数字，即第 1、2、3 位数字本身；

第 4 个色环表示倍率，即添加 0 的个数；

第5个色环表示误差，常见的五色环电阻的第5个色环为棕色，表示误差为1%，即标称值与实测值之间的差异小于1%。

比如，色环颜色为“橙白黑黑棕”的电阻，表示电阻值为390Ω，误差是 ±1%；色环颜色为“棕黑黑棕棕”的电阻，表示电阻值为1000Ω=1kΩ，误差是 ±1%。

2. 电位器

电位器的实物图和图形符号如图1.8所示。

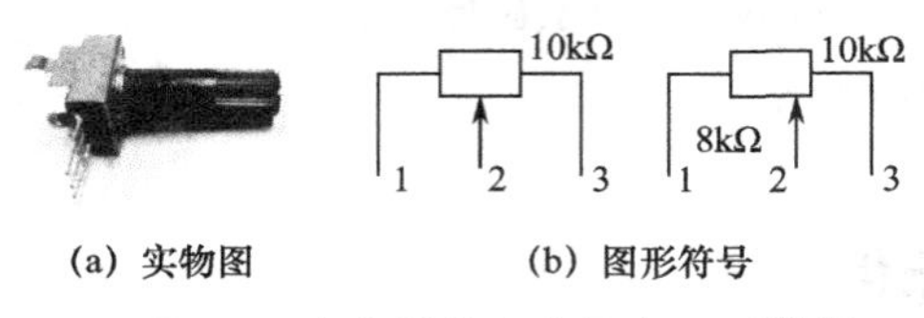

(a) 实物图　(b) 图形符号

图1.8　电位器的实物图和图形符号

电位器的作用：改变电阻的分配比例。图1.8中，电位器第1、3脚之间的电阻是10kΩ，第1、2脚之间的电阻是8kΩ，第2、3脚之间的电阻是2kΩ。

3. 光敏电阻

光敏电阻的实物图和图形符号如图1.9所示。

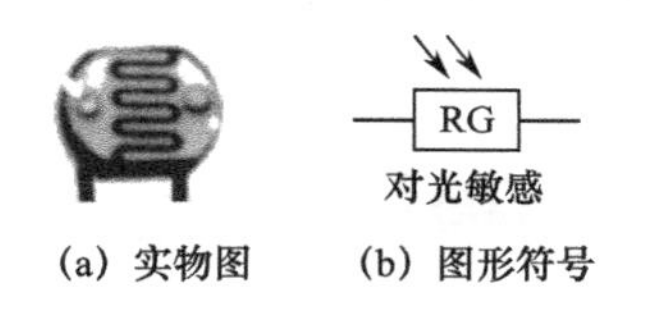

(a) 实物图　(b) 图形符号

图1.9　光敏电阻的实物图和图形符号

光敏电阻的特点是光线越亮，电阻越小；光线越暗，电阻越大。

4. 负温热敏电阻

负温热敏电阻的实物图和图形符号如图1.10所示。

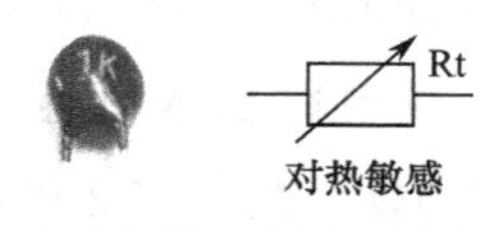

(a) 实物图　(b) 图形符号

图1.10　负温热敏电阻的实物图和图形符号

负温热敏电阻的特点是温度升高，电阻降低。

图1.10所示的负温热敏电阻在常温25℃下电阻值为1kΩ。

5. 电解电容器

电解电容器的实物图和图形符号如图1.11所示。

(a) 实物图　　(b) 图形符号

图 1.11　电解电容器的实物图和图形符号

电解电容器的作用是储存电荷，隔直流，通交流。

电解电容器的特点是容量大，漏电相对大，有正负极，长脚为正极，短脚为负极（有横线）。

图 1.11（a）左图所示的电解电容器的耐压值为 16V，电容量为 10μF。注：耐压指在最低环境温度和额定环境温度下可连续加在电解电容器两端的最高直流电压，如果工作电压值超过耐压值，或正负极接反了，可导致电解电容器持续发热甚至爆炸。

图 1.11（a）右图所示的电解电容器的耐压值为 25V，电容量为 2200μF。

6．发光二极管

发光二极管的实物图和图形符号如图 1.12 所示。

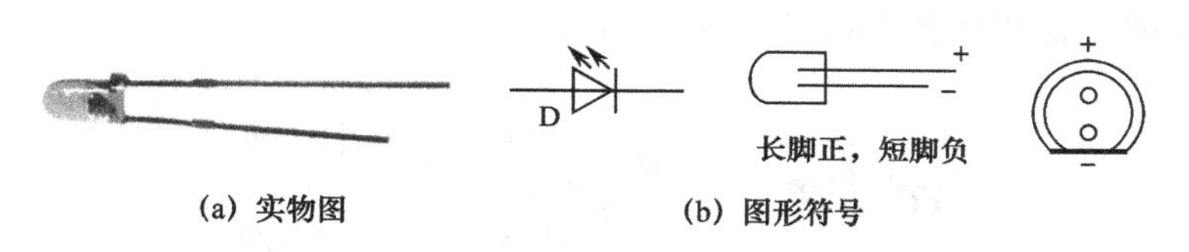

(a) 实物图　　(b) 图形符号

图 1.12　发光二极管的实物图和图形符号

发光二极管的作用是发光。

发光二极管的特点是单向导电。

发光二极管的长脚为正极，短脚为负极（对于草帽型发光二极管，帽沿边有缺口一侧为负极）。普通发光二极管的正常工作电压为 1.6 ~ 2.1V，工作电流为 5 ~ 20mA；超亮红色发光二极管的正常工作电压为 2 ~ 2.2V，超亮黄色发光二极管的正常工作电压为 1.8 ~ 2V，超亮绿色发光二极管的正常工作电压为 3 ~ 3.2V，它们的额定工作电流均为 20mA。

注：在电子制作中，发光二极管通常与一只 390Ω 的电阻串联，然后连接到 3V 或 5V 的电源上，如果直接连接到 3V 或 5V 的电源上，发光二极管将被烧毁。另外，如上所述，发光二极管有正负极之分，如果发光二极管的正负极接反了，发光二极管将不发光。

7．共阳极四脚三色LED灯

共阳极四脚三色 LED 灯的实物图和图形符号如图 1.13 所示。

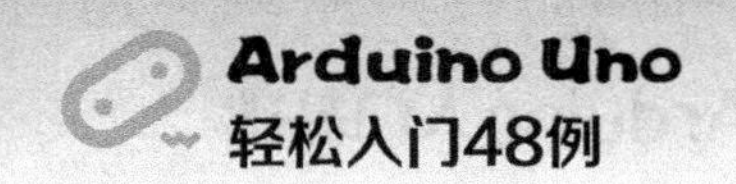

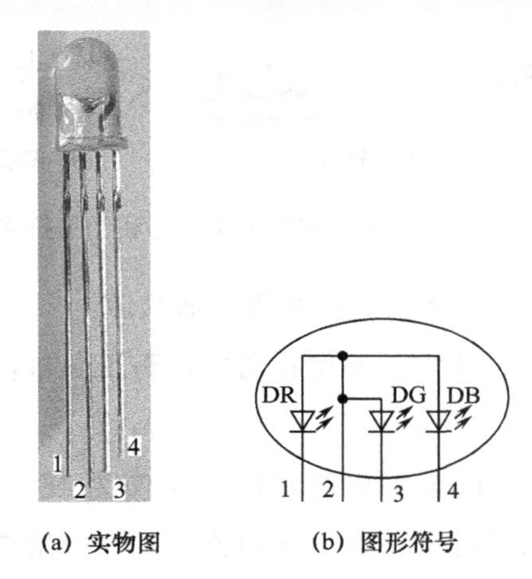

(a) 实物图　　(b) 图形符号

图 1.13　共阳极四脚三色 LED 灯的实物图和图形符号

共阳极四脚三色 LED 灯的作用是发红、绿、蓝色光及其组合颜色光。

共阳极四脚三色 LED 灯有 1 ~ 4 脚，第 2 脚最长，为公共阳极，第 1 脚为发红光阴极，第 3 脚为发绿光阴极，第 4 脚为发蓝光阴极。

8．三极管

三极管的实物图和图形符号如图 1.14 所示。

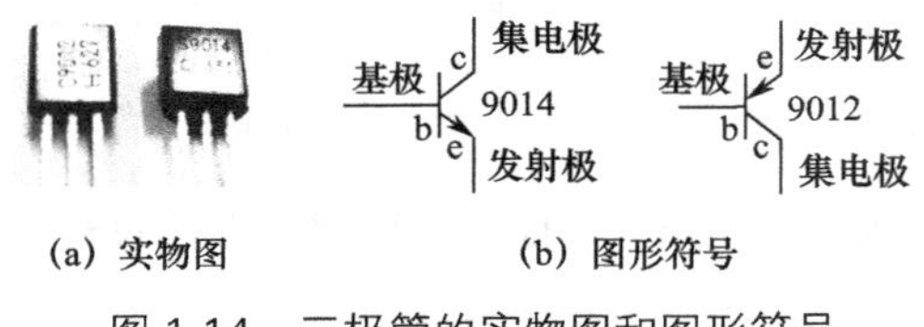

(a) 实物图　　(b) 图形符号

图 1.14　三极管的实物图和图形符号

三极管的作用是放大电流，用作电子开关。三极管有 3 个极：发射极 e、基极 b、集电极 c。9014 是 NPN 型三极管，9012 是 PNP 型三极管。

9．驻极体话筒

驻极体话筒的实物图、图形符号和引脚极性如图 1.15 所示。

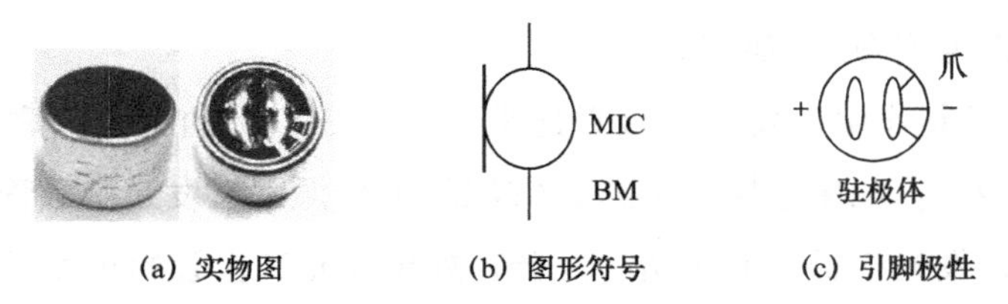

(a) 实物图　　(b) 图形符号　　(c) 引脚极性

图 1.15　驻极体话筒的实物图、图形符号和引脚极性

话筒的作用是将声音信号变成电信号。图 1.15 所示的话筒是驻极体话筒，其中一只引脚焊盘与外壳相连，为话筒的负极。

10. 喇叭

喇叭的实物图和图形符号如图 1.16 所示。

图 1.16　喇叭的实物图和图形符号

喇叭的作用是将电信号变成声音信号。图 1.16 所示的喇叭是磁电式动圈扬声器。

11. 开关

开关的实物图和图形符号如图 1.17 所示。

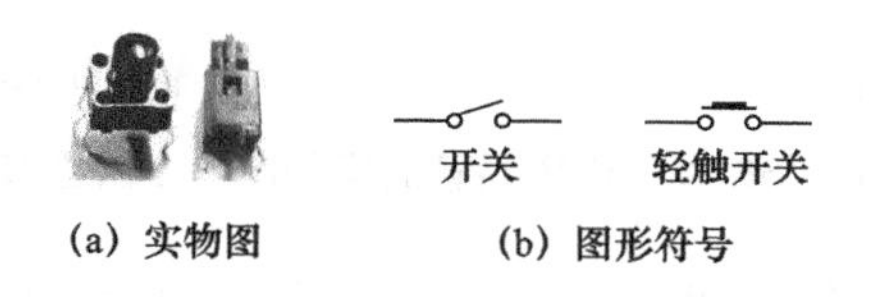

图 1.17　开关的实物图和图形符号

开关的作用是控制电路的接通与断开。开关引脚没有正负极之分。使用轻触开关时，按下按键，引脚接通；松开按键，引脚断开。

12. 集成电路

MX1508 集成电路的实物图和引脚图如图 1.18 所示。

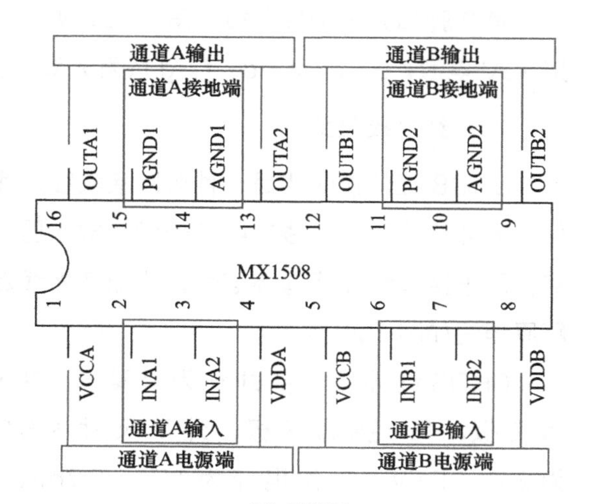

图 1.18　MX1508 集成电路的实物图和引脚图

MX1508 集成电路是 SOP-16 封装四通道双路有刷直流电机驱动电路，工作电压为 2 ~ 9.6V，最大持续输出电流为 0.8A，内置过热保护电路。

集成电路一端有半圆形缺口，左下角一般有一个圆形标志点，这是集成电路的第 1 脚，其余引脚以逆时针方向排列。

13. 共阴极数码管

共阴极数码管由 7 段发光管 + 小数点发光管构成，常用来显示数字 0 ~ 9。SM42056 共阴极数码管的实物图、引脚图和电路原理图如图 1.19 所示。

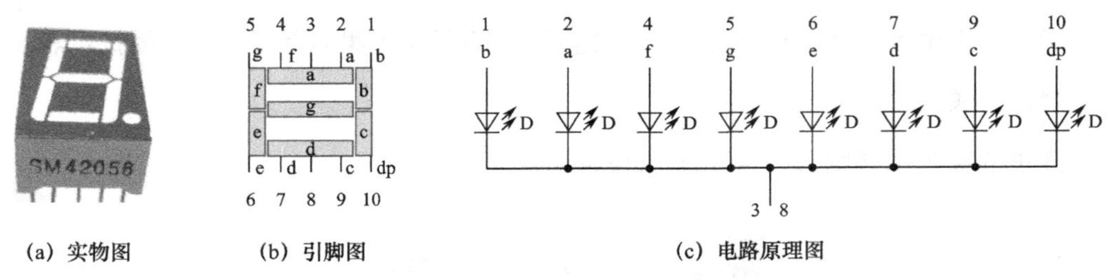

图 1.19 SM42056 共阴极数码管的实物图、引脚图和电路原理图

第 3 脚和第 8 脚接负极，第 1、2、4、6、7、9 脚分别串联一只 390Ω 的电阻，接 +3V 电源，a、b、c、d、e、f 段发光管点亮，数码管显示数字 0。

第 3 脚和第 8 脚接负极，第 1、9 脚分别串联一只 390Ω 的电阻，接 +3V 电源，b、c 段发光管点亮，数码管显示数字 1。

第 3 脚和第 8 脚接负极，第 1、2、5、6、7 脚分别串联一只 390Ω 的电阻，接 +3V 电源，a、b、d、e、g 段发光管点亮，数码管显示数字 2。

第 3 脚和第 8 脚接负极，第 1、2、4、5、7、9 脚分别串联一只 390Ω 的电阻，接 +3V 电源，a、b、c、d、f、g 段发光管点亮，数码管显示数字 9。

14. 红外接收头

CHQB 红外接收头是一种可以接收红外线信号并能输出 TTL 电平信号的电子元件，内部集成了红外线接收二极管、放大器、限幅器、带通滤波器、比较器等的电路，用于接收红外线遥控信号，传输红外线数据。CHQB 红外接收头的实物图和电路原理图如图 1.20 所示。

CHQB 红外接收头外观为鼻梁形，带有 3 只引脚，第 1 脚为输出，第 2 脚为负极，第 3 脚为正极，外形尺寸为 6.8mm × 5.3mm × 4.34mm，工作电压为 2.7 ~ 5.5V，工作电流为 1.7 ~ 2.7mA，接收频率为 37.9kHz，接收峰值波长为 940nm，接收距离为 10 ~ 25m，接收角度为 ±45°，高电平输出电压为 2.7 ~ 5.5V，低电平输出电压为 0.25V。CHQB 红外接收头广泛应用于音响、电视、

机顶盒、电风扇、电能表、玩具等红外遥控设备上，具有遥控距离远、抗干扰能力强、能抵抗环境光线影响、工作电压低等特点，使用时，需要在第 1 脚与第 3 脚之间接一只 47kΩ 的电阻。

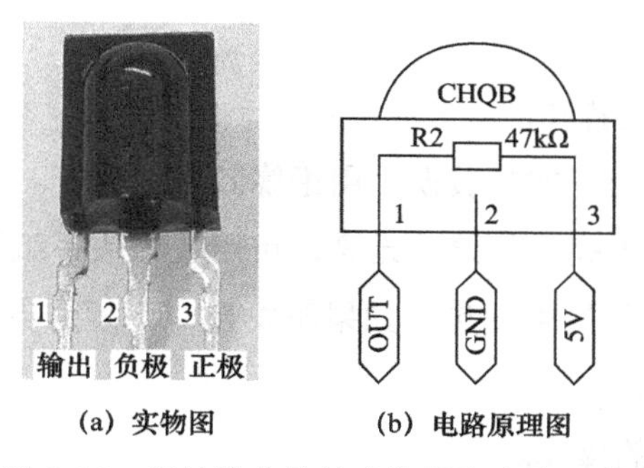

(a) 实物图　(b) 电路原理图

图 1.20　红外接收头的实物图和电路原理图

1.5　电子焊接基础

焊接是一种运用加热、高温（或高压）的方式使金属（或其他）材料结合起来的制造工艺及技术。

1. 焊接工具

常用的焊接工具有电烙铁和热风枪，其中电烙铁更常用，热风枪是用热风焊接或拆除元件的工具。

电烙铁由烙铁头、烙铁芯、手柄和导线组成，按照发热元件烙铁芯所在的位置，通常可将电烙铁分为内热式电烙铁和外热式电烙铁，如图 1.21 所示。

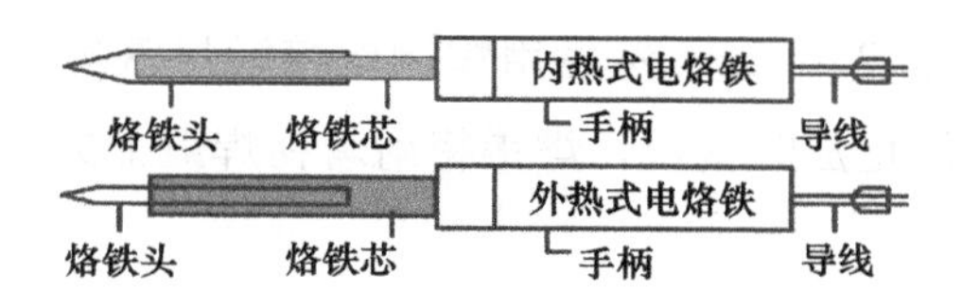

图 1.21　电烙铁结构示意图

在电子制作活动中，推荐选用 20W 内热式、合金头、尖形头电烙铁，理由是这种电烙铁具有体积小、发热快、热效率高等特点。合金烙铁头使用寿命长，不容易被氧化，粘锡性能良好，烙铁头的温度一般可达 300℃ ~ 350℃，适合焊接较小的焊点，电热丝电阻约为 2.4kΩ。

2. 焊锡丝

焊锡丝是用熔点低的锡镉合金制成的，有的焊锡丝内含有焊锡膏。

焊锡丝的作用是运用熔化的金属锡将电子元件引脚固定在电路板焊盘上，使元件引脚与焊盘之间具有良好的导电性能。

在电子制作活动中，推荐使用含锡63%、直径为0.8mm、熔化温度较低的焊锡丝。

3．使用电烙铁焊接

（1）使用电烙铁前的操作。

① 检查电线是否破损，如果破损，用绝缘胶布包裹好。

② 检查烙铁头是否光亮，如果不光亮，可用湿布或手纸将其擦亮。

③ 检查电烙铁通电后是否发热，如果不发热，可能是电源开关没有开启、插头没有插好或者电线断了。

（2）使用电烙铁时的操作。

① 应用手握住电烙铁的手柄（类似于握笔），不要用手直接接触发热的烙铁头，如图1.22所示，注意不要碰到电烙铁的金属部件，另外需要将电源线放置在手背外。

图1.22　拿电烙铁的方法

② 焊接时，先用烙铁尖同时加热元件引脚和电路板的焊盘，使用20W内热式电烙铁加热的时间是2 ~ 3s，然后用焊锡丝接触烙铁尖，焊锡丝熔化，当焊锡刚好填满整个焊盘时停止放焊锡丝，焊锡将附着在焊盘上方，包裹着元件引脚，如图1.23所示。

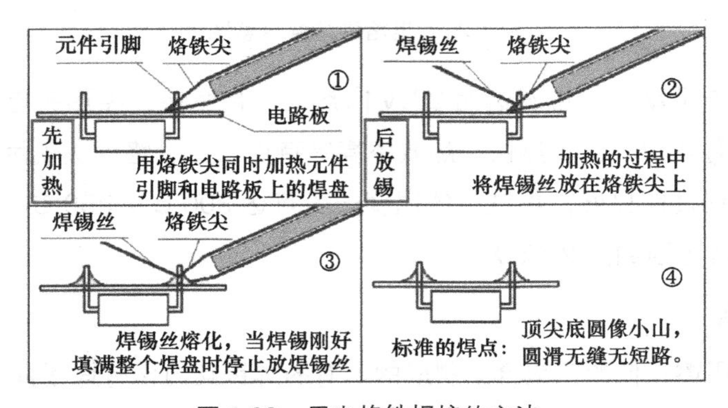

图1.23　用电烙铁焊接的方法

（3）电烙铁使用完毕的操作。

应将电烙铁放在电烙铁架上，如图 1.24 所示。多余的元件引脚要用偏口钳剪掉，剪到刚好能看出元件引脚的轮廓为止。

图 1.24　将电烙铁放置在电烙铁架上

（4）使用电烙铁的注意事项。

① 要注意安全，避免烫人、烫物、触电。

② 避免电烙铁的温度过高，以防焊剂飞溅。如有焊剂飞溅，应切断电源，降温 30s 后继续使用。

③ 眼睛距离焊点 25cm 以上，以防焊剂飞入眼中。如有焊剂飞入眼中，应使劲眨眼睛或用水冲洗，千万不要用手揉眼睛。

④ 电烙铁不可以长时间通电发热，否则将造成烙铁头温度过高、氧化变黑，使烙铁头导热性能变差，不容易粘锡。

⑤ 如果发热的烙铁头脱落，一定要用钳子将其拾起来，安装到电烙铁上，并加以紧固。

⑥ 抢夺或玩耍电烙铁是十分危险的。

4．偏口钳

偏口钳外形如图 1.25 所示。

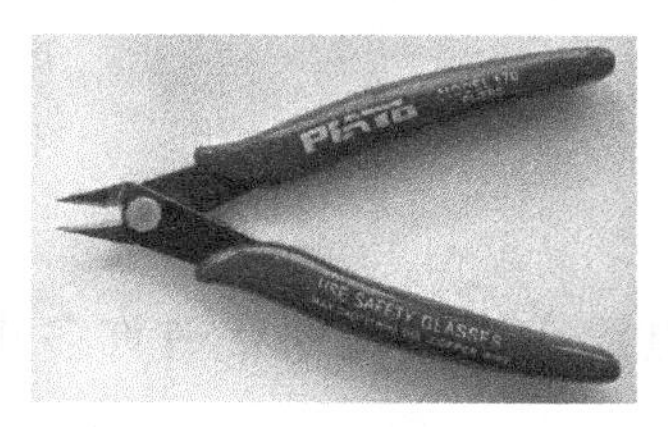

图 1.25　偏口钳外形

偏口钳的作用：主要用来剪断焊接后多余的元件引脚和细导线。

偏口钳的使用方法：用右手的虎口和四指握住偏口钳的手柄末端（这样做比较省力），将偏口钳剪切口较平的一面贴近电路板，在稍高于焊点的位置剪去元件引脚多余部分。

5. 剥线钳

剥线钳外形如图 1.26 所示。

剥线钳的作用：主要用来剥去导线外的绝缘皮，露出导线内的细铜丝。

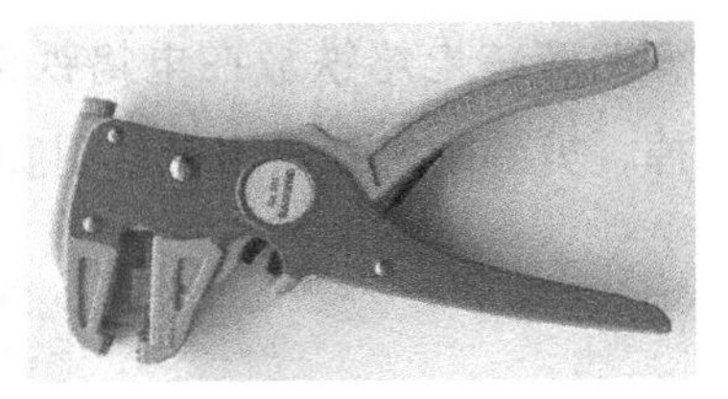

图 1.26　剥线钳外形

剥线钳的使用方法：用右手的大拇指和四指抓住剥线钳的手柄末端（这样做比较省力），将导线放入剪切口内 5 ~ 8mm，用力捏手柄，可看到导线外的绝缘皮被剥去，导线内的铜丝将露出来。

6. 吸锡器

吸锡器由吸嘴、顶杆、吸筒、活塞、弹簧、按钮、活动杆组成，如图 1.27 所示。

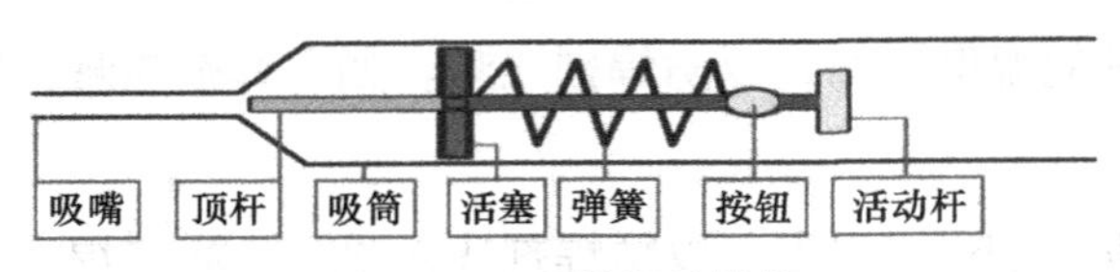

图 1.27　吸锡器的结构

吸锡器的作用：主要用来吸收熔化的焊锡，拆除故障元件、清除短路的焊点。

吸锡器的使用方法：将活动杆下压到吸筒的中央，用电烙铁加热需清除的焊点，焊点熔化后，仍需继续加热电烙铁，将吸锡器的吸嘴正对着熔化的焊点，用力按下吸筒中间部位的按钮开关，吸筒内的弹簧收缩，带动活塞推动活动杆向上弹起，熔化的焊锡就这样被吸锡器的吸嘴吸到吸筒里了；再次下压活动杆时，被吸到吸筒里的焊锡从吸嘴处"吐"出来。

如果吸筒内吸入的焊锡过多，无法从吸嘴处"吐"出来怎么办呢？此时，拆开活动杆，便将焊锡从吸筒内倒出来即可。

1.6　面包板实验

面包板是一块为电子电路实验设计的带有许多小插孔、免焊接的板子，如图 1.28 所示。

图 1.28（a）为 400 孔面包板实物图，图 1.28（b）为面包板引脚图，图 1.28（c）为面包板实验用连接线（自制），导线铜芯直径为 0.6mm。

面包板的作用：根据电路设计需要，在面包板上安装各种电子元件和导线，可进行各种电子电路实验。

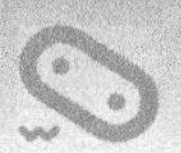

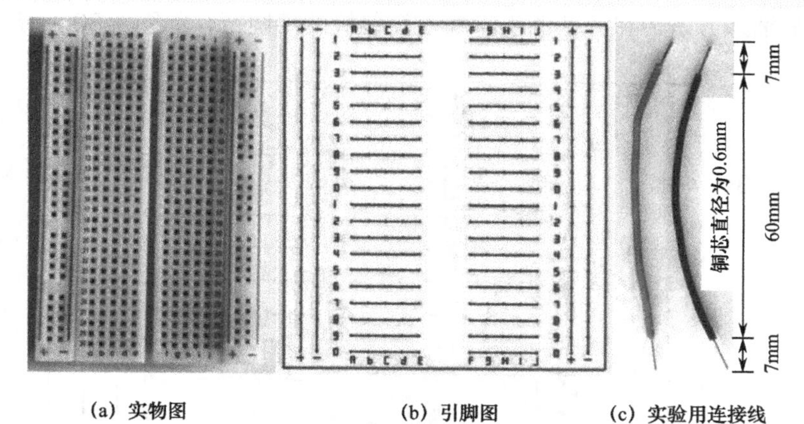

(a) 实物图　　(b) 引脚图　　(c) 实验用连接线

图 1.28　面包板的实物图、引脚图和实验用连接线

面包板的结构：将面包板竖直平放，正中央是一条凹槽，凹槽的左右两侧各有数十行小插孔，左侧每行有 5 个小插孔，用一条金属弹片连接在一起，右侧每行也有 5 个小插孔，也是用一条金属弹片连接在一起，左右两侧同一行互不连接。面包板的左右两边各有两列插孔，分别用金属弹片连接在一起，互不连接。

将集成电路芯片沿中央凹槽插入面包板，芯片两边的引脚正好插入板子两侧的插孔内，集成电路的各引脚正好互不连接。

1．面包板实验方法

将面包板竖直平放，电阻器、光敏电阻、电容器、蜂鸣器、三极管、电位器、集成电路等元件的引脚不可以插入同一行，否则将导致元件引脚短路，如图 1.29 所示。

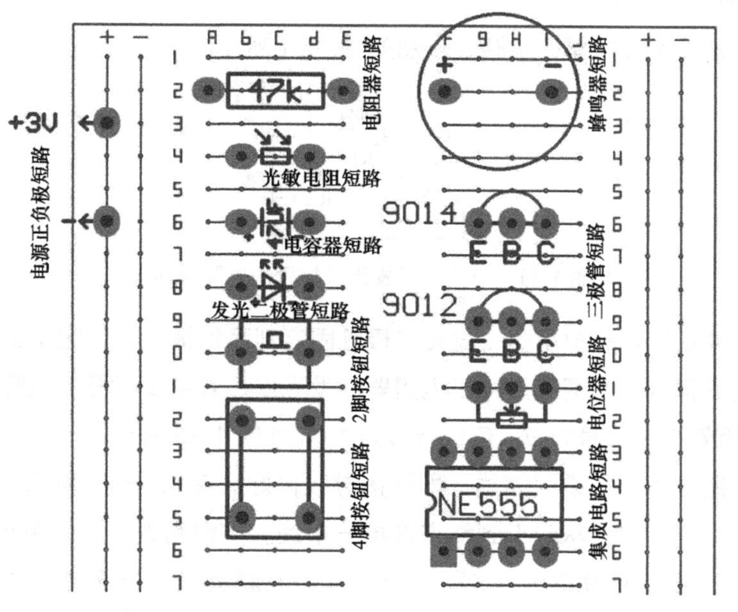

图 1.29　将元件引脚插入面包板的同一行，将导致元件引脚短路

正确的插入方法为将元件的引脚插入面包板的不同行，如图 1.30 所示。

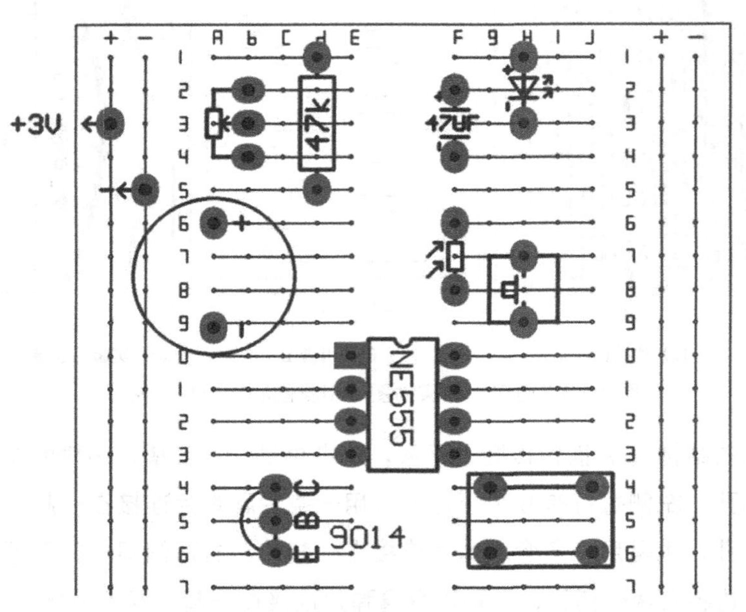

图 1.30　将元件引脚插入面包板的不同行

实验步骤如下。

（1）元件定位，小心短路。

（2）图纸标号，小心错行。

（3）按图飞线，必须精准，不能错行，不能遗漏。

2．面包板实验举例

点亮一只发光二极管的电路原理图如图 1.31 所示。

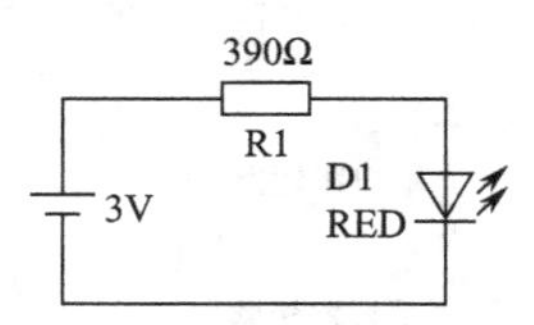

图 1.31　点亮一只发光二极管的电路原理图

（1）元件定位。将电阻器、发光二极管固定到面包板上，如图 1.32 所示。

（2）图纸标号。在图纸上标出电阻器、发光二极管引脚行号。电阻器行号为 2、6，发光二极管正极行号为 9、负极行号为 11，如图 1.33 所示。

（3）按图飞线。所谓“飞线”即连接导线，好比飞机从一个地方飞到另一个地方，有起点，有终点，从起点到终点连接一条线。按照图纸，从电源正极到行 2 飞一条线，从行 6 到行 9 飞一条线，从行 11 到电源负极飞一条线，共 3 条线，如

图 1.34 所示。面包板左侧“+”号列连接电源正极，面包板左侧“–”号列连接电源负极，发光二极管将点亮。如果发光二极管没有点亮，可能原因如下：①电源电压不足 3V；②电阻值错误；③发光二极管正负极接反了；④飞线插接不紧；⑤发光二极管断路。

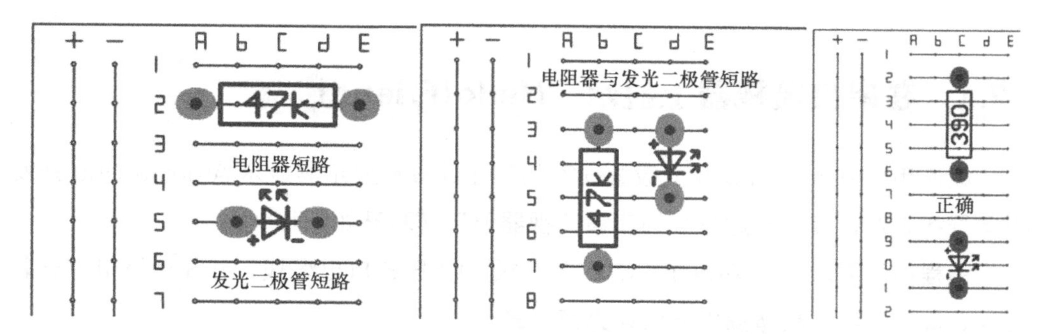

图 1.32　点亮一只发光二极管元件定位图

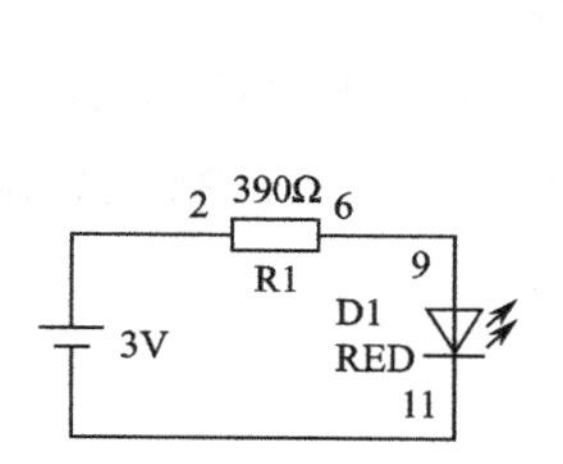

图 1.33　点亮一只发光二极管图纸标号图

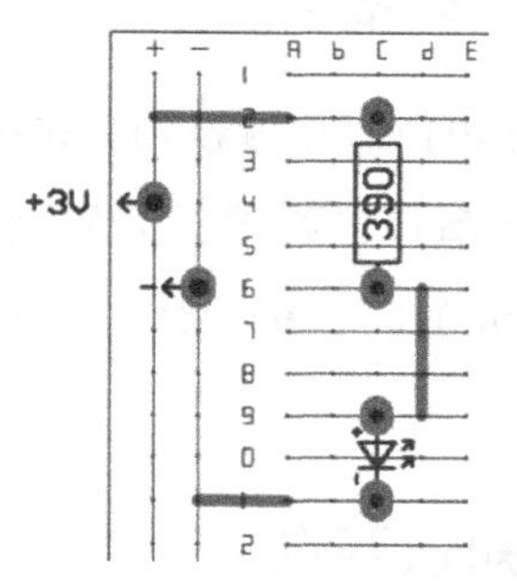

图 1.34　点亮一只发光二极管按图飞线图

第 2 章　Arduino Uno 编程实例

2.1　在串口监视器上显示“Hello!Friend!”

如何用 Arduino Uno 开发板编程？如何让计算机显示屏显示 Arduino Uno 开发板运行状态？让我们一起从学习串口监视器显示实验开始吧！

编程前需要准备好 Arduino Uno 开发板、USB B 口电缆线，并在计算机上安装好 Arduino 软件，具体操作方法详见第 1 章。

2.1.1　实验描述

（1）让串口监视器每秒显示一行“Hello!Friend!”。

（2）让串口监视器显示秒计时器，即第 1 行显示“JISHIQI”，空一行，1s 后显示“JISHI 1 s”，空一行，2s 后显示“JISHI 2 s”，空一行，3s 后显示“JISHI 3 s”……

2.1.2　知识要点

1．串口监视器

串口监视器是采用串口通信的终端设备，充当着监控人员的“眼睛”，是调试、分析、测试设备与设备之间串行通信过程的显示窗口，能直观显示程序运行状态，有助于编程人员有效提高编程效率。串口监视器显示技术简单且功能强大，是学习 Arduino 编程应知、应会的知识。

2．串口通信

串口通信是串口按位（bit）发送和接收字节的通信方式，用于 ASCII 码字符的传输。串口通信时只需使用发送、接收、地线共 3 条线即可实现长达 1200m 的远距离通信。两个端口的串口通信时，波特率、数据位、停止位和奇偶校验位必须完全相同。

Arduino Uno 开发板上的数字端口 0 和 1 处标有 RX(表示接收）和 TX(表示发送），与内部 CH340G USB-to-TTL 芯片相连，提供 TTL 电压水平的串口信号，与

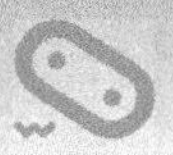

外部设备串口通信。串口通信时，Arduino Uno 开发板上标有 RX 和 TX 处，发光二极管会以不同速度闪烁。

2.1.3 编程要点

1．语句Serial.begin(9600);

在 void setup(){} 的花括号内，常用语句 Serial.begin(9600); 表示打开串口，设置数据传输速率为 9600bps; 串口即采用串行通信方式的接口，bps 的中文名称是比特 / 秒，是数字信号传输速度的单位，也是网络带宽数据流量的单位，Arduino 与计算机串行通信时，必须首先打开串口，设置数据传输速率，与 Arduino 串行通信的串口监视器的数据传输速率也必须设置为 9600bps，设置按钮在串口监视器的右下方。

2．语句Serial.println();和Serial.print();

这两个语句表示将打印数据传输到串口，输出文本。两者的区别在于前者比后者多了换行。

例如：语句 Serial.println("Hello!Friend!"); 表示将打印数据传输到串口，输出文本并换行。将双引号内的字符修改为“Good morning!”，串口监视器将输出文本“Good morning!”并换行。

语句 Serial.println(""); 表示输出空的文本并换行，即空一行。

语句 Serial.print("JISHIQI"); 表示将打印数据传输到串口，输出文本“JISHIQI”，没有换行操作。

语句 Serial.print(val); 表示将打印数据传输到串口，输出变量 val 的值。

语句 Serial.print(""); 表示输出空的文本，即空一格。

3．语句delay(1000);

该语句表示延时 1000ms，将括号内的数字修改为 10000，表示延时 10000ms。

4．语句int val=0;

该语句表示定义整型变量 val，初始化赋值为 0。整型变量即整数型变量，取值范围为 –32768 ~ 32767，即 $-2^{15} \sim 2^{15}-1$。

5．语句val=val+1;

该语句表示变量 val 加 1，每执行一次，val 的值增加 1，常用于循环程序中。

6. 串口监视器显示的编程方法

第一步，在 setup 函数中，打开串口，设置数据传输速率为 9600bps。

```
void setup(){Serial.begin(9600);}
```

第二步，在 loop 函数中，将打印数据传输到串口，输出文本；为控制输出速度，有必要加入延时语句。

```
void loop(){Serial.println("Hello!Friend!");delay(1000);}
```

2.1.4 程序设计

1. 代码一

（1）程序参考

```
void setup(){
  Serial.begin(9600);// 打开串口，设置数据传输速率为 9600bps。
}
void loop(){
  Serial.println("Hello!Friend!");
  // 将打印数据传输到串口，输出文本“Hello!Friend!”并换行。
  delay(1000);// 延时 1000ms。
}
```

（2）实验结果

双击 Arduino 软件图标，进入 Arduino 软件界面，新建文件，输入代码一，保存文件，验证编译，选择 COM 端口，选择 Arduino 主板，上传文件（具体操作方法详见第 1 章）。代码上传成功后，单击“工具”→“串口监视器”命令，串口监视器将 1 秒显示一行“Hello!Friend!”，如图 2.1 所示。

```
COM3

Hello! Friend!
Hello! Friend!
Hello! Friend!
```

图 2.1　串口监视器显示“Hello!Friend!”

2. 代码二

（1）程序参考

```
int val=0;// 定义整型变量 val，初始化赋值为 0。
// 定义整型变量的取值范围为 -32768 ~ 32767，即 -2^15 ~ 2^15-1。
void setup(){
  Serial.begin(9600);// 打开串口，设置数据传输速率为 9600bps。
```

```
    Serial.println("JISHIQI");// 将打印数据传输到串口，输出文本“JISHIQI”并换行。
    Serial.println("");// 输出空的文本并换行，即空一行。
}
void loop(){
    val=val+1;// 变量 val 加 1。
    Serial.print("JISHI");// 将打印数据传输到串口，输出文本。
    Serial.print("");// 输出空的文本，即空一格。
    Serial.print(val);// 将打印数据传输到串口，输出变量 val 的值。
    Serial.print("");// 输出空的文本，即空一格。
    Serial.println("s");// 将打印数据传输到串口，输出文本并换行。
    Serial.println("");// 输出空的文本并换行，即空一行。
    delay(1000);// 延时 1000ms。
    // 将 1000 改为 1，发现计数到 32767 后，将显示 -32768，然后显示 -32767……
}
```

（2）实验结果

代码上传成功后，单击“工具”→“串口监视器”命令，串口监视器第 1 行显示“JISHIQI”，再空一行，1s 后显示“JISHI 1 s”，再空一行，2s 后显示“JISHI 2 s”，空一行，3s 后显示“JISHI 3 s”……如图 2.2 所示。

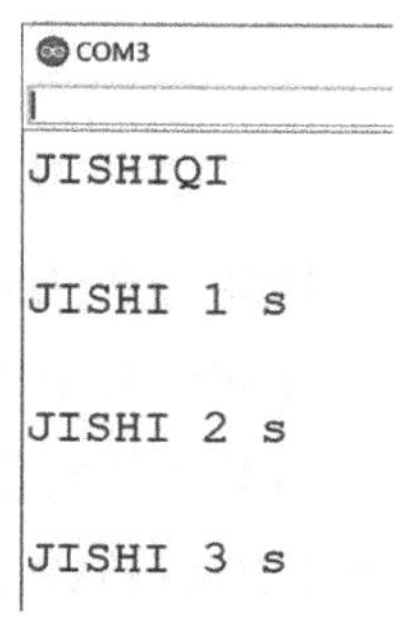

图 2.2　串口监视器显示“JISHIQI”等

2.1.5　拓展和挑战

串口监视器每秒显示一行 "Hello!Friend!"，空一行后显示 "Good morning!"，再空一行后显示 "Good afternoon!"，再空一行后显示 "Good evening!"，再空一行后显示 "Happy Birthday!"，再空一行后显示 "Good luck to you!"

2.2　板载 LED 灯 D13 周期性闪亮

了解了 Arduino Uno 开发板与计算机通信，也许你还想知道如何让 Arduino

Uno 开发板单独地干点什么事，比如让 LED 灯一闪一闪的。那么如何让 LED 灯闪亮起来？如何调整 LED 灯闪亮的速度呢？现在，我们就来了解一下闪灯实验。

2.2.1 实验描述

（1）LED 灯 D13 点亮 1s，熄灭 1s，如此循环。

（2）LED 灯 D13 点亮 0.1s，熄灭 0.1s，点亮 0.1s，熄灭 1.7s，如此循环。

（3）LED 灯 D13 点亮 0.5s，熄灭 0.5s，如此循环。

AU02 的电路原理图、电路板图和实物图如图 2.3 所示。

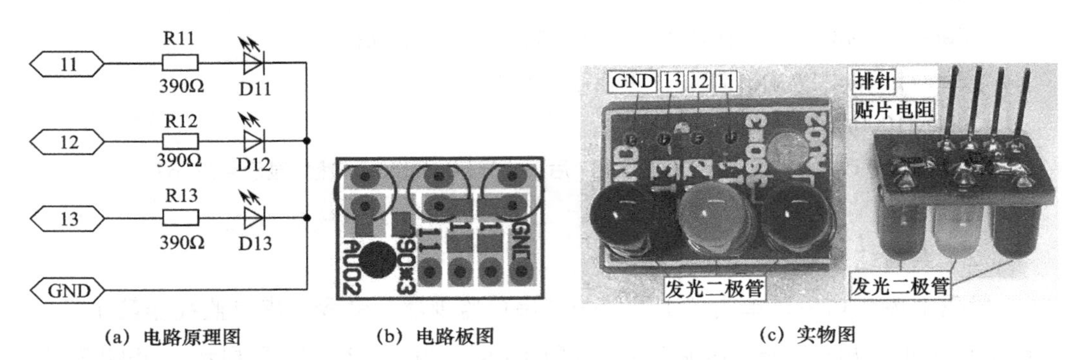

图 2.3　AU02 的电路原理图、电路板图和实物图

2.2.2 知识要点

1．闪灯

闪灯即让灯周期性点亮后熄灭。所谓周期性指往复循环、具有一定的规律、每隔一段时间必然会发生的特性。闪灯能起到警示作用，并能传递某种信息，如高楼上的红色闪灯是航空障碍物标志灯，汽车上的黄色双闪灯是临时故障或危险事件报警灯。本实验让 Arduino Uno 开发板上的 LED 灯 D13 有规律地闪亮起来。

2．组装与焊接

在电路板 AU02 上安装发光二极管，安装在电路板上有字符的一面。发光二极管有正负极之分，长的引脚为正极，短的引脚（圆圈上有缺口的一侧）为负极。发光二极管的作用是发光，如果发光二极管正负极安装反了，发光二极管将不发光。发光二极管的安装高度为贴近电路板。

发光二极管的焊接方法：先用烙铁尖同时加热元件引脚和焊盘，然后将焊锡丝放到烙铁尖上，直到熔化的焊锡填满焊盘为止，然后用偏口钳剪掉多余的元件引脚。

在电路板 AU02 上安装 1206 型贴片电阻，安装在电路板上有焊盘的一面。贴片电阻的焊接方法：先在一侧焊盘上镀锡，然后焊接好贴片电阻一端，最后焊接好

贴片电阻另一端。

在电路板 AU02 上安装长为 11.5mm 的排针，安装在电路板上有焊盘的一面，排针插入小孔内深度约为 1.5mm 处，即在电路板上有字符的一面不露出排针引脚。焊接完毕后去掉排针上的连接塑料，这样做的目的是方便将电路板上的排针插入 Arduino Uno 开发板的插槽内。

注：电路板上，没有绝缘缝隙的两个焊盘可以用焊锡焊接在一起，如果两个焊盘之间有绝缘缝隙则不可以用焊锡焊接在一起。

本书中所有电路板上的排针、贴片电阻、发光二极管均按上述方法安装并焊接。

3．板载LED灯D13（L）

在 Arduino Uno 开发板上的字符 L 处有一只连接数字端口 13 的 LED 灯，如图 2.4 所示。当数字端口 13 输出数字 1 时，板载 LED 灯点亮，当数字端口 13 输出数字 0 时，板载 LED 灯熄灭。本实验就是要让这只 LED 灯闪亮起来。

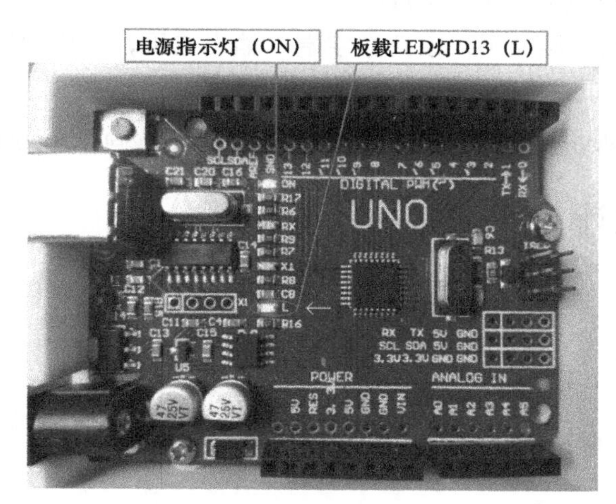

图 2.4　Arduino Uno 开发板上字符 L 处的 LED 灯

2.2.3　编程要点

1．语句pinMode(13,OUTPUT);与pinMode(13,INPUT);

在 void setup(){} 的花括号内，常用语句 pinMode(13,OUTPUT); 表示设置数字端口 13 为输出模式，用语句 pinMode(13,INPUT); 表示设置数字端口 13 为输入模式。OUTPUT 表示输出，INPUT 表示输入，在 Arduino 编程语言中，输出就是开发板上的微控制器给设备或端口发出信号，输入就是开发板上的微控制器接收设备或端口发来信号。

2．语句digitalWrite(13,1);与digitalWrite(13,0);

语句 digitalWrite(13,1); 表示数字端口 13 输出高电平。

语句 digitalWrite(13,0); 表示数字端口 13 输出低电平。

数字 1 表示高电平。输出高电平表示输出电压约为 5V，语句 digitalWrite(13,1); 与语句 digitalWrite(13,HIGH); 效果相同，HIGH 表示高电平。

数字 0 表示低电平。输出低电平表示输出电压约为 0V，语句 digitalWrite(13,0); 与语句 digitalWrite(13,LOW); 效果相同，LOW 表示低电平。

3．语句digitalRead(13);与!digitalRead(13);

语句 digitalRead(13); 表示读取数字端口 13 的状态（高电平或低电平）。

语句 !digitalRead(13); 表示读取数字端口 13 的状态并取反，如果数字端口 13 为高电平，取反之后将变为低电平；如果为低电平，取反之后将变为高电平。

语句 digitalWrite(13,!digitalRead(13)); 表示数字端口 13 输出状态取反。

4．Arduino Uno开发板数字输出端口的编程方法

第一步，在 setup 函数中，设置数字端口为输出模式。

```
void setup(){pinMode(13,OUTPUT);}
```

第二步，在 loop 函数中，设置数字端口输出电平，为控制输出速度，加入延时语句。

```
void loop(){digitalWrite(13,1);delay(1000);digitalWrite(13,0);delay(1000);}
```

2.2.4 程序设计

1．代码一

（1）程序参考

```
void setup(){
  pinMode(13,OUTPUT);// 设置数字端口 13 为输出模式。
}
void loop(){
  digitalWrite(13,1);// 数字端口 13 输出高电平。
  delay(1000);// 延时 1000ms。
  digitalWrite(13,0);// 数字端口 13 输出低电平。
  delay(1000);// 延时 1000ms。
}
```

（2）实验结果

LED 灯 D13 点亮 1s，熄灭 1s，如此循环。

2．代码二

（1）程序参考

```
void setup(){
```

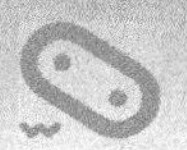

```
    pinMode(13,OUTPUT);// 设置数字端口 13 为输出模式。
  }
  void loop(){
    digitalWrite(13,1);// 数字端口 13 输出高电平。
    delay(100);// 延时 100ms。
    digitalWrite(13,0);// 数字端口 13 输出低电平。
    delay(100);// 延时 100ms。
    digitalWrite(13,1);// 数字端口 13 输出高电平。
    delay(100);// 延时 100ms。
    digitalWrite(13,0);// 数字端口 13 输出低电平。
    delay(1700);// 延时 1700ms。
  }
```

（2）实验结果

LED 灯 D13 点亮 0.1s，熄灭 0.1s，点亮 0.1s，熄灭 1.7s，如此循环，从视觉效果上看为双闪灯。

3. 代码三

（1）程序参考

```
  void setup(){
    pinMode(13,OUTPUT);// 设置数字端口 13 为输出模式。
    digitalWrite(13,1);// 数字端口 13 输出高电平。
  }
  void loop(){
    digitalWrite(13,!digitalRead(13));// 数字端口 13 输出状态取反。
    delay(500);// 延时 500ms。
  }
```

（2）实验结果

LED 灯 D13 点亮 0.5s，熄灭 0.5s，如此循环，从视觉效果上看，比代码一实验结果的闪灯速度加快了。

2.2.5 拓展和挑战

（1）让板载 LED 灯 D13 点亮 0.1s，熄灭 0.1s，然后再点亮 0.1s，熄灭 0.1s，接下来再点亮 0.1s，熄灭 1.5s，如此循环。

（2）让 LED 灯 D13 点亮 0.1s，熄灭 0.1s，然后让 LED 灯 D12 点亮 0.1s，熄灭 0.1s，接下来让 LED 灯 D11 点亮 0.1s，熄灭 0.1s，如此循环。

2.3 编程播放歌曲《我和我的祖国》

Arduino Uno 开发板能让 LED 灯一闪一闪的，能不能让小喇叭唱歌呢？如何让小喇叭播放歌曲呢？如果你感兴趣，可以从网上找一首自己喜爱的歌曲简谱，尝试编写一段播放歌曲的程序。

2.3.1 实验描述

（1）让喇叭发出频率为 1000Hz 的声音，可持续 200ms，停止发声 1800ms，如此循环。

（2）让喇叭播放歌曲《我和我的祖国》。

AU03 的电路原理图、电路板图和实物图如图 2.5 所示。

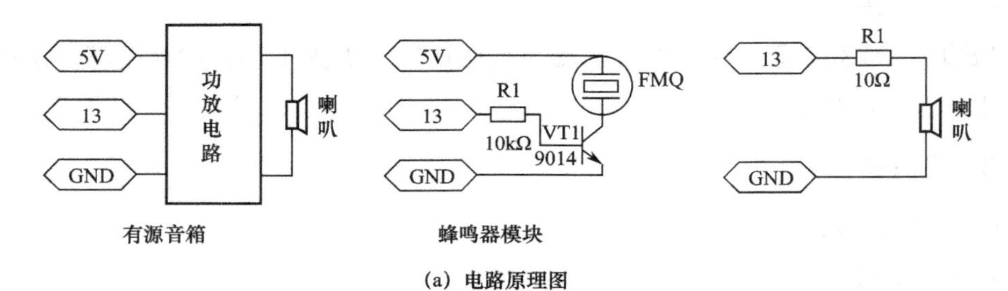

(a) 电路原理图

(b) 电路板图

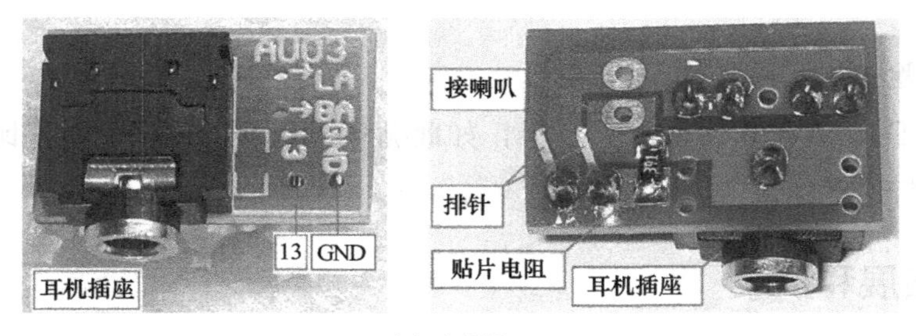

(c) 实物图

图 2.5 AU03 的电路原理图、电路板图和实物图

2.3.2 知识要点

编程播放歌曲，就是通过编写程序的方式让小喇叭播放歌曲。编程播放歌曲对

于普通人而言，能起到娱乐、愉悦的作用；对于喜欢音乐的人而言，则有助于他们准确把握每个音符的音高（音的振动频率高低）与音值（音的持续时间长短）。

歌曲《我和我的祖国》的简谱如图 2.6 所示。

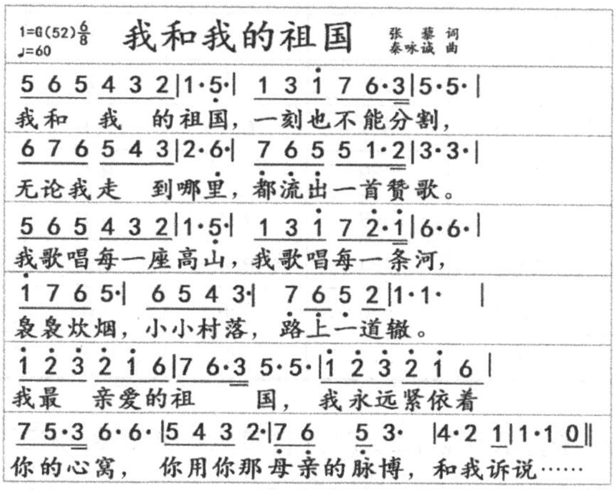

1=G(52) 6/8
♩=60
我和我的祖国
张藜 词
秦咏诚 曲

5 6 5 4 3 2|1·5·| 1 3 1 7 6·3|5·5·|
我和　我　的祖国，一刻也不能分割，
6 7 6 5 4 3|2·6·| 7 6 5 5 1·2|3·3·|
无论我走　到哪里，都流出一首赞歌。
5 6 5 4 3 2|1·5·| 1 3 1 7 2·1|6·6·|
我歌唱每一座高山，我歌唱每一条河，
1 7 6 5·| 6 5 4 3·| 7 6 5 2|1·1·　|
袅袅炊烟，小小村落，路上一道辙。
1 2 3 2 1 6|7 6·3 5·5·|1 2 3 2 1 6|
我最　亲爱的祖　　国，　我永远紧依着
7 5·3 6·6·|5 4 3 2·|7 6　5 3·　|4·2 1|1·1 0‖
你的心窝，　你用你那母亲的脉搏，和我诉说……

图 2.6　歌曲《我和我的祖国》的简谱

“1=G(52)”表示 G 调，就是把乐器上音高为 G 的音唱成 1（do），二胡用 52 弦拉。有的简谱前标“1=C”表示以 C 音为 1（do），而“1=D”表示以 D 音为 1（do），将“1=C”换成“1=D”后，乐曲整体音调变高。现在的标准调音音高 A4 的频率为 440Hz，往上高八度的 A5 的频率为 880Hz，往下低八度的 A3 的频率为 220Hz，如表 2.1 所示。

表 2.1　不同音的频率对照表

单位：Hz

音调	音名						
	A	B	C	D	E	F	G
低音1	220	247	131	147	165	175	196
低音2	247	277	147	165	185	196	220
低音3	277	294	165	185	208	220	247
低音4	294	330	175	196	220	233	262
低音5	330	370	196	220	247	262	294
低音6	370	415	220	247	277	294	330
低音7	415	466	247	277	311	330	370
中音1	440	494	262	294	330	349	392
中音2	494	554	294	330	370	392	440
中音3	554	622	330	370	415	440	494
中音4	587	659	349	392	440	466	523
中音5	659	740	392	440	494	523	587

（续表）

音调	音名						
	A	B	C	D	E	F	G
中音6	740	831	440	494	554	587	659
中音7	831	932	494	554	622	659	740
高音1	880	988	523	587	659	698	784
高音2	988	1109	587	659	740	784	880
高音3	1109	1175	659	740	831	880	988
高音4	1175	1318	698	784	880	932	1046
高音5	1318	1480	784	880	988	1046	1175
高音6	1480	1662	880	988	1109	1175	1318
高音7	1662	1976	988	1109	1245	1318	1480

“$\frac{6}{8}$”是一种复拍子，表示以附点四分音符为一拍，每小节两拍。歌曲中把由 3 个八分音符组成的三连音当一拍，3 个音符下画一条横线，就是 3 个音符共唱一拍。

“=60”表示该歌曲的速度为 60 拍 / 分钟，一拍时间为 1s。歌曲中一小节两拍，因此一小节的演唱时间为 2s，16 小节的演唱时间为 32s。

音符是乐谱中表示音高或音值的符号。五线谱中用空心或实心的小椭圆形和特定的附加符号表示音符，简谱中用 7 个阿拉伯数字（1、2、3、4、5、6、7）和特定的附加符号表示音符。

音调是听觉能分辨的声音的高低程度，是个主观量。纯音音调的高低主要由声音的频率来决定，频率越高，人感受到的音调也越高。音调也和声音的强度有关，一般 2000Hz 以下的低频纯音的音调随强度的增加而下降，3000Hz 以上的高频纯音的音调随强度的增加而上升。音调还和声音持续的时间长短有关，非常短促（ms 量级或更短）的纯音，只能听到像打击或弹指一样的响声，感觉不出音调。持续时间从 10ms 增加到 50ms，能感觉到音调由低而高的连续变化；超过 50ms，音调就稳定不变了。乐音的音调更复杂，主要由基音的频率决定。

音高是音的高度，是乐音在音阶上的绝对高度，如 C 音、D 音，与声音的振动频率有关。音名是乐器各音级的标注名称，包括 C、D、E、F、G、A、B，与简谱中的 1、2、3、4、5、6、7 相对应。

唱名是唱歌时发出的音，即 do、re、mi、fa、so、la、si。在首调唱名法中，do 的位置和高度可以移动和变化，但各个调式音级却有着固定不变的唱名和全半音关系。

音值又称音符值、音符时值，用于描述各音符的相对持续时间，常见的有全音符、二分音符、四分音符、八分音符、十六分音符等，如表 2.2 所示。

表 2.2　常见音符的标记方法和音值

音符名称	标记方法	音值
全音符	X---，在四分音符的右侧加3条增时线	4拍
二分音符	X-，在四分音符的右侧加1条增时线	2拍
附点四分音符	X·，在四分音符的右侧加1个圆点	1.5拍
四分音符	X	1拍
附点八分音符	X·，在八分音符的右侧加1个圆点	0.75拍
八分音符	X，在四分音符的下方加1条减时线	0.5拍
十六音符	X，在四分音符的下方加2条减时线	0.25拍

歌曲《我和我的祖国》的简谱中，中音 5、中音 6、中音 5、中音 4、中音 3、中音 2 的音值为 0.5 拍，中音 1 和低音 5 的音值为 1.5 拍，中音 1、中音 3、高音 1、中音 7 的音值为 0.5 拍，中音 6 的音值为 0.75 拍，中音 3 的音值为 0.25 拍，中音 5 的音值为 1.5 拍，中音 5 的音值为 1.5 拍。因此简谱前 4 小节，音符的音值依次为 0.5、0.5、0.5、0.5、0.5、0.5、1.5、1.5、0.5、0.5、0.5、0.5、0.75、0.25、1.5、1.5。

2.3.3　编程要点

1．语句tone(13,1000);与noTone(13);

语句 tone(13,1000); 表示使数字端口 13 产生 1000Hz 的电信号。

语句 tone(13,tune[x]); 表示使数字端口 13 产生 tune[x] 音符的电信号。比如：x=0，tune[0]=Z5=587，数字端口 13 产生 587Hz 的电信号，即中音 5 的电信号。再比如：x=1，tune[1]=Z6=659，数字端口 13 产生 659Hz 的电信号，即中音 6 的电信号。

语句 tone(13,X0);// 如 X0=–1，即 tone(13,–1), 表示数字端口 13 停止产生电信号。

语句 noTone(13); 表示使数字端口 13 停止产生电信号。

2．语句#define X0 -1与#define D1 196

语句 #define X0 –1 用来定义休止符频率。

语句 #define D1 196 表示变量 D1=196，这是 G 调低音 1 的振动频率。

语法：

```
#define 常量名 常量值 // 用常量名替代常量值。
```

在 Arduino 中，定义的常量不占用芯片上的程序内存空间，在编译时编译器事先将常量名替换成常量值。注：define 前必须有 #，常量名与常量值之间不能用等号，只能用空格，常量值后不能有分号，否则编译时将出现错误。

3．语句int tune[]={}

该语句用来定义整型变量数组 tune，排列各音符的音高。歌曲《我和我的祖国》的简谱的前 6 个音符是中音 5、6、5、4、3、2，因此排列的音调是 Z5、Z6、Z5、Z4、Z3、Z2。

int 是有符号整数数据类型，占用 2 字节的内存，取值范围为 –32768 ~ 32767，即 -2^{15} ~ $2^{15}-1$，当变量数值过大而超过整数类型所能表示的范围时（–32768 ~ 32767），变量值会“回滚”，即 32767 之后为 –32768，然后是 –32767……

unsigned int 是无符号整型数据类型，占用 4 字节的内存，取值范围为 0 ~ 4294967295（$2^{32}-1$）。

4．语句float duration[]={}

该语句用来定义单精度浮点变量数组 duration，排列各音符的音值。歌曲《我和我的祖国》的简谱的前 6 个音值均为 0.5 拍，因此排列的音值是 0.5、0.5、0.5、0.5、0.5、0.5。

float 是单精度浮点型数据类型，即有小数点的数字，占用 4 字节的内存，取值范围为 –3.4028235E+38 ~ 3.4028235E+38，有 6 ~ 7 位有效数字。注：6.0/3.0 的结果可能不为 2.0，且执行浮点运算的速度远远慢于执行整数运算的速度。

5．语句length=sizeof(tune)/sizeof(tune[0]);

该语句表示运用 sizeof 函数查询数组中音符的个数，将数组所占的内存总空间大小（字节数）除以单个元素所占的内存空间大小（字节数），就得到了数组的大小。

6．语句for(int x=0;x<length;x++){语句1;}

该语句为循环执行语句，从 x=0 开始，每循环一次，x=x+1，x<length 时一直循环。如果 length=10，那么语句 1 将循环执行 10 次；如果 length=20，那么语句 1 将循环执行 20 次。

7．语句delay(750*duration[x]);

该语句表示延时 duration[x]*750ms，比如：x=0，duration[0]=0.5，delay(750*duration[0]) 即 delay(375)，延时 375ms。

2.3.4　程序设计

1．代码一

（1）程序参考

```
void setup(){
```

```
  pinMode(13,OUTPUT);// 设置数字端口 13 为输出状态。
}
void loop(){
  tone(13,1000);// 使数字端口 13 产生 1000Hz 的电信号。
  delay(200);// 延时 200ms。
  noTone(13);// 使数字端口 13 停止产生电信号。
  delay(1800);// 延时 1800ms。
}
```

（2）实验结果

首先在 AU03 电路板上安装并焊接 1206 型贴片电阻（10Ω）、耳机插座、喇叭、2 根排针，然后将电路板的排针插入 Arduino Uno 开发板上的 GND 和 13 插槽内。代码一上传成功后接通电源，喇叭将发出频率为 1000Hz 的声音，持续 200ms，停止发声 1800ms。如此循环。

2．代码二

（1）程序参考

```
// 自定义 G 调音符对应的振动频率，用不到的可暂不定义。
#define X0 -1// 定义休止符的振动频率。
#define D1 196// 定义变量 D1=196，这是 G 调低音 1 的振动频率。
#define D2 220// 定义低音 2 的振动频率。
#define D3 247// 定义低音 3 的振动频率。
#define D4 262// 定义低音 4 的振动频率。
#define D5 294// 定义低音 5 的振动频率。
#define D6 330// 定义低音 6 的振动频率。
#define D7 370// 定义低音 7 的振动频率。
#define Z1 392// 定义中音 1 的振动频率。
#define Z2 440// 定义中音 2 的振动频率。
#define Z3 494// 定义中音 3 的振动频率。
#define Z4 523// 定义中音 4 的振动频率。
#define Z5 587// 定义中音 5 的振动频率。
#define Z6 659// 定义中音 6 的振动频率。
#define Z7 740// 定义中音 7 的振动频率。
#define G1 784// 定义高音 1 的振动频率。
#define G2 880// 定义高音 2 的振动频率。
#define G3 988// 定义高音 3 的振动频率。
#define G4 1046// 定义高音 4 的振动频率。
```

```
// 音高部分。
int tune[]={// 根据歌曲《我和我的祖国》的简谱设置数组，排列各音符的音高。
    Z5,Z6,Z5,Z4,Z3,Z2,Z1,D5,Z1,Z3,G1,Z7,Z6,Z3,Z5,Z5,Z6,Z7,Z6,Z5,Z4,Z3,Z2,D6,D7,D6,D5,Z
5,Z1,Z2,Z3,Z3,Z5,Z6,Z5,Z4,Z3,Z2,Z1,D5,Z1,Z3,G1,Z7,G2,G1,Z6,Z6,G1,Z7,Z6,Z5,Z6,Z5,Z4,Z3,D7,
D6,D5,Z2,Z1,Z1,G1,G2,G3,G2,G1,Z6,Z7,Z6,Z3,Z5,Z5,G1,G2,G3,G2,G1,Z6,Z7,Z5,Z3,Z6,Z6,Z5,Z4,
Z3,Z2,D7,D6,D5,Z3,Z4,Z2,Z1,Z1,Z1,X0
};
// 音值部分。
float duration[]={// 根据歌曲《我和我的祖国》的简谱设置数组，排列各音符的音值。
    0.5,0.5,0.5,0.5,0.5,0.5,1.5,1.5,0.5,0.5,0.5,0.5,0.75,0.25,1.5,1.5,0.5,0.5,0.5,0.5,0.5,0.5,1.5
,1.5,0.5,0.5,0.5,0.5,0.75,0.25,1.5,1.5,0.5,0.5,0.5,0.5,0.5,0.5,1.5,1.5,0.5,0.5,0.5,0.5,0.75,0.25,1.5,
1.5,0.5,0.5,0.5,1.5,0.5,0.5,0.5,1.5,1,0.5,1,0.5,1.5,1.5,0.5,0.5,0.5,0.5,0.5,0.5,0.5,0.75,0.25,1.5,1.5
,0.5,0.5,0.5,0.5,0.5,0.5,0.5,0.75,0.25,1.5,1.5,0.5,0.5,0.5,1.5,0.5,0.5,0.5,1.5,1.5,1,0.5,1.5,1,0.5
};
int length;// 定义变量 length 记录音符的个数。
void setup(){
  pinMode(13,OUTPUT);// 设置数字端口 13 为输出状态。
  length=sizeof(tune)/sizeof(tune[0]);// 查询数组中音符的个数。
}
void loop(){
  for(int x=0;x<length;x++){// 设置循环音符的次数。
    tone(13,tune[x]);// 数字端口 13 产生 tune[x] 音符的电信号。
    delay(750*duration[x]);// 延时时间为 duration[x] × 750ms。
    noTone(13);// 数字端口 13 停止产生电信号。
  }
  delay(5000);// 延时 5000ms，重新开始。
}
```

（2）实验结果

通电后，喇叭播放歌曲《我和我的祖国》。

2.3.5 拓展和挑战

从网上搜索一首你喜爱的歌曲简谱，编程播放。

2.4 在串口监视器上显示模拟端口 A0 的输入值

在生活中，我们常常听人说声控、光控、人体感应，它们究竟是怎么一回事?

如何用计算机显示屏显示它们的工作状态？现在，让我们进一步学习串口监视器显示实验吧！

2.4.1　实验描述

在串口监视器上显示模拟端口 A0 的输入值，每 100ms 刷新一次。

AU04A ~ AU04E 的电路原理图、电路板图和实物图如图 2.7 所示。

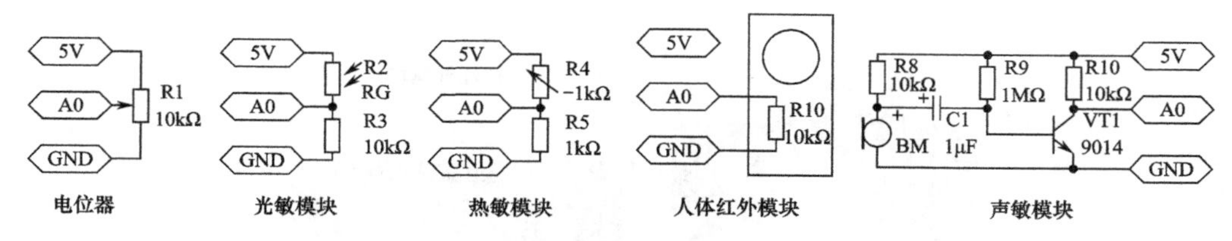

(a) 电路原理图（由左至右为AU04A～AU04E）

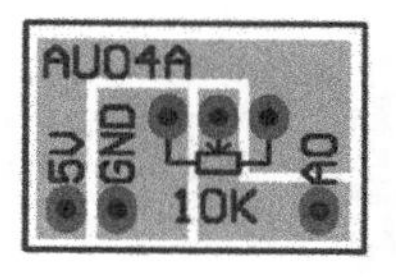

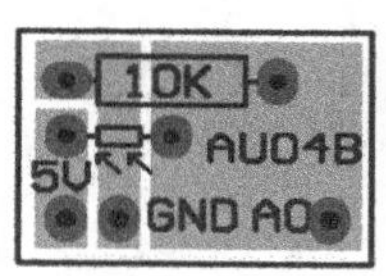

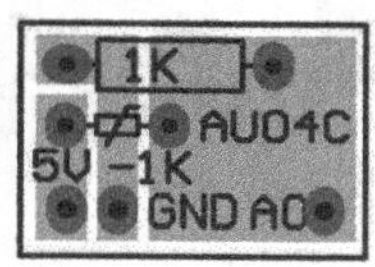

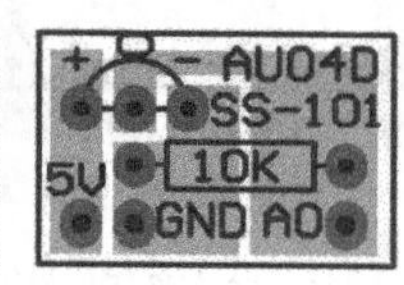

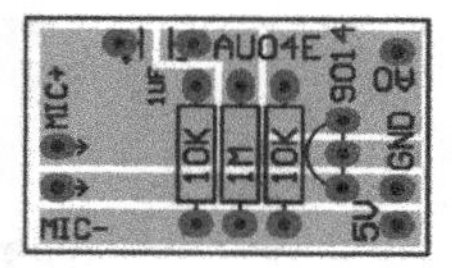

(b) 电路板图（由左至右为AU04A～AU04E）

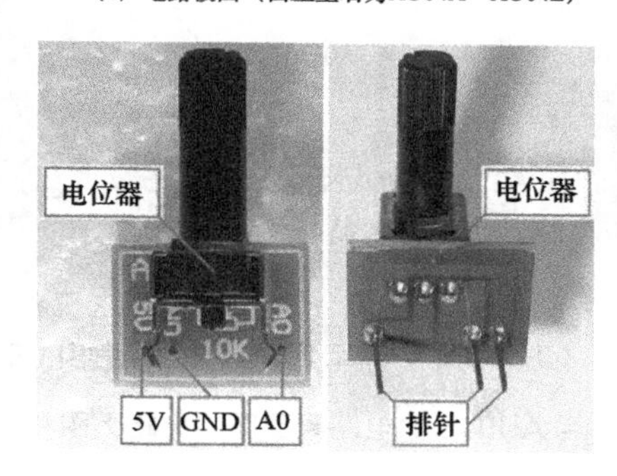

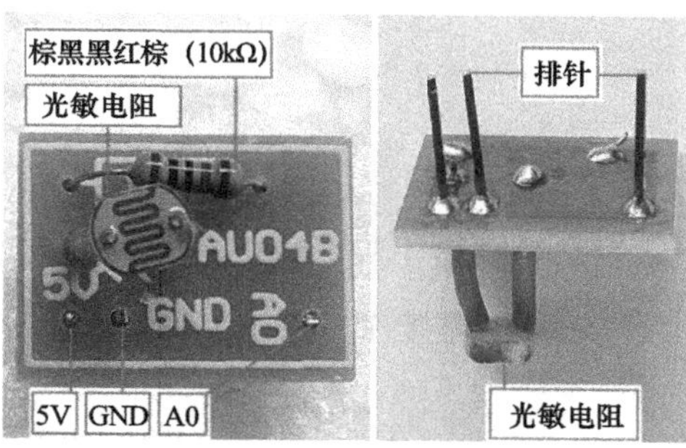

(c) 实物图（由上至下为 AU04A ~ AU04E）

图 2.7　AU04A ~ AU04E 的电路原理图、电路板图和实物图

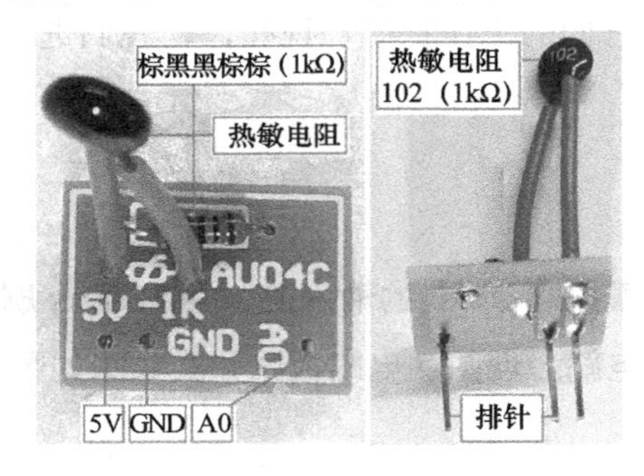

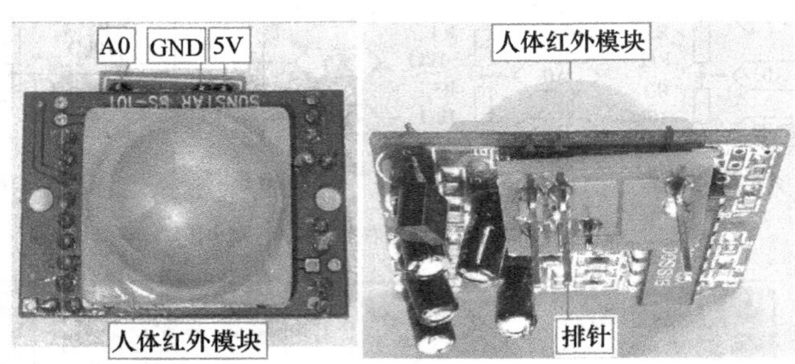

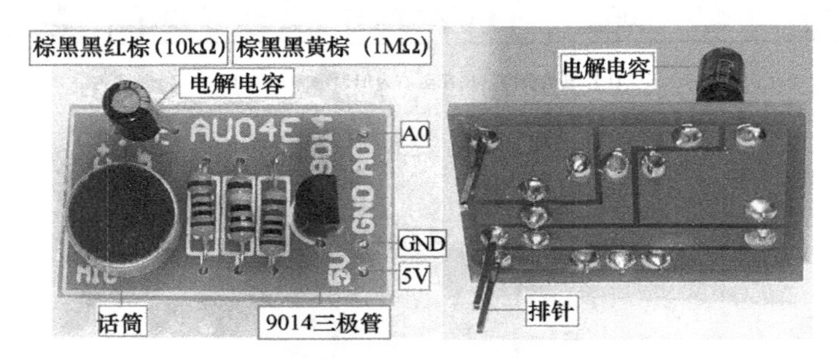

(c) 实物图（由上至下为AU04A～AU04E）(续)

图 2.7　AU04A ~ AU04E 的电路原理图、电路板图和实物图（续）

2.4.2　知识要点

1. 组装与焊接

在 AU04A 电路板上，安装并焊接 1 只 10kΩ 的电位器和 3 根排针。

在 AU04B 电路板上，安装并焊接 1 只 10kΩ 的电阻、1 只光敏电阻和 3 根排针。

在 AU04C 电路板上，安装并焊接 1 只 1kΩ 的电阻、1 只热敏电阻和 3 根排针。

在 AU04D 电路板上，安装并焊接 1 只 1kΩ 的电阻、1 个 SS-101 人体红外模块和 3 根排针。

在 AU04E 电路板上，安装并焊接 2 只 10kΩ 的电阻、1 只 1MΩ 的电阻、1 只 1μF 的电解电容器、1 只驻极体话筒、1 只 9014 三极管和 3 根排针。注：电解电容器有正负极之分，较长的引脚为正极，较短的引脚为负极；驻极体话筒也有正负极之分，引脚焊盘与外壳相连，为话筒的负极；安装三极管时，三极管半圆应与符号半圆方向一致。

2. 数字端口与模拟端口

前已述及，Arduino Uno 开发板带有 0 ~ 13 共 14 个数字输入 / 输出端口，带有 A0 ~ A5 共 6 个模拟输入端口。数字端口可输入 / 输出高电平或低电平；模拟端口既可输入高电平或低电平（具体用法见 2.36 节），又可输入 0 ~ 5V 的电压，具有 10 位的分辨率。比如：输入 0V 的电压时端口返回值为 0，输入 5V 的电压时端口返回值为 1023，输入 0.00488V 的电压时端口返回值为 1，输入 2.5V 的电压时端口返回值为 512。

2.4.3　编程要点

1. 语句val=analogRead(0);

该语句表示读出模拟端口 A0 的值，赋给变量 val。

语法：

```
analogRead(pin);// 从指定的模拟引脚读取值。
```

pin 表示读取的模拟输入引脚号（0 ~ 6），返回值为整型数（0 ~ 1023），如果模拟输入引脚没有连接，返回值可能会因其他模拟端口输入或其他因素而受到干扰。Arduino Uno 开发板模拟端口允许输入电压值为 0 ~ 5V（注：如果输入电压值高于 5V，模拟端口可能会被烧毁），对应返回值为 0 ~ 1023 的整数值，这表示端口识别电压精度为 5V/1024 个单位，每个单位对应约 0.00488V（4.88mV）的电压。Arduino Uno 开发板可运用 analogRead 函数测量电压值，测量方法如下：首先通过电阻串联电路，将测量电压转换为 0 ~ 5V，并计算出换算比例，然后运用 analogRead 函数读取返回值，最后根据换算比例与识别精度计算出被测量的电压值。比如：被测量的电压值为 12V，可用 7kΩ 的电阻（可由 7 个 1kΩ 的电阻串联而成）和 5kΩ 的电阻（可由 2 个 10kΩ 的电阻并联而成）组成电阻串联电路，换算比例为 12 ∶ 5，识别精度为 5V/1024 个单位，如果返回值为 X，那么测量的电压值 U=（12X/1024）V。

2. Arduino Uno开发板模拟输入端口的编程方法

在 loop 函数中，定义整型变量 val，读取模拟端口值并赋给变量 val。

```
void loop(){int val;val=analogRead(0);}
```

3. 串口监视器打印变量数据

运用串口监视器打印变量数据，是串口监视器显示技术中的常用方法，一方面可以直观显示程序运行状态，另一方面能够直观显示变量数据的结果，用于编写、分析、调试、测试程序代码时参考使用，是学习 Arduino 编程应知、应会的知识。

串口监视器打印变量数据的编程方法：

第一步，在 setup 函数中，打开串口，设置数据传输速率为 9600bps。

第二步，在 loop 函数中，定义整型变量 val，读取模拟端口值，赋给变量 val，将打印数据传输到串口，输出文本。为控制输出速度，有必要加入延时语句。具体用法见 2.4.4 节。

2.4.4 程序设计

（1）程序参考

```
void setup(){
   Serial.begin(9600);// 打开串口，设置数据传输速率为 9600bps。
}
void loop(){
   int val;// 定义整型变量 val。
   val=analogRead(0);// 读出模拟端口 A0 的值，赋给变量 val。
   Serial.println(val,DEC);// 将打印数据（十进制）传输到串口，输出文本并换行。
   delay(100);// 延时 100ms。
}
```

（2）实验结果

代码上传成功后，单击编译器界面工具栏中的“工具”→“串口监视器”命令，串口监视器将显示模拟端口 A0 的输入值，每 100ms 刷新一次。

将 AU04A 电路板的排针插入 Arduino Uno 开发板上的 5V、GND、A0 端口，调节电位器的旋钮，可见串口监视器显示的数字在变化，最小值为 0，最大值为 1023。

将 AU04B 电路板的排针插入 Arduino Uno 开发板上的 5V、GND、A0 端口，挡住光敏电阻上方的光线，可见串口监视器显示的数字（　　）；当光敏电阻上方的光线变亮时，串口监视器显示的数字（　　）。（选择：A. 变大　B. 变小　C. 不变）

将 AU04C 电路板的排针插入 Arduino Uno 开发板上的 5V、GND、A0 端口，

挡住光敏电阻上方的光线，可见串口监视器显示的数字（　　）；用手加热热敏电阻时，串口监视器显示的数字（　　）。（选择：A. 变大　B. 变小　C. 不变）

将 AU04D 电路板的排针插入 Arduino Uno 开发板上的 5V、GND、A0 端口，上传代码，单击编译器界面工具栏中的“工具”→“串口绘图器”命令，当人体靠近红外模块并且持续运动时，（　　）；当人体远离红外模块或保持静止时，（　　）。（选择：A. 串口绘图器显示幅度为 0 的直线　B. 串口绘图器显示幅度[①]为 600 的脉冲曲线）。

将 AU04E 电路板的排针插入 Arduino Uno 开发板上的 5V、GND、A0 端口，上传代码，单击编译器界面工具栏中的“工具”→“串口绘图器”命令，当大声喊叫时，（　　）；当环境保持安静时，（　　）。（选择：A. 串口绘图器显示幅度大于 600 的脉冲曲线　B. 串口绘图器显示幅度大于 20、小于 600 的脉冲曲线　C. 串口绘图器显示幅度小于 20 的脉冲曲线　D. 串口绘图器显示幅度为 0 的直线）

2.4.5　拓展和挑战

将 AU04A 电路板的排针插入 Arduino Uno 开发板上的 5V、GND、A0 端口，调节电位器的旋钮，单击编译器界面工具栏中的“工具”→“串口监视器”命令，串口监视器显示“当前模拟端口 A0 的输入值为（　　）”（括号内为模拟端口 A0 的输入值），每 1000ms 刷新一次。（提示：增加代码 Serial.print(" 当前模拟端口 A0 的输入值为 "); 将延时代码改为 delay(1000);。）

2.5　可调亮度的 LED 灯

在前面的实验中，我们使用了电位器。那么，电位器的工作原理是什么？电位器在日常生活中有什么用呢？其实它很常见，在收音机上，电位器可调节音量的大小；在台灯上，电位器可调节灯光的亮暗。

灯光过亮与过暗都不利于眼睛健康，在睡觉时，我们常常希望灯光尽可能暗一些，因此，非常有必要在普通照明灯上加装可调亮度的装置。

2.5.1　实验描述

让 LED 灯 D3、D5、D6、D9、D10、D11 的亮度随电位器的旋转而变化。

AU05 的电路原理图、电路板图和实物图如图 2.8 所示。

① 幅度 1024 对应电压 5V。

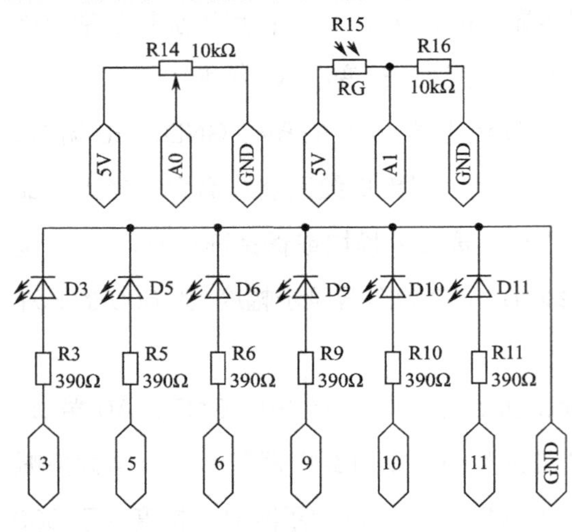

(a) 电路原理图

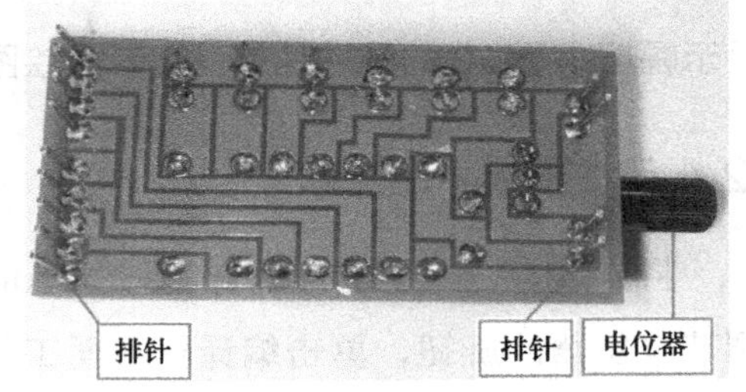

(b) 电路板图

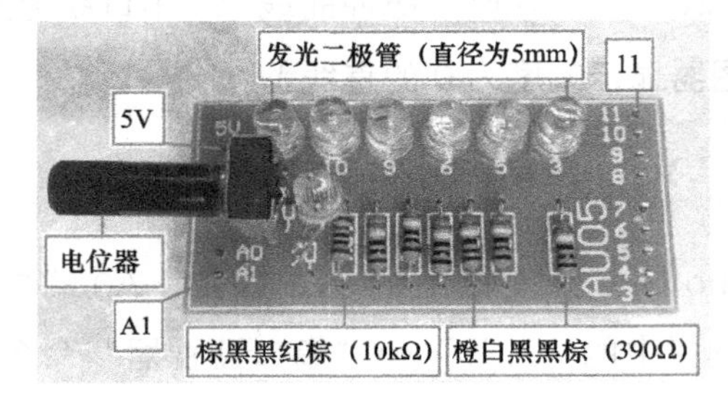

(c) 实物图

图 2.8 AU05 的电路原理图、电路板图和实物图

2.5.2 知识要点

1. 脉冲宽度调制

脉冲宽度调制（Pulse Width Modulation，PWM）是一种运用微控制器控制输出数字信号电平方式，实现输出模拟信号高低的技术。数字信号指信息参数在时间与幅度上不连续的信号，模拟信号指信息参数在时间与幅度上连续、不间断的信号。PWM 技术用于控制 LED 灯的亮度和电机输出功率。

2. Arduino Uno开发板近似模拟输出

Arduino Uno 开发板虽然没有模拟输出端口，但是可运用语句 analogWrite (pin,value); 设置引脚 pin（特指 Arduino Uno 开发板上标有"～"符号的数字端口 3、5、6、9、10、11）产生占空比稳定的矩形波信号，实现近似模拟输出效果。其中，数字端口 3、9、10、11 产生的波形频率约为 490Hz，数字端口 5、6 产生

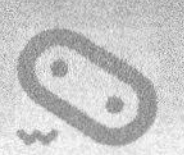

的波形频率约为 980Hz。矩形波是一种非正弦曲线的波形，理想矩形波只有“高”和“低”这两个值。高电平在一个波形周期内占有的时间比值称为占空比，即占空比 = 高电平时间 /（高电平时间 + 低电平时间），一般将占空比为 50% 的矩形波称为方波。图 2.9 所示为占空比为 0%、25%、50%、100% 的波形图。

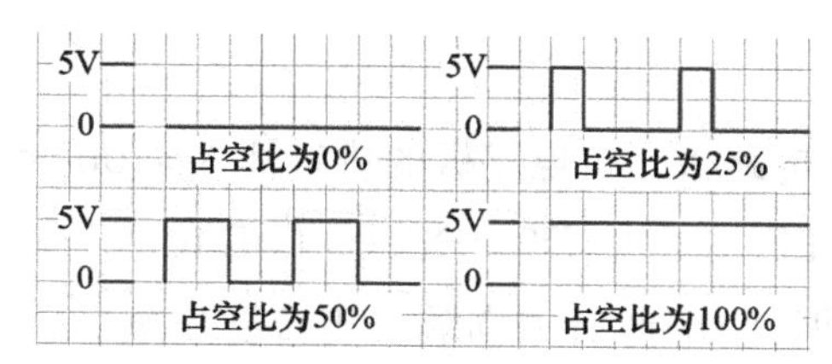

图 2.9　占空比为 0%、25%、50%、100% 的波形图

单次高电平持续时间称为脉冲宽度，通过改变占空比调节输出电压值的方法称为脉冲宽度调制技术。在矩形波信号中，单次高电平持续时间加上单次低电平持续时间为一个周期，周期的单位是 s。在 1s 内矩形波的高低电平变化次数称为频率，频率的单位是 Hz，频率等于周期的倒数，PWM 端口输出电压值 = 最大电压值（5V）× 占空比。

2.5.3　编程要点

1．语句analogWrite(pin,value);

该语句表示引脚 pin 的输出值 value 为 0 ~ 255，对应的占空比为 0% ~ 100%，对应的模拟电压值为 0 ~ 5V，当输出值 value=127 时，对应的占空比为 50%，对应的模拟电压值为 2.5V。使用该语句输出模拟电压值时，不需要通过 pinMode 函数设置端口为输出模式。

2．Arduino Uno开发板近似模拟输出的编程方法

```
void loop(){analogWrite(pin,value);}
```

2.5.4　程序设计

（1）程序参考

```
int val=0;// 定义整型变量 val，初始化赋值为 0。
void setup(){}
void loop(){
  val=analogRead(0);// 读出模拟端口 A0 的值，赋给变量 val（0 ~ 1023）。
  analogWrite(3,val/4);// 数字端口 3 输出模拟值 val/4。
```

```
    analogWrite(5,val/4);// 数字端口 5 输出模拟值 val/4。
    analogWrite(6,val/4);// 数字端口 6 输出模拟值 val/4。
    analogWrite(9,val/4);// 数字端口 9 输出模拟值 val/4。
    analogWrite(10,val/4);// 数字端口 10 输出模拟值 val/4。
    analogWrite(11,val/4);// 数字端口 11 输出模拟值 val/4。
}
```

（2）实验结果

组装并焊接 AU05 电路板，将电路板的排针插入 Arduino Uno 开发板对应的插槽内，调节电位器，LED 灯 D3、D5、D6、D9、D10、D11 的亮度将随电位器的旋转而变化。上传代码，以顺时针方向调节电位器的旋钮，可见 LED 灯 D3、D5、D6、D9、D10、D11 的亮度（　　）；以逆时针方向调节电位器的旋钮，可见 LED 灯 D3、D5、D6、D9、D10、D11 的亮度（　　）。（选择：A. 由亮变暗，最后熄灭 B. 由熄灭变亮，最后很亮 C. 不变）

2.5.5 拓展和挑战

AU05 电路板上，光敏电阻的一端与 Arduino Uno 开发板上的模拟端口 A1 连接，另一端与端口 5V 连接，将语句 val=analogRead(0); 中的数字 0 修改为 1，即读出模拟端口 A1 的值，赋给变量 val，重新编译、上传代码，挡住光敏电阻上方的光线，可见 LED 灯 D3、D5、D6、D9、D10、D11 的亮度（　　）；当光敏电阻上方的光线变亮时，可见 LED 灯 D3、D5、D6、D9、D10、D11 的亮度（　　）。（选择：A. 由亮变暗 B. 由暗变亮 C. 不变）

2.6 按下按键亮灯，松开按键灭灯

在日常生活中，我们常用开关控制灯的开与关，按下开关后，灯持续点亮；关闭开关后，灯持续熄灭。另外，我们也常用键盘打字，其实键盘使用的也是一种开关，它的名字叫轻触开关，按下按键后，电路接通；松开按键后，电路断开。最为奇妙的是，通过编程的方式，可实现按下按键后，电路断开，松开按键后，电路接通。这是怎么回事呢？如何编程实现？

2.6.1 实验描述

编程实现按下按键灯点亮、松开按键灯熄灭。

AU06 的电路原理图、电路板图和实物图如图 2.10 所示。

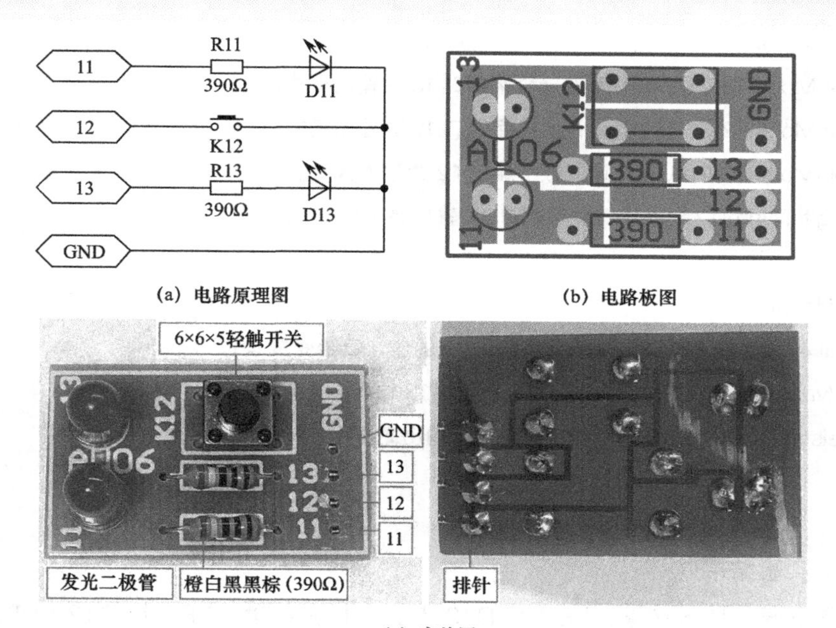

图 2.10　AU06 的电路原理图、电路板图和实物图

2.6.2　知识要点

按键控制通常指使用轻触开关控制。轻触开关的工作原理是，按下按键后电路接通，松开按键后电路断开。按键控制是自动化、智能化控制中的一种常见控制方式。

2.6.3　编程要点

1．语句if(val==1){语句1;}else{语句2;}

这是条件判断语句，表示如果 val==1，那么执行语句 1，否则执行语句 2。

2．Arduino Uno开发板数字输入端口的编程方法

第一步，定义整型变量 val。

```
int val=0;
```

第二步，在 setup 函数中，设置数字端口 12 为输出和输入模式，输出高电平。

```
void setup(){pinMode(12,OUTPUT);pinMode(12,INPUT);digitalWrite(12,1);}
```

第三步，在 loop 函数中，读出数字端口的值，根据需要设置相应程序。

```
void loop(){val=digitalRead(12);if(val==1){ 语句 1;}else{ 语句 2;}}
```

2.6.4　程序设计

（1）程序参考

```
int val=0;// 定义整型变量 val，初始化赋值为 0。
```

```
void setup(){
  pinMode(13,OUTPUT);// 设置数字端口 13 为输出模式。
  pinMode(12,OUTPUT);// 设置数字端口 12 为输出模式。
  pinMode(12,INPUT);// 设置数字端口 12 为输入模式。
  digitalWrite(12,1);// 设置数字端口 12 输出高电平。
}
void loop(){
  val=digitalRead(12);// 读出数字端口 12 的值，赋给变量 val。
  if(val==1){digitalWrite(13,0);// 数字端口 13 输出低电平。
  }else{digitalWrite(13,1);// 数字端口 13 输出高电平。
  }
}
```

（2）实验结果

接通电源，按下按键，LED 灯 D13 点亮；松开按键，LED 灯 D13 熄灭。

2.6.5 拓展和挑战

按下按键，LED 灯 D11、D13 熄灭；松开按键，LED 灯 D11、D13 点亮。

2.7 按一下按键亮灯，再按一下按键灭灯

通过编程的方式，可实现按下按键后，电路接通，松开按键后，电路仍然持续接通，当再次按下按键后，电路才会断开，即具有自锁功能，这是怎么回事？如何编程实现？

2.7.1 实验描述

编程实现按一下按键，LED 灯 D13 点亮，再按一下按键，LED 灯 D13 熄灭。

AU06 的电路原理图、电路板图和实物图如图 2.11 所示。

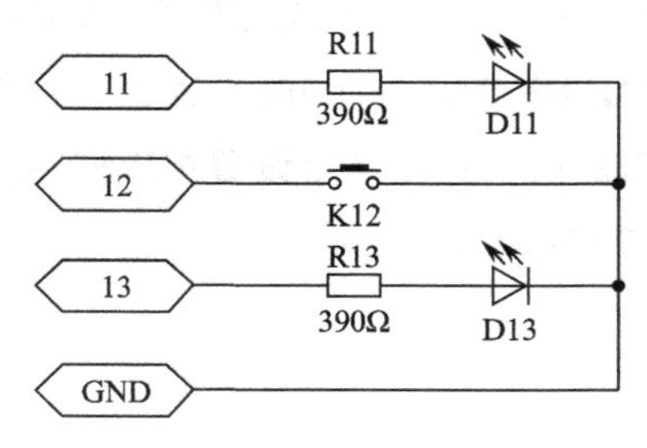

(a) 电路原理图

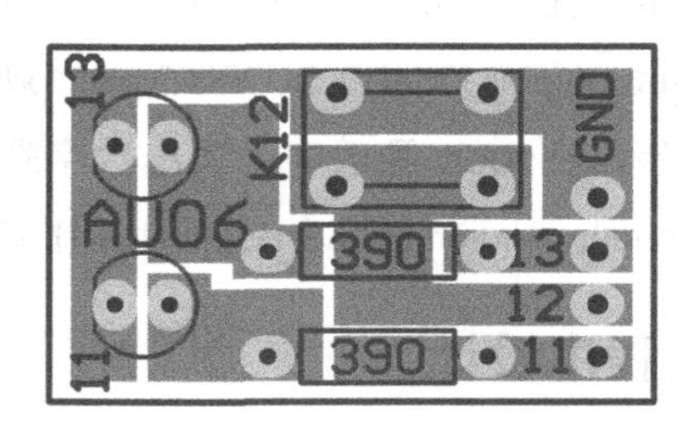

(b) 电路板图

图 2.11 AU06 的电路原理图、电路板图和实物图

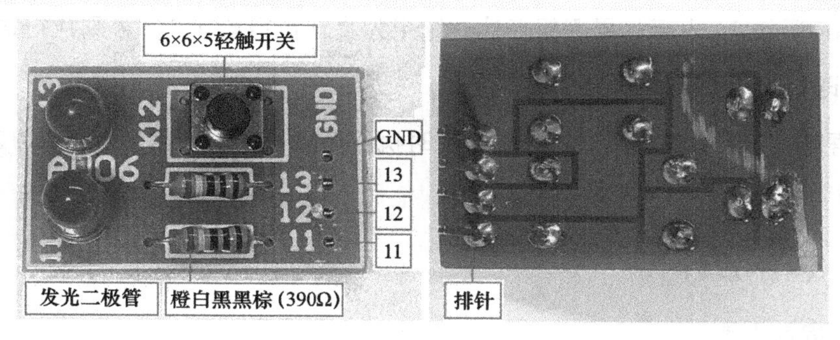

(c) 实物图

图 2.11　AU06 的电路原理图、电路板图和实物图（续）

2.7.2　知识要点

1．按键抖动

由于按键机械触点的弹性作用，在开关闭合及断开时，经常出现不稳定现象，即一连串的抖动现象，这种抖动现象持续时间约为 10ms，可导致处理器判断错误，按键呈现失控状态，为避免发生此类故障，编程时必须消除按键抖动的影响，这是编写按键控制程序时必须特别关注的问题。采用消除按键抖动技术，可极大地提高按键操作的可靠性与正确率，这是学习 Arduino 编程应知、应会的知识。

消除按键抖动影响的编程方法如下：如果数字端口 12 的值为 0，延时 100ms 后，再读取数字端口 12 的值，如果值为 0，证明数字端口 12 的确为低电平，按键的确被按下了。

2．按键抬起

判断按键抬起的编程方法如下：如果数字端口 12 的值为 0，说明按键被按下，用 while(digitalRead(12)==0)；语句循环读取，直到数字端口 12 的值为 1，说明按键抬起，退出循环。

2.7.3　编程要点

1．语句bool val=0;与语句val=!val;

语句 bool val=0; 表示定义布尔型变量 val，初始化赋值为 0。

语句 val=!val; 表示将 val 值取反，如果 val=0，那么 !val=1。

在 Arduino 中，bool 表示布尔型变量，等同于 boolean。布尔型变量的值只有真（true, 非 0) 和假（false,0），占用 1 字节，可用于逻辑判断。if(逻辑表达式){ 语句 1;}else{ 语句 2;} 表示如果逻辑表达式结果为真，执行语句 1，否则执行语句 2。

2．语句while(digitalRead(12)==0);

该语句表示当数字端口 12 的值为 0 时执行循环语句，直到数字端口 12 的值为 1 时退出循环。

2.7.4　程序设计

（1）程序参考

```
bool val=0;// 定义布尔型变量 val，初始化赋值为 0。
void setup(){
  pinMode(13,OUTPUT);// 设置数字端口 13 为输出模式。
  pinMode(12,OUTPUT);// 设置数字端口 12 为输出模式。
  pinMode(12,INPUT);// 设置数字端口 12 为输入模式。
  digitalWrite(12,1);// 设置数字端口 12 输出高电平。
}
void loop(){
  if(val==1){// 如果 val==1，
    digitalWrite(13,1);// 数字端口 13 输出高电平。
  }else{// 否则，
    digitalWrite(13,0);// 数字端口 13 输出低电平。
  }
  if(digitalRead(12)==0){// 如果数字端口 12 的值为 0，
    delay(100);// 延时 100ms。
    if(digitalRead(12)==0){// 如果数字端口 12 的值为 0，
      val=!val;// 将 val 值取反，如果 val=0，!val=1。
      while(digitalRead(12)==0);// 当数字端口 12 的值为 0 时执行循环语句。
    }
  }
}
```

（2）实验结果

接通电源，按一下按键，LED 灯 D13 点亮，再按一下按键，LED 灯 D13 熄灭。

2.7.5　拓展和挑战

按一下按键，LED 灯 D11、D13 点亮，再按一下按键，LED 灯 D11、D13 熄灭。

2.8　延时关灯

在日常生活中，我们有时会用到一种具有定时（或延时）关闭功能的开关，如电风扇或微波炉，打开开关，经过一段时间后，开关自动断开；又如公共楼道和家里的照明灯，打开开关，照明灯点亮，经过一段时间后，照明灯自动熄灭。延时关灯功能可省去关灯操作，避免因忘记关灯而浪费电能。这种定时（或延时）关闭功能其实也能通过编程实现。

2.8.1　实验描述

编程实现延时关灯功能，比如：按一下按键，LED 灯 D13 点亮，3s 后熄灭。

AU06 的电路原理图、电路板图和实物图如图 2.12 所示。

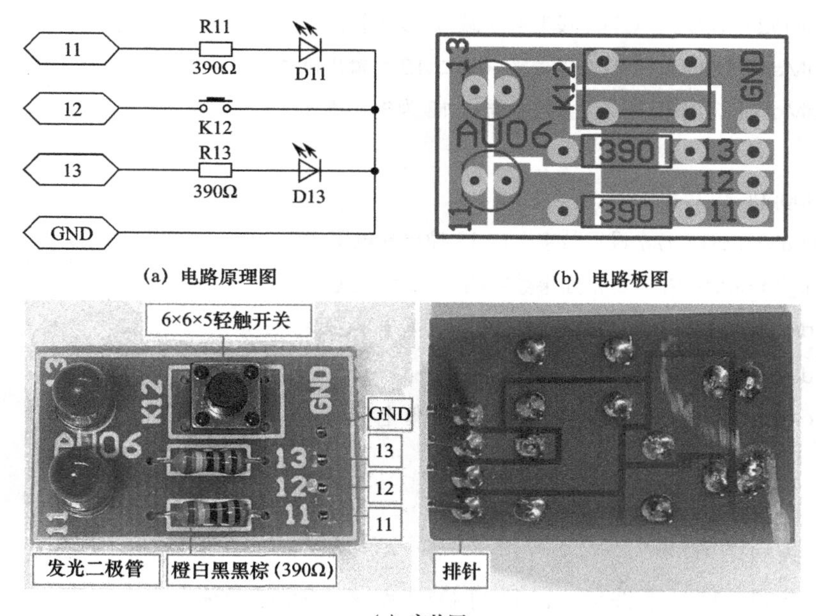

图 2.12　AU06 的电路原理图、电路板图和实物图

2.8.2　知识要点

根据电路原理图可知，如果按键已经被按下，那么数字端口 12 的值为 0，但如果数字端口 12 的值为 0，并不表示按键已经被按下，因为 Arduino 数字端口的状态是不确定的，因此，在编程时有必要事先设置数字端口 12 的状态为高电平，当数字端口 12 的值为 0 时，表示按键已经被按下，当数字端口 12 的值为 1 时，表示按键已经抬起。

2.8.3 编程要点

按键控制的编程方法如下。

第一步，如果按下按键，数字端口 12 的状态为低电平，那么事先设置端口 12 的状态为高电平。

```
digitalWrite(12,1);// 设置数字端口 12 输出高电平。
```

第二步，如果数字端口 12 的状态为低电平，证明按键已经被按下。

```
if(digitalRead(12)==0){ 语句 1;}// 按键已经被按下，执行语句 1。
```

2.8.4 程序设计

（1）程序参考

```
void setup(){
  pinMode(13,OUTPUT);// 设置数字端口 13 为输出模式。
  pinMode(12,OUTPUT);// 设置数字端口 12 为输出模式。
  pinMode(12,INPUT);// 设置数字端口 12 为输入模式。
}
void loop(){
  digitalWrite(12,1);// 设置数字端口 12 输出高电平。
  if(digitalRead(12)==0){// 如果数字端口 12 的值为 0，
    digitalWrite(13,1);// 数字端口 13 输出高电平。
    delay(3000);// 延时 3000ms。
    digitalWrite(13,0);// 数字端口 13 输出低电平。
  }
}
```

（2）实验结果

接通电源，按一下按键，LED 灯 D13 点亮，3s 后熄灭。

2.8.5 拓展和挑战

按一下按键，LED 灯 D11、D13 点亮，30s 后熄灭。

2.9 D0 ~ D13 号 LED 跑马灯

通过编程可实现各种各样的开关功能，最为奇妙的是，还可以控制许许多多的开关按照特定的时间间隔、时间顺序、位置关系等方式自动接通或断开，如通过编程的方式实现跑马灯效果。

2.9.1　实验描述

编程实现 LED 灯 D0 ~ D13 轮流点亮、熄灭的跑马灯效果。

AU09 的电路原理图、电路板图和实物图如图 2.13 所示。

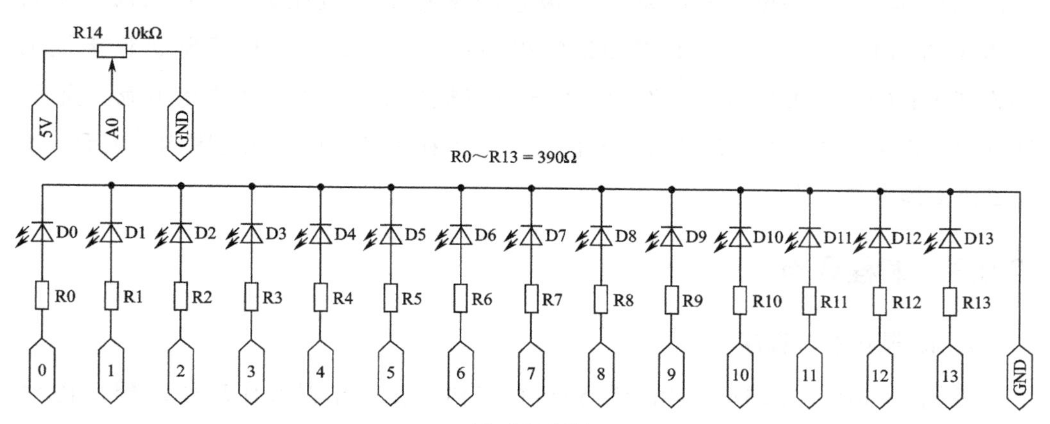

(a) 电路原理图

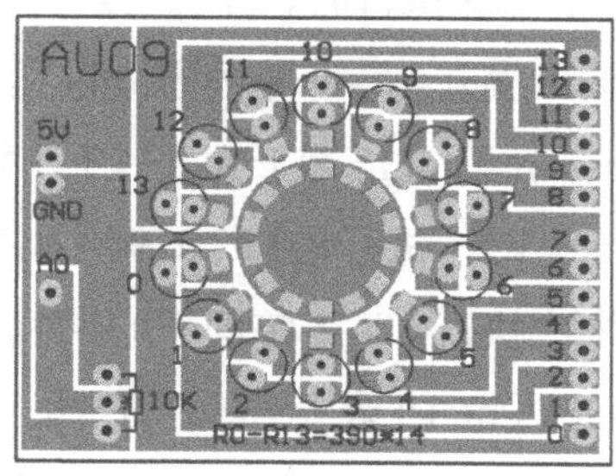

(b) 电路板图

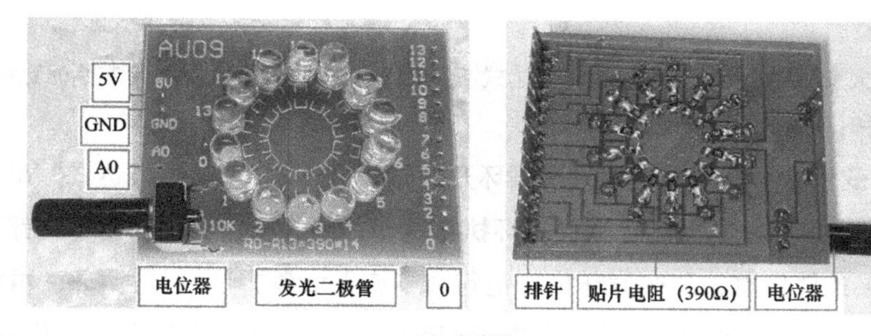

(c) 实物图

图 2.13　AU09 的电路原理图、电路板图和实物图

2.9.2　知识要点

1. 跑马灯

跑马灯是一种传统的灯笼工艺品，用毛竹编织成马头、马尾。人们在春节等喜庆节日表演跑马灯节目，小孩子围着它边唱边跳，寓意人财兴旺、五谷丰登。

2．发光二极管实际工作电流的计算方法

Arduino Uno 开发板带有 0 ~ 13 共 14 个数字输入/输出端口，最大输入/输出电流为 40mA，当输出高电平时，输出电压约为 5V，当输出低电平时，输出电压约为 0V。普通发光二极管的正常工作电压为 1.6 ~ 2.1V，正常工作电流为 5 ~ 20mA。串联 390Ω 的电阻后，发光二极管的实际工作电流为 (5V−2V)/390Ω ≈ 0.0077A=7.7mA，小于开发板数字端口的最大输出电流，因而，开发板能正常工作。发光二极管的实际工作电流在正常工作电流范围内，因而，发光二极管能正常工作。

2.9.3 编程要点

1．for循环执行程序

语句 for(int i=0;i<14;i++){pinMode(i,OUTPUT);} 表示从 i=0 开始，到 i=13 结束，每次循环后，i 增加 1。第 1 次执行时，i=0；第 14 次执行时，i=13。执行结果是设置数字端口 0 ~ 13 为输出模式。i++ 等同于 i=i+1。

语句 for(int i=13;i>−1;i−−){ 语句 i;} 表示从 i=13 开始，到 i=0 结束，每次循环后，i 减小 1。第 1 次执行时，i=13，执行语句 13；第 14 次执行时，i=0，执行语句 0。执行结果是语句 13 ~ 0 被依次执行。i−− 等同于 i=i−1。

语句 for(int i=0;i<3;i++){ 语句 1;} 表示从 i=0 开始，到 i=2 结束，每次循环后，i 增加 1。第 1 次执行时，i=0；第 3 次执行时，i=2。执行结果是语句 1 被执行 3 遍。

语法：

```
for( 定义变量并初始化赋值 ; 条件表达式 ; 变量增量 ){ 语句 ;}// 重复执行花括号之内的语句代码，常用于操作引脚变量、读取数组数据。
```

“定义变量并初始化赋值”只在循环开始时执行一次；“条件表达式”是一个关系表达式，它决定在什么条件下退出循环执行语句，因此，它在每次循环时都会被检测一次，如果条件为真，那么循环执行语句和“变量增量”，之后再循环、再检测，如果条件为假，那么退出循环；“变量增量”用于说明每次循环时变量的变化方式。

2．子程序

语句 void loop(){mod1();} 表示调用子程序 mod1 代码。

语句 void mod1(){// 子程序 mod1} 表示设置子程序 mod1 代码。

void 的中文意思是“无类型”，void* 表示“无类型指针”，可以指向任何类型的数据。在 Arduino 编程中，void 用于对定义函数的参数类型、返回值、指针类型进行声明。该函数将不会返回任何数据到它被调用的函数中。

2.9.4 程序设计

1. 代码一

（1）程序参考

```
void setup(){
  for(int i=0;i<14;i++){// 循环执行，从 i=0 开始，到 i=13 结束。
    pinMode(i,OUTPUT);// 设置数字端口 0 ~ 13 为输出模式。
  }
}
void loop(){
  for(int i=0;i<14;i++){// 循环执行，i=0 ~ 13。
    digitalWrite(i,1);// 数字端口输出高电平。
    delay(100);// 延时 100ms。
    digitalWrite(i,0);// 数字端口输出低电平。
  }
}
```

（2）实验结果

LED 灯 D0 ~ D13 轮流点亮、熄灭。

2. 代码二

（1）程序参考

```
void setup(){
  for(int i=0;i<14;i++){// 循环执行，从 i=0 开始，到 i=13 结束。
    pinMode(i,OUTPUT);// 设置数字端口 0 ~ 13 为输出模式。
    digitalWrite(i,0);// 数字端口 0 ~ 13 输出低电平。
  }
}
void loop(){
  for(int i=0;i<14;i++){// 循环执行，i=0 ~ 13。
    digitalWrite(i,1);// 数字端口输出高电平。
    delay(100);// 延时 100ms。
    digitalWrite(i,0);// 数字端口 0 ~ 13 输出低电平。
  }
  for(int i=13;i>-1;i--){// 循环执行，i=13 ~ 0。
    digitalWrite(i,1);// 数字端口输出高电平。
    delay(100);// 延时 100ms。
```

```
      digitalWrite(i,0);// 数字端口 0 ~ 13 输出低电平。
    }
  }
```

（2）实验结果

首先 LED 灯 D0 ~ D13 轮流点亮、熄灭，然后 LED 灯 D13 ~ D0 轮流点亮、熄灭，如此循环。

3．代码三

（1）程序参考

```
void setup(){
  for(int i=0;i<14;i++){// 循环执行，从 i=0 开始，到 i=13 结束。
    pinMode(i,OUTPUT);// 设置数字端口 0 ~ 13 为输出模式。
  }
}
void loop(){
  for(int i=0;i<3;i++){// 循环执行 3 遍。
    mod1();// 调用子程序 mod1。
  }
  for(int i=0;i<3;i++){// 循环执行 3 遍。
    mod2();// 调用子程序 mod2。
  }
  for(int i=0;i<3;i++){// 循环执行 3 遍。
    mod3();// 调用子程序 mod3。
  }
  for(int i=0;i<6;i++){// 循环执行 6 遍。
    mod4();// 调用子程序 mod4。
  }
}
void mod1(){// 子程序 mod1。
  for(int i=0;i<14;i++){// 循环执行，i=0 ~ 13。
    digitalWrite(i,1);// 数字端口输出高电平。
    delay(100);// 延时 100ms。
    digitalWrite(i,0);// 数字端口 0 ~ 13 输出低电平。
  }
}
void mod2(){// 子程序 mod2。
```

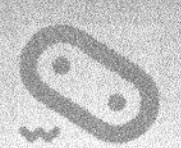

```
    for(int i=13;i>-1;i--){// 循环执行，i=13 ~ 0。
      digitalWrite(i,1);// 数字端口输出高电平。
      delay(100);// 延时 100ms。
      digitalWrite(i,0);// 数字端口 0 ~ 13 输出低电平。
    }
  }
  void mod3(){// 子程序 mod3。
    for(int i=0;i<14;i++){// 循环执行，i=0 ~ 13。
      digitalWrite(i,1);// 数字端口输出高电平。
      delay(100);// 延时 100ms。
    }
    for(int i=13;i>-1;i--){// 循环执行，i=13 ~ 0。
      digitalWrite(i,0);// 数字端口输出低电平。
      delay(100);// 延时 100ms。
    }
    for(int i=13;i>-1;i--){// 循环执行，i=13 ~ 0。
      digitalWrite(i,1);// 数字端口输出高电平。
      delay(100);// 延时 100ms。
    }
    for(int i=0;i<14;i++){// 循环执行，i=0 ~ 13。
      digitalWrite(i,0);// 数字端口输出低电平。
      delay(100);// 延时 100ms。
    }
  }
  void mod4(){// 子程序 mod4。
    for(int i=0;i<14;i++){// 循环执行，i=0 ~ 13。
      digitalWrite(i,1);// 数字端口输出高电平。
    }
    delay(500);// 延时 500ms。
    for(int i=0;i<14;i++){// 循环执行，i=0 ~ 13。
      digitalWrite(i,0);// 数字端口 0 ~ 13 输出低电平。
    }
    delay(500);// 延时 500ms。
  }
```

（2）实验结果

模式一：LED 灯 D0 ~ D13 依次点亮、熄灭，循环 3 遍。

模式二：LED 灯 D13 ~ D0 依次点亮、熄灭，循环 3 遍。

模式三：LED 灯 D0 ~ D13 轮流点亮，LED 灯 D13 ~ D0 轮流熄灭，LED 灯 D13 ~ D0 轮流点亮，LED 灯 D0 ~ D13 轮流熄灭，循环 3 遍。

模式四：LED 灯 D0 ~ D13 全部点亮，然后全部熄灭，循环 6 遍。

如此循环。

2.9.5 拓展和挑战

（1）LED 灯 D0 ~ D13 依次点亮 0.1s，然后依次熄灭 0.5s，执行循环语句。

（2）LED 灯 D0、D2、D4、D6、D8、D10、D12 同时点亮 0.1s，然后熄灭 0.5s，LED 灯 D1、D3、D5、D7、D9、D11、D13 同时点亮 0.1s，然后熄灭 0.5s，如此循环。

2.10 可调节变换速度的跑马灯

用编程方式制作的跑马灯，每只 LED 灯都能被单独点亮与熄灭，14 只 LED 灯点亮与熄灭的时间间隔与时间顺序都可以进行单独设置与控制。程序一旦调试完成，它们能长时间、周而复始、有条不紊地工作。不仅如此，还可以通过编程随意调节跑马灯的变换速度呢！

2.10.1 实验描述

通过电位器调节跑马灯的变换速度。

AU09 的电路原理图、电路板图和实物图如图 2.14 所示。

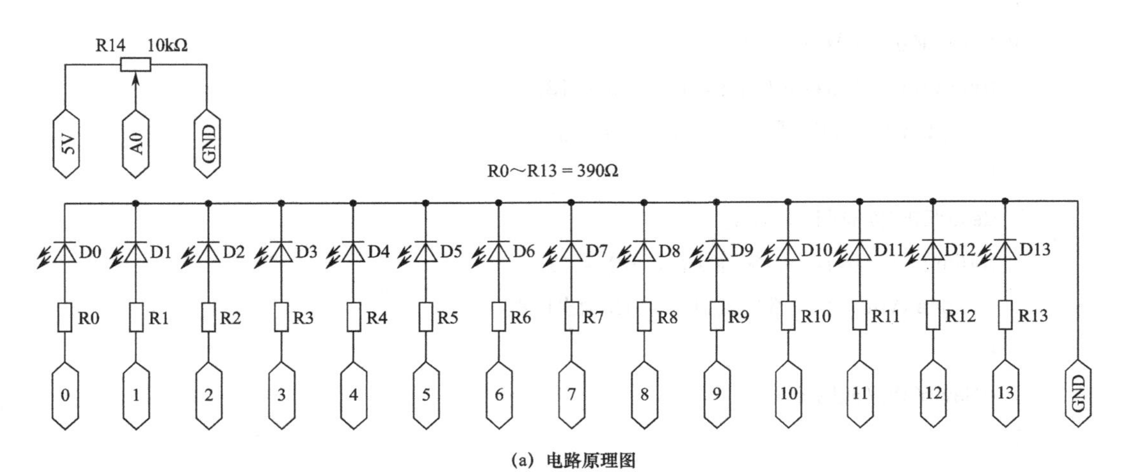

(a) 电路原理图

图 2.14 AU09 的电路原理图、电路板图和实物图

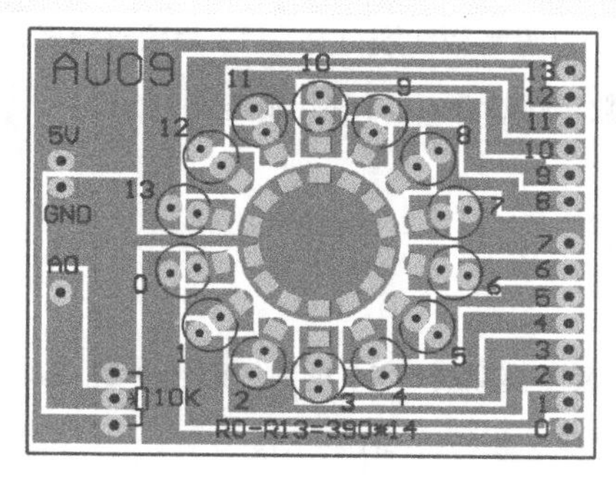

(b) 电路板图

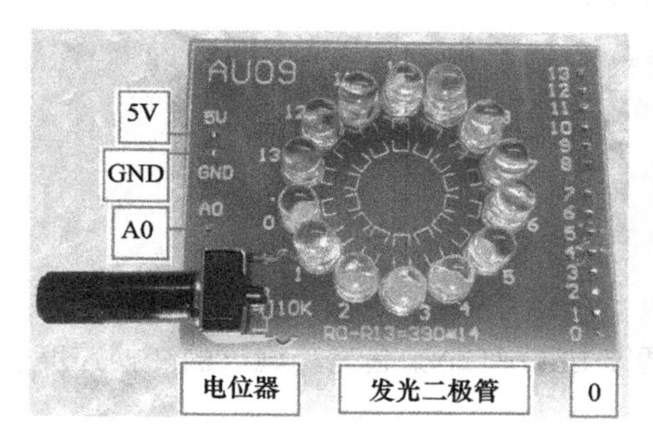

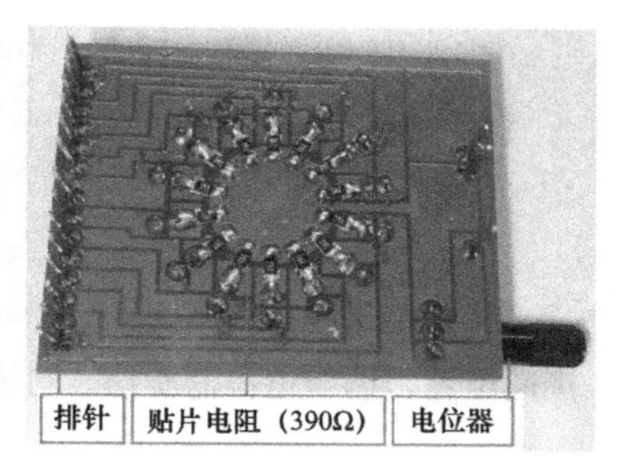

(c) 实物图

图 2.14　AU09 的电路原理图、电路板图和实物图（续）

2.10.2　知识要点

本实验使用的电位器是一种带有调节旋钮和 3 只引脚的电阻元件，引脚 1 和 3 之间的电阻值为 10kΩ。通电后，顺时针调节电位器旋钮，端口 A0 的电压值将增大；逆时针调节电位器旋钮，端口 A0 的电压值将减小。

2.10.3　编程要点

语句 delay(10+val); 表示延时时间为（10+val）ms，由于语句 val=analogRead(0); 表示读取模拟端口 A0 的值，赋给变量 val，val 的最小值为 0，最大值为 1023，因此语句 delay(10+val0); 表示延时时间范围为 10 ~ 1033ms。

2.10.4　程序设计

（1）程序参考

```
int val=0;// 定义整型变量 val，初始化赋值为 0。
void setup(){
  for(int i=0;i<14;i++){// 循环执行，从 i=0 开始，到 i=13 结束。
```

```
        pinMode(i,OUTPUT);// 设置数字端口 0 ~ 13 为输出模式。
        digitalWrite(i,0);// 数字端口 0 ~ 13 输出低电平。
    }
}
void loop(){
    val=analogRead(0);// 读出模拟端口 A0 的值，赋给变量 val。
    for(int i=0;i<14;i++){// 循环执行，i=0 ~ 13。
        digitalWrite(i,1);// 数字端口输出高电平。
        delay(10+val);// 延时（10+val）ms。
        digitalWrite(i,0);// 数字端口输出低电平。
    }
}
```

（2）实验结果

接通电源，调节电位器旋钮，可调节 LED 灯轮流点亮、熄灭的变换速度。

2.10.5 拓展和挑战

通电后，LED 灯 D13 ~ D0 轮流点亮、熄灭。调节电位器旋钮，使 LED 灯轮流点亮、熄灭的变换速度为 0.1s/ 次。

2.11 检测红外遥控器按键的十六进制代码值

在太阳光谱中，有一种不可见光线，具有强大的加热能力与穿透云雾能力，它便是红外线（俗称红外光）。太阳光的大多数热能是通过红外线传到地球上的。温度高于绝对零度（–273.15℃）的物质都能产生红外线。红外线广泛应用于日常生活、通信、探测、医疗、军事等方面，如在日常生活中使用的红外遥控器。

2.11.1 实验描述

通过红外接收头，运用串口监视器，编程检测红外遥控器按键的十六进制代码值。

AU11 的电路原理图、电路板图和实物图如图 2.15 所示。

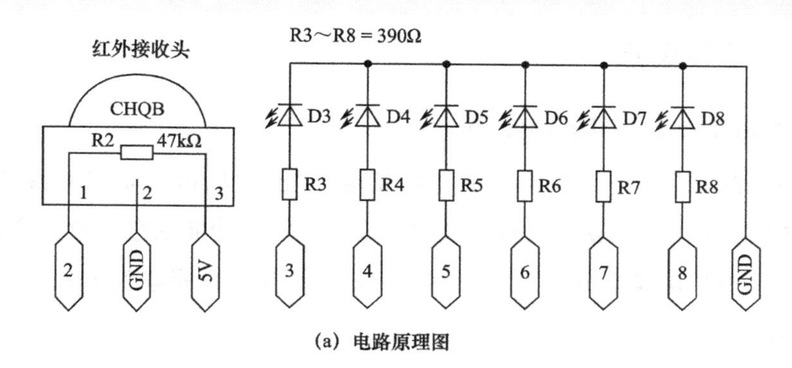

(a) 电路原理图

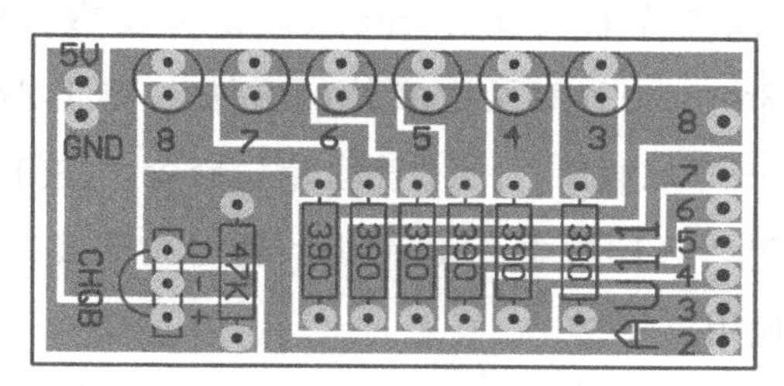

(b) 电路板图

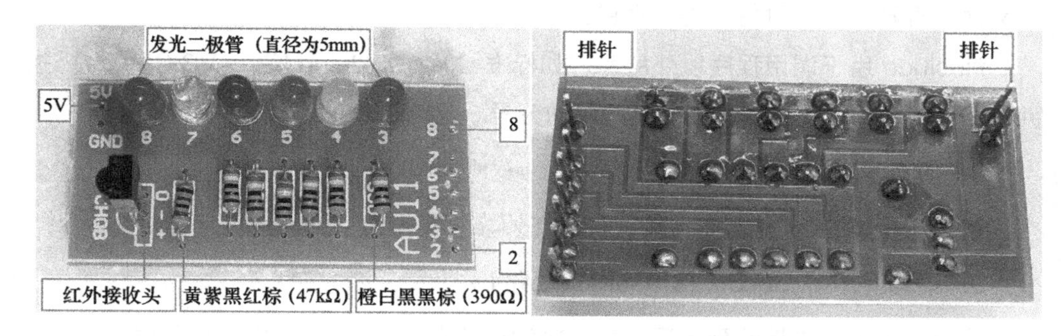

(c) 实物图

图 2.15　AU11 的电路原理图、电路板图和实物图

2.11.2　知识要点

1. 红外遥控器

红外遥控器是一种能发送带有某种功能指令的红外线的发射器，能近距离控制具有红外接收功能的电器。它是应用非常广泛的一种遥控工具，广泛应用于电视机、空调、玩具等设备。

2. 红外接收头

红外接收头是将红外线光信号（注：红外线为不可见光）变成电信号的半导体器件。本实验使用的红外接收头型号为 CHQB。

2.11.3 编程要点

1．语句#include <IRremote.h>

该语句表示定义头文件 IRremote.h。IRremote.h 是 Arduino 红外线控制函数库。定义头文件，即调用库函数文件。头文件是一种包含功能函数、数据接口声明的载体文件。库函数功能十分强大，特别实用。定义头文件是学习 Arduino 编程应知、应会的知识。

编译文件前，必须首先联网安装 IRremote.h 库函数文件，然后 IDE 软件才能正常使用。安装 IRremote.h 库函数文件的方法：单击 Arduino Uno 软件界面菜单栏中的“项目”→“加载库”→“管理库”命令，在打开的库管理器中输入 IRremote.h，按回车键，开始搜索 IRremote.h 的相关链接，选择安装文件后进行安装，重启软件即可使用。

特别说明：本书实验代码中，凡涉及头文件的，必须在编译文件前下载并安装头文件，否则，编译时将报告发生错误。

#include 用于调用程序以外的库，如标准 C 库、Arduino 库、AVR C 库等。注：#include 和 #define 一样，不能在结尾加分号。

2．语句IRrecv irrecv(2);

该语句是 IRrecv 类构造函数，表示红外接收头输出引脚连接数字端口 2。

3．语句if(irrecv.decode(&results)){语句1;}

该语句表示如果接收到编码，那么将编码值存放在 results 中，执行语句 1。

4．语句if(results.value<0xffffff){语句1;}

该语句表示如果接收到的 results.value 值小于 0xffffff，那么执行语句 1。该语句用于过滤接收到的值大于 0xffffff 的混乱数据，保证接收到的值的正确率。

5．语句irrecv.enableIRIn();

该语句表示初始化红外接收器，即启动红外解码。

6．语句irrecv.resume();

该语句表示准备接收下一个值。

7．语句Serial.println(results.value,HEX);

该语句表示将数据传输到串口，输出变量 value 的值（十六进制）并换行，通过串口监视器显示红外遥控器按键的十六进制代码值。

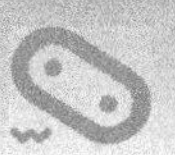

2.11.4　程序设计

（1）程序参考

```
#include <IRremote.h>// 定义头文件 IRremote.h。
IRrecv irrecv(2);//IRrecv 类构造函数，红外接收头输出引脚连接数字端口 2。
decode_results results;// 一个 decode_results 类的对象。
void setup(){
  irrecv.enableIRIn();// 初始化红外接收器。
  Serial.begin(9600);// 打开串口，设置数据传输速率为 9600bps。
}
void loop(){
  if(irrecv.decode(&results)){// 如果接收到编码，
    if(results.value<0xffffff){// 如果接收到的值小于 0xffffff，
      Serial.println(results.value,HEX);// 串口监视器显示十六进制代码并换行。
      Serial.println();// 串口监视器显示一个空行。
      delay(100);// 延时 100ms，避免按键反应速度过快。
    }
    irrecv.resume();// 接收下一个值。
  }
}
```

（2）实验结果

组装并焊接 AU11 电路板，将电路板的排针插入 Arduino Uno 开发板对应的插槽内，接通电源，单击编译器界面工具栏中的“工具”→“串口监视器”命令，按下红外遥控器键盘（见图 2.16）上的按键，串口监视器将显示按键的十六进制代码值。红外遥控器键盘的十六进制代码值如表 2.3 所示。

图 2.16　红外遥控器键盘

表 2.3　红外遥控器键盘的十六进制代码值

键盘	编码	键盘	编码	键盘	编码	键盘	编码
1.1	FFA25D	3.1	FFE01F	5.1(1)	FF30CF	7.1(7)	FF42BD
1.2	FF629D	3.2	FFA857	5.2(2)	FF18E7	7.2(8)	FF4AB5
1.3	FFE21D	3.3	FF906F	5.3(3)	FF7A85	7.3(9)	FF52AD
2.1	FF22DD	4.1(0)	FF6897	6.1(4)	FF10EF		
2.2	FF02FD	4.2	FF9867	6.2(5)	FF38C7		
2.3	FFC23D	4.3	FFB04F	6.3(6)	FF5AA5		

2.11.5　拓展和挑战

按下电视机用红外遥控器键盘上的电源开关键，串口监视器显示（　　　）；按下数字 0 键，串口监视器显示（　　　），按下数字 1 键，串口监视器显示（　　　）；按下数字 2 键，串口监视器显示（　　　）；按下数字 3 键，串口监视器显示（　　　）。

2.12　用红外遥控器开关灯

用串口监视器能检测出红外遥控器的十六进制代码值，红外遥控器上的每个按键都能产生一个不同的十六进制代码值，那么检测出这些代码值有什么用呢？用处有很多，如通过红外接收头，用遥控器开灯与关灯。

2.12.1　实验描述

用红外遥控器开关灯：按一下红外遥控器键盘上的任意键，LED 灯 D3 点亮，再次按任意键，LED 灯 D3 熄灭；按一下红外遥控器上的数字 1 键，LED 灯 D3 ~ D8 点亮，再次按数字 1 键，LED 灯 D3 ~ D8 熄灭。

AU11 的电路原理图、电路板图和实物图如图 2.17 所示。

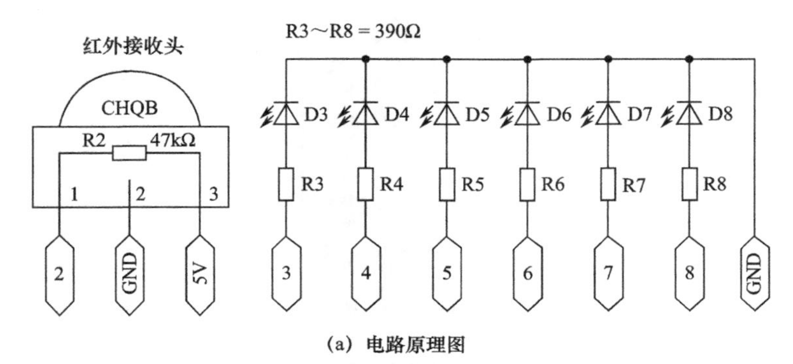

(a) 电路原理图

图 2.17　AU11 的电路原理图、电路板图和实物图

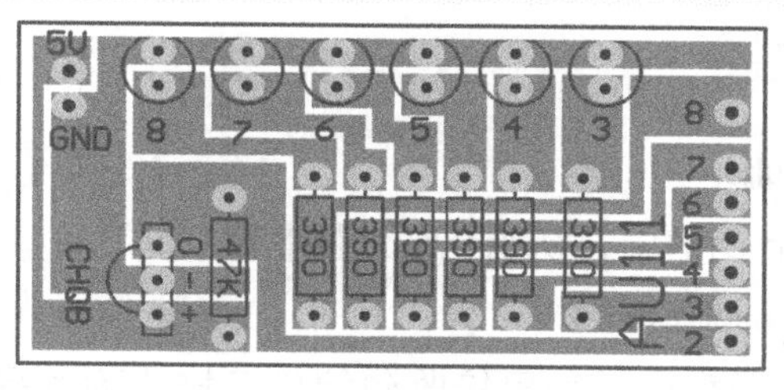

(b) 电路板图

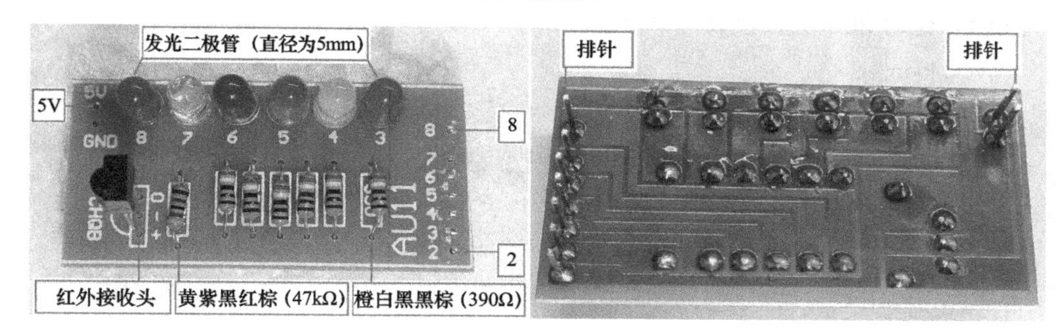

(c) 实物图

图 2.17　AU11 的电路原理图、电路板图和实物图（续）

2.12.2　知识要点

红外遥控器的工作原理：红外遥控器是运用红外发光二极管发射红外光，给红外接收端传递信息的电子设备。太阳、蜡烛火焰、日光灯甚至我们的身体都能发射红外光，为了避免干扰，红外遥控器以特定频率（38kHz）发射脉冲式红外光，与之配套的红外接收器将只识别这种特定频率（38kHz）的红外光。另外，可以在红外光中加入地址码与命令码，使得不同的红外遥控器上的不同按键发射的红外光具有某种特殊的功能。

2.12.3　编程要点

1. 语句if(results.value==0xFF30CF){语句1;}

该语句表示如果接收到的编码值为 0xFF30CF，就执行语句 1。0xFF30CF 是按键 1 的编码值。将 0xFF30CF 改为按键 0 的编码值 0xFF6897，语句就表示如果接收到按键 0 的编码值，就执行语句 1。

2. 红外遥控器控制的编程方法

第一步，定义头文件 IRremote.h，定义红外接收头连接端口，声明 IRremote 库函数独有的变量类型 decode_results 对象。

```
#include <IRremote.h>
IRrecv irrecv(2);
decode_results results;
```

第二步，在 setup 函数中，初始化红外接收器。

```
void setup(){irrecv.enableIRIn();}
```

第三步，在 loop 函数中，如果接收到编码且接收到的是按键 1 的编码，执行语句 1，延时 200ms，接收下一个值。

```
void loop(){
  if(irrecv.decode(&results)){
    if(results.value==0xFF30CF){ 语句 1;delay(200);}
    irrecv.resume();// 接收下一个编码。
  }
}
```

2.12.4 程序设计

1. 代码一

(1) 程序参考

```
#include <IRremote.h>
IRrecv irrecv(2);//IRrecv 类构造函数，红外接收头输出引脚连接数字端口 2。
decode_results results;// 一个 decode_results 类的对象。
void setup(){
  pinMode(3,OUTPUT);// 设置数字端口 3 为输出模式。
  digitalWrite(3,0);// 数字端口 3 输出低电平。
  irrecv.enableIRIn();// 初始化红外接收器。
}
void loop(){
  if(irrecv.decode(&results)){// 如果接收到编码，
    digitalWrite(3,!digitalRead(3));// 数字端口 3 取反。
    delay(200);// 延时 200ms。
    irrecv.resume();// 接收下一个编码。
  }
}
```

(2) 实验结果

接通电源，按一下红外遥控器键盘上的任意键，LED 灯 D3 点亮，再次按任意

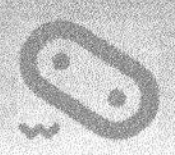

键，LED 灯 D3 熄灭。

2．代码二

（1）程序参考

```
#include <IRremote.h>
IRrecv irrecv(2);//IRrecv 类构造函数，红外接收头输出引脚连接数字端口 2。
decode_results results;// 一个 decode_results 类的对象。
void setup(){
  pinMode(3,OUTPUT);// 设置数字端口 3 为输出模式。
  pinMode(4,OUTPUT);// 设置数字端口 4 为输出模式。
  pinMode(5,OUTPUT);// 设置数字端口 5 为输出模式。
  pinMode(6,OUTPUT);// 设置数字端口 6 为输出模式。
  pinMode(7,OUTPUT);// 设置数字端口 7 为输出模式。
  pinMode(8,OUTPUT);// 设置数字端口 8 为输出模式。
  digitalWrite(3,0);// 数字端口 3 输出低电平。
  digitalWrite(4,0);// 数字端口 4 输出低电平。
  digitalWrite(5,0);// 数字端口 5 输出低电平。
  digitalWrite(6,0);// 数字端口 6 输出低电平。
  digitalWrite(7,0);// 数字端口 7 输出低电平。
  digitalWrite(8,0);// 数字端口 8 输出低电平。
  irrecv.enableIRIn();// 初始化红外接收器。
}
void loop(){
  if(irrecv.decode(&results)){// 如果接收到编码，
    if(results.value==0xFF30CF){// 如果接收到按键 1 的编码，
      digitalWrite(3,!digitalRead(3));// 数字端口 3 输出电平取反。
      digitalWrite(4,!digitalRead(4));// 数字端口 4 输出电平取反。
      digitalWrite(5,!digitalRead(5));// 数字端口 5 输出电平取反。
      digitalWrite(6,!digitalRead(6));// 数字端口 6 输出电平取反。
      digitalWrite(7,!digitalRead(7));// 数字端口 7 输出电平取反。
      digitalWrite(8,!digitalRead(8));// 数字端口 8 输出电平取反。
      delay(200);// 延时 200ms。
    }
    irrecv.resume();// 接收下一个编码。
```

```
  }
}
```

（2）实验结果

按一下红外遥控器上的数字 1 键，LED 灯 D3 ~ D8 点亮，再次按一下数字 1 键，LED 灯 D3 ~ D8 熄灭。

2.12.5 拓展和挑战

按一下红外遥控器上的数字 0 键，LED 灯 D3 ~ D8 点亮，再次按一下数字 0 键，LED 灯 D3 ~ D8 熄灭。

2.13 用红外遥控器控制多个 LED 灯

能不能编写程序指定红外遥控器上的某个按键具有某种特定功能呢？比如：按数字 9 键开启所有的 LED 灯，按数字 0 键关闭所有的 LED 灯。通过深入学习你将会发现，编写程序实现上述功能其实并不困难。

2.13.1 实验描述

用红外遥控器控制多个 LED 灯。

（1）接通电源，按下红外遥控器上的数字 7 键，D7 点亮；按下数字 8 键，D8 点亮；按下数字 1 键，D7、D8 都点亮；按下数字 0 键，D7、D8 都熄灭。

（2）接通电源，按下红外遥控器上的数字 3 键，D3 点亮；按下数字 4 键，D4 点亮；按下数字 5 键，D5 点亮；按下数字 6 键，D6 点亮；按下数字 7 键，D7 点亮；按下数字 8 键，D8 点亮；按下数字 9 键，D3 ~ D8 都点亮；按下数字 0 键，D3 ~ D8 都熄灭。

AU11 的电路原理图、电路板图和实物图如图 2.18 所示。

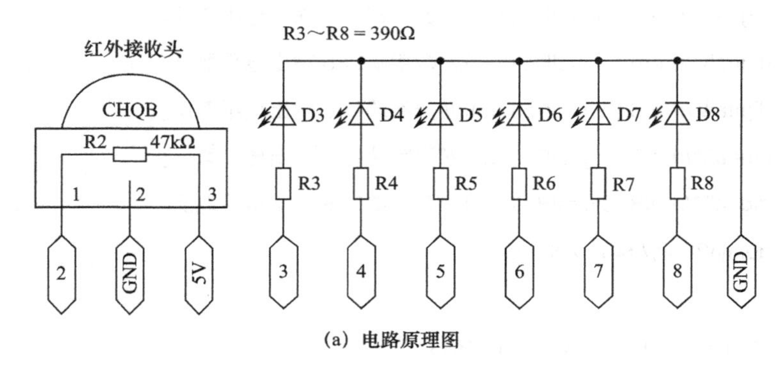

(a) 电路原理图

图 2.18 AU11 的电路原理图、电路板图和实物图

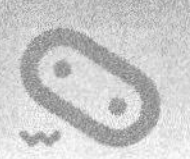

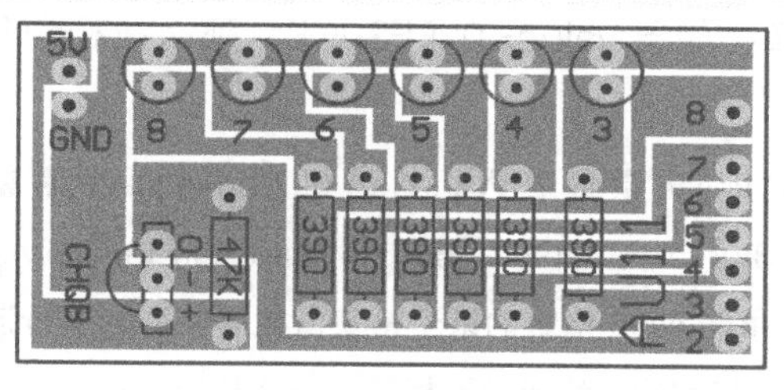

(b) 电路板图

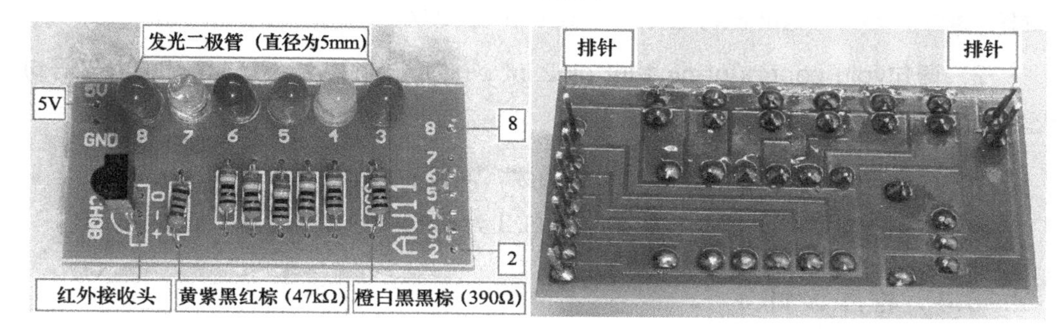

(c) 实物图

图 2.18　AU11 的电路原理图、电路板图和实物图（续）

2.13.2　知识要点

红外遥控技术是一种利用近红外光（注：近红外光是介于可见光和中红外光之间的电磁波，波长为 780 ~ 2526nm）传送遥控指令的无线非接触控制技术。红外遥控技术具有抗干扰能力强、信息传输可靠、功耗低、成本低、易实现等显著优点。

由于红外线为不可见光，因此红外遥控对环境光线的影响很小。

由于红外线的波长远小于无线电波的波长，因此红外遥控不影响附近的无线电设备。

由于可以在红外光中加入地址码与命令码，因此相同遥控频率、相同编码类型的红外遥控器能独立工作，互不影响。

在高压、辐射、有毒气体、粉尘等环境下采用红外遥控技术，不仅信息传输可靠，而且能有效隔离电气干扰。

2.13.3　编程要点

1．语句switch (value){case 0xFF6897:语句0;break;}{case 0xFF30CF:语句1;break;}

这是一种多分支结构的条件选择语句，表示如果 value=0xFF6897，那么执行语句 0，然后退出选择；如果 value=0xFF30CF，那么执行语句 1，然后退出选择。

语法：

switch(变量表达式){case 常量表达式 1: 语句 1;break;case 常量表达式 2: 语句 2;break; case 常量表达式 3: 语句 3;break;...default: 语句 n+1;break;}// 语句 switch 将变量值与 case 中指定的常量值进行比较，如果与 case 指定的某个常量值相等，那么执行该 case 后的语句，然后退出选择；如果与所有 case 指定的常量值都不相等，那么执行 default 后面的语句 n+1，最后退出选择。语句 break 表示退出选择，位于每个 case 语句的结尾。

2．语句void contro(int pin1,int pin2,int pin3,int pin4,int pin5,int pin6){}与语句contro(1,0,0,0,0,0);

void contro(); 表示定义控制位引脚函数，通过 contro() 调度使用。

contro(1,0,0,0,0,0); 表示设置数字端口 3 为高电平，其他设置为低电平。

2.13.4 程序设计

1．代码一

（1）程序参考

```
#include <IRremote.h>
IRrecv irrecv(2);//IRrecv 类构造函数，红外接收头输出引脚连接数字端口 2。
decode_results results;// 一个 decode_results 类的对象。
void setup(){
  pinMode(7,OUTPUT);// 设置数字端口 7 为输出模式。
  pinMode(8,OUTPUT);// 设置数字端口 8 为输出模式。
  irrecv.enableIRIn();// 初始化红外接收器。
}
void loop(){
  if(irrecv.decode(&results)){// 如果接收到编码，
    if(results.value==0xFF6897){// 如果接收到按键 0 的编码，
      digitalWrite(7,0);// 数字端口 7 输出低电平。
      digitalWrite(8,0);// 数字端口 8 输出低电平。
    }
    if(results.value==0xFF30CF){// 如果接收到按键 1 的编码，
      digitalWrite(7,1);// 数字端口 7 输出高电平。
      digitalWrite(8,1);// 数字端口 8 输出高电平。
    }
    if(results.value==0xFF42BD){// 如果接收到按键 7 的编码，
```

```
            digitalWrite(7,1);// 数字端口 7 输出高电平。
            digitalWrite(8,0);// 数字端口 8 输出低电平。
        }
        if(results.value==0xFF4AB5){// 如果接收到按键 8 的编码，
            digitalWrite(7,0);// 数字端口 7 输出低电平。
            digitalWrite(8,1);// 数字端口 8 输出高电平。
        }
        irrecv.resume();// 接收下一个编码。
    }
}
```

（2）实验结果

接通电源，按下红外遥控器上的数字 7 键，D7 点亮；按下数字 8 键，D8 点亮；按下数字 1 键，D7、D8 都点亮；按下数字 0 键，D7、D8 都熄灭。

2．代码二

（1）程序参考

```
#include <IRremote.h>
IRrecv irrecv(2);//IRrecv 类构造函数，红外接收头输出引脚连接数字端口 2。
decode_results results;// 一个 decode_results 类的对象。
void setup(){
  pinMode(3,OUTPUT);// 设置数字端口 3 为输出模式。
  pinMode(4,OUTPUT);// 设置数字端口 4 为输出模式。
  pinMode(5,OUTPUT);// 设置数字端口 5 为输出模式。
  pinMode(6,OUTPUT);// 设置数字端口 6 为输出模式。
  pinMode(7,OUTPUT);// 设置数字端口 7 为输出模式。
  pinMode(8,OUTPUT);// 设置数字端口 8 为输出模式。
  irrecv.enableIRIn();// 初始化红外接收器。
}
void loop(){
  if(irrecv.decode(&results)){// 如果接收到编码，
     disp(results.value);// 调用显示子程序。
     irrecv.resume();// 接收下一个编码。
  }
}
void disp(unsigned long value){
  switch(value){
```

```
        case 0xFF6897:// 如果接收到编码 0xFF6897（按键 0），
          contro(0,0,0,0,0,0);// 数字端口 3 ~ 8 为低电平。
          break;// 退出选择。
        case 0xFF7A85:// 如果接收到编码 0xFF7A85（按键 3），
          contro(1,0,0,0,0,0);// 数字端口 3 为高电平。
          break;// 退出选择。
        case 0xFF10EF:// 如果接收到编码 0xFF10EF（按键 4），
          contro(0,1,0,0,0,0);// 数字端口 4 为高电平。
          break;// 退出选择。
        case 0xFF38C7:// 如果接收到编码 0xFF38C7（按键 5），
          contro(0,0,1,0,0,0);// 数字端口 5 为高电平。
          break;// 退出选择。
        case 0xFF5AA5:// 如果接收到编码 0xFF5AA5（按键 6），
          contro(0,0,0,1,0,0);// 数字端口 6 为高电平。
          break;// 退出选择。
        case 0xFF42BD:// 如果接收到编码 0xFF42BD（按键 7），
          contro(0,0,0,0,1,0);// 数字端口 7 为高电平。
          break;// 退出选择。
        case 0xFF4AB5:// 如果接收到编码 0xFF4AB5（按键 8），
          contro(0,0,0,0,0,1);// 数字端口 8 为高电平。
          break;// 退出选择。
        case 0xFF52AD:// 如果接收到编码 0xFF52AD（按键 9），
          contro(1,1,1,1,1,1);// 数字端口 3 ~ 8 为高电平。
          break;// 退出选择。
      }
    }
    void contro(int pin1,int pin2,int pin3,int pin4,int pin5,int pin6){
      // 定义控制位引脚函数。
      digitalWrite(3,pin1);
      digitalWrite(4,pin2);
      digitalWrite(5,pin3);
      digitalWrite(6,pin4);
      digitalWrite(7,pin5);
      digitalWrite(8,pin6);
    }
```

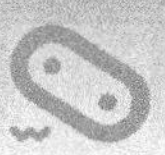

（2）实验结果

接通电源，按下红外遥控器上的数字 3 键，D3 点亮；按下数字 4 键，D4 点亮；按下数字 5 键，D5 点亮；按下数字 6 键，D6 点亮；按下数字 7 键，D7 点亮；按下数字 8 键，D8 点亮；按下数字 9 键，D3 ~ D8 都点亮；按下数字 0 键，D3 ~ D8 都熄灭。

2.13.5 拓展和挑战

按下红外遥控器上的数字 0 键，LED 灯 D3 ~ D8 都熄灭；按下数字 1 键，LED 灯 D3 点亮；按下数字 2 键，LED 灯 D3、D4 点亮；按下数字 3 键，LED 灯 D3 ~ D5 点亮；按下数字 4 键，LED 灯 D3 ~ D6 点亮；按下数字 5 键，LED 灯 D3 ~ D7 点亮；按下数字 6 键，LED 灯 D3 ~ D8 点亮。

2.14 声控延时灯

在日常生活中，声控灯是比较常见的，通过编程，声控灯可以具有更多特殊的控制方式与使用效果，如声控延时灯、声控暗号灯。

2.14.1 实验描述

编程实现声控延时灯与声控暗号灯。

AU02、AU04E 的电路原理图、电路板图和实物图如图 2.19 所示。

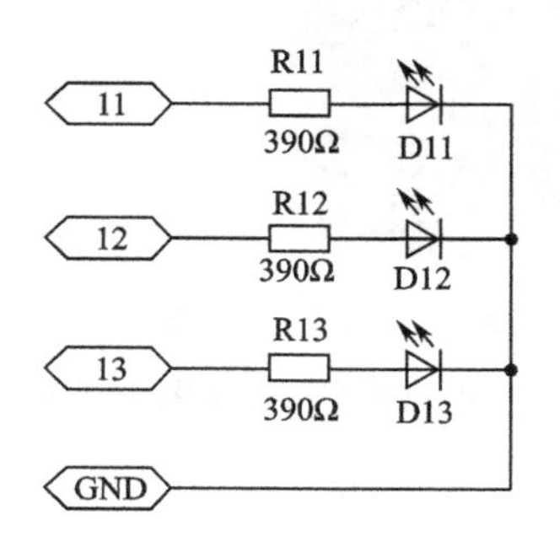

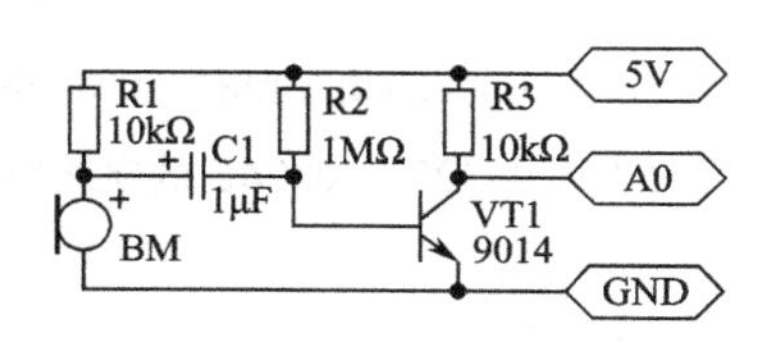

(a) 电路原理图（左图为AU02、右图为AU04E）

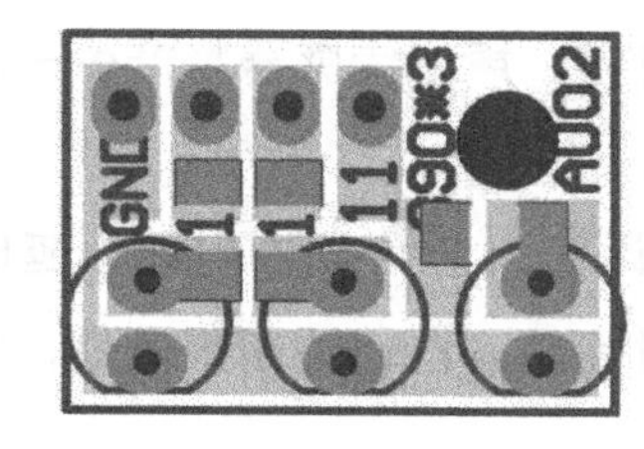

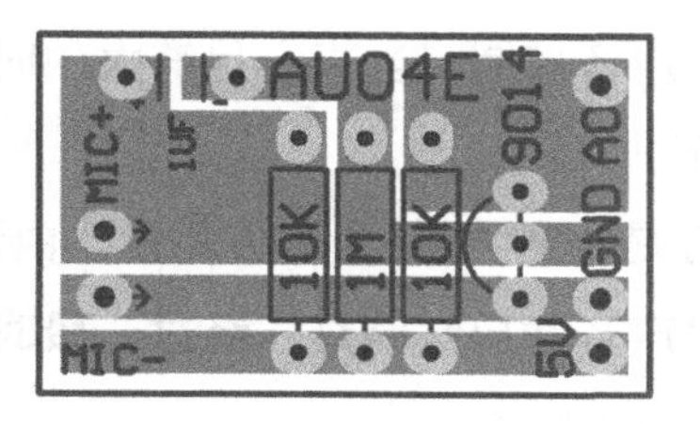

(b) 电路板图（左图为AU02、右图为AU04E）

图 2.19 AU02、AU04E 的电路原理图、电路板图和实物图

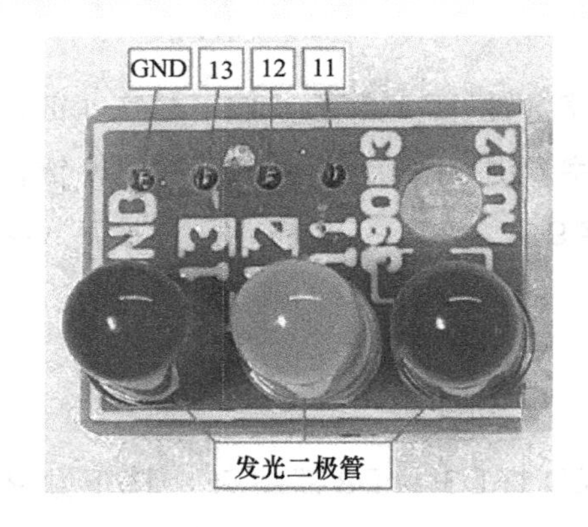

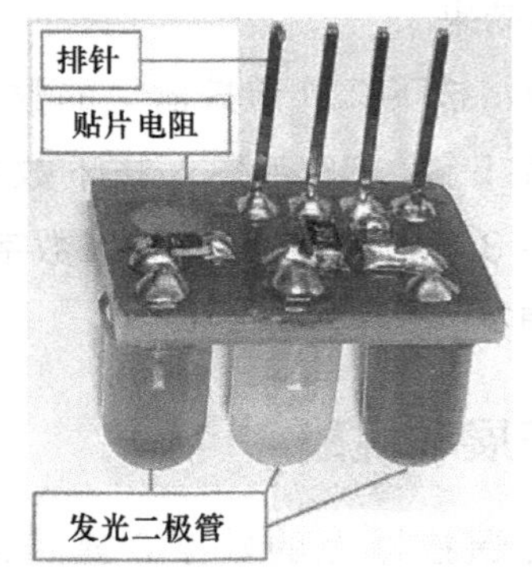

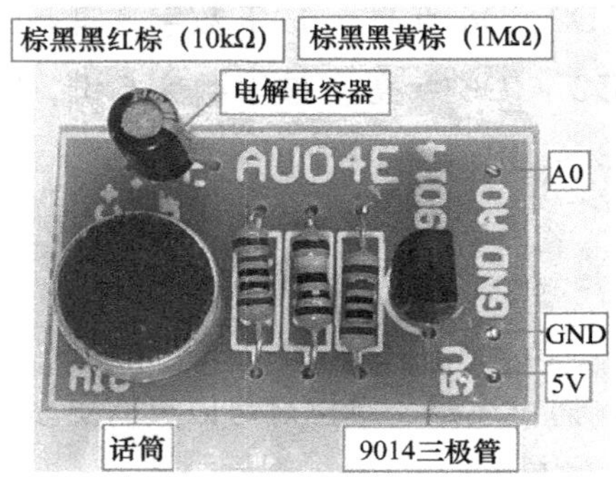

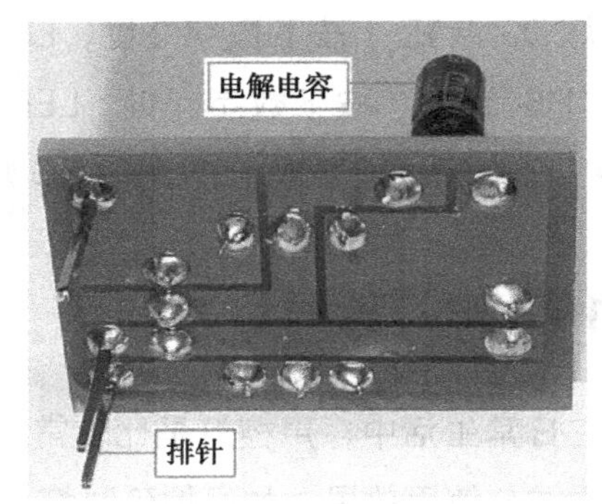

（c）实物图（上图为AU02、中图为AU04E、下图为二者结合）

图 2.19　AU02、AU04E 的电路原理图、电路板图和实物图（续）

2.14.2　知识要点

声控，即用声音控制，当声音足够大的时候，声音传感器将产生一种电信号控制设备接通或断开。

声控延时灯是一种声控类照明装置，由话筒、音频放大电路、延时电路、照明灯组成。通过声音开启照明灯，经过一段时间后，自动关闭照明灯，具有声控开灯、延时关灯、节约电能等优点。

声控暗号灯是一种特殊的声控照明装置，如可设定暗号为在 2s 内拍 2 ~ 3 次手，LED 灯点亮，5s 后自动熄灭。不知此暗号则无法开灯。

近年来，随着语音识别技术快速发展，人们已经能够通过几个特定的语音指令控制或者操作一些电气设备，如通过语音打开门窗、窗帘、电视机、电灯，汽车导航语音搜索，智能手机语音搜索等。

2.14.3 编程要点

1. 语句val=analogRead(0);if(val>800){语句1;}

该语句表示读取模拟端口 A0 的值（声控模块输出电压信号数值），赋给变量 val，如果 val>800，就执行语句 1;。数字 800 是 2.4 节的实验检测到的声控模块输出电压信号数值。此数字设置得过大，声控模块输出值达不到，无法实现声音控制；设置得过小，容易受到环境中其他声音的干扰。

2. 语句for(int i=0;i<4;i++){delay(500);声音检测语句;}

该语句表示循环检测 4 次，每次检测时间为 500ms，共 4×500ms，即 2s，用于“检测在 2s 内是否出现 2 ~ 3 次声响”。

2.14.4 程序设计

1. 代码一

（1）程序参考

```
void setup(){
  pinMode(13,OUTPUT);// 设置数字端口 13 为输出模式。
}
void loop(){
  int val;// 定义整型变量 val。
  val=analogRead(0);// 读出模拟端口 A0 的值，赋给变量 val。
  if(val>800){// 如果 val>800，
    digitalWrite(13,1);// 数字端口 13 输出高电平。
    delay(5000);// 延时 5000ms。
    digitalWrite(13,0);// 数字端口 13 输出低电平。
  }
}
```

（2）实验结果

实现声控延时灯效果，拍一下手，LED 灯 D13 点亮 5s，然后熄灭。

2. 代码二

（1）程序参考

```
void setup(){
  pinMode(13,OUTPUT);// 设置数字端口 13 为输出模式。
  }
void loop(){
  int val;// 定义整型变量 val。
  val=analogRead(0);// 读出模拟端口 A0 的值，赋给变量 val。
  if(val>800){// 如果 val>800，
    for(int i=0;i<4;i++){// 循环 4 次。
      delay(500);// 延时 500ms。
      if(val>800){// 如果 val>800，
          digitalWrite(13,1);// 数字端口 13 输出高电平。
          delay(5000);// 延时 5000ms。
          digitalWrite(13,0);// 数字端口 13 输出低电平。
          val=0;// 变量 val 清零。
      }
    }
  }
}
```

（2）实验结果

实现声控暗号灯效果，在 2s 内，拍 2 ~ 3 次手，LED 灯点亮 5s 后自动熄灭。

2.14.5 拓展和挑战

拍一下手，LED 灯 D11、D12、D13 点亮 30s，然后熄灭。

2.15 人体红外感应节能灯

在高档酒店的自动门上方，一般安装有一种特别的电子设备，只要发现有客人走近，它便立即通知控制中心打开自动门。一些住宅小区的过道楼梯、公共走廊也安装了这种设备，只要发现有人经过，立即开启照明灯与监控器，起到自动照明与防盗报警作用，这种设备叫人体红外感应设备，安装了人体红外感应设备的灯又叫人体红外感应节能灯。

2.15.1 实验描述

通过人体红外模块控制 LED 灯，当有人活动时，LED 灯点亮，当无人活动时

间大于 30s 时，LED 灯自动熄灭。

AU02、AU04D 的电路原理图、电路板图和实物图如图 2.20 所示。

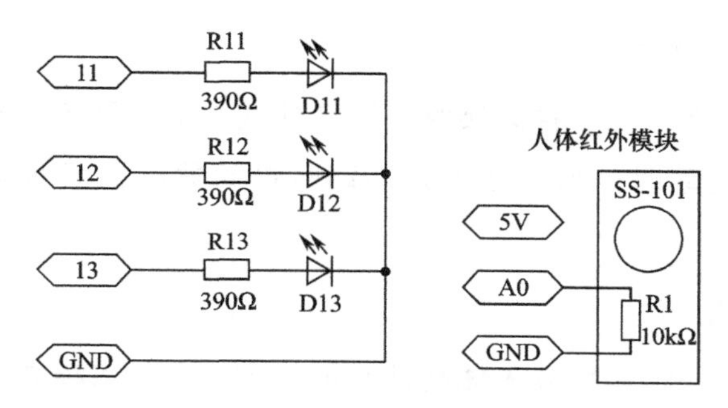

(a) 电路原理图（左图为AU02、右图为AU04D）

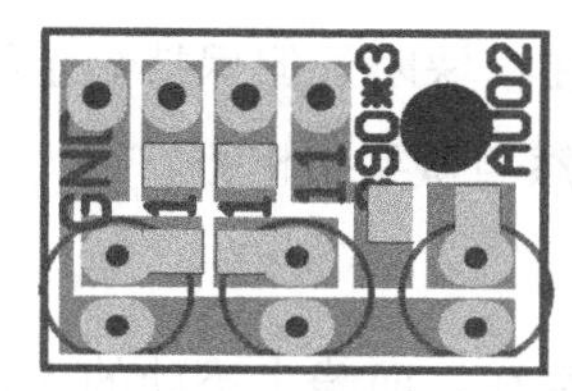

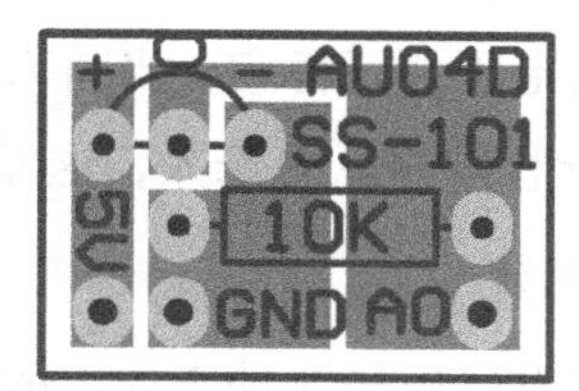

(b) 电路板图（左图为AU02、右图为AU04D）

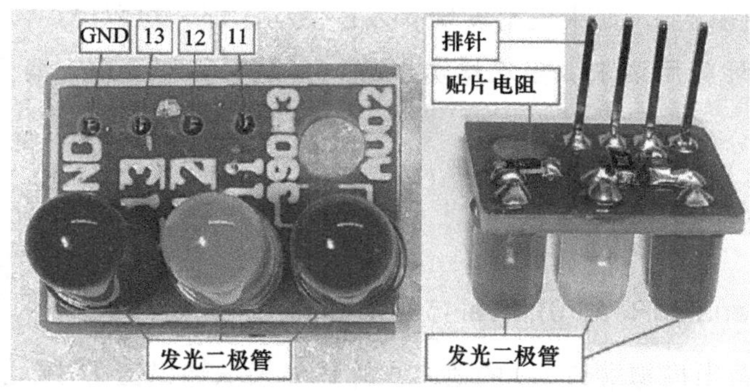

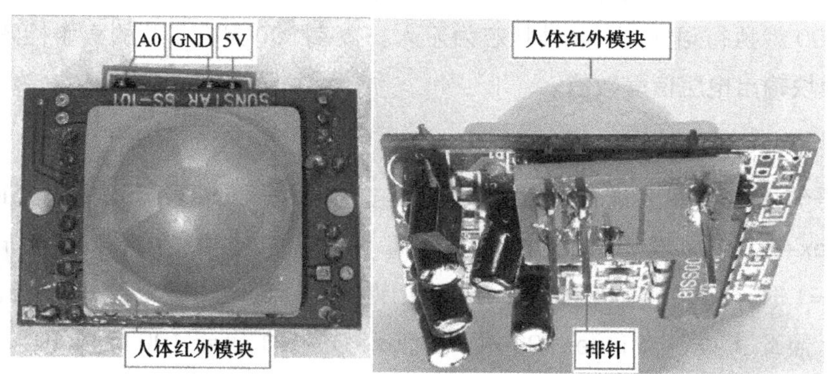

(c) 实物图（上图为AU02、下图为AU04D）

图 2.20　AU02、AU04D 的电路原理图、电路板图和实物图

2.15.2 知识要点

1. 人体红外感应节能灯

人体红外感应节能灯是一种能接收人体红外线并自动开启照明灯的装置，由于此装置只在有人活动时开启，在无人活动时自动关闭，因而具有较好的节能效果。

2. 人体红外模块

人体红外模块是一种能接收人体红外线的检测设备，当模块检测到有人活动时，模块输出约 2.8V 的电压，模拟端口 A0 输出的十进制数值约为 700。问题是，人体红外模块输出的电压并不稳定，当有人在模块附近但保持静止不动时，模块输出的电压为 0V，因此模块将认为无人，这显然与事实不相符。

3. 多次检测以确认

人体红外模块能很好地检测动态的人的存在，而静止不动的人，时常不能被检测到，因此有必要进行多次检测，以提高检测结果的可靠性，如每秒检测一次，检测 30 次（或更多次），如果没有发现有人在活动，那么可以确定没有人在活动，能较好地满足实际应用要求。多次检测以确认，是学习 Arduino 编程应知、应会的知识。

2.15.3 编程要点

1. 语句val=analogRead(0);if(val<500){语句1;}

该语句表示读出模拟端口 A0 的值（人体红外模块输出值），赋给变量 val，如果 val<500 就执行语句 1，此种状态为无人。数字 500 是 2.4 节的实验检测到的人体红外模块输出电压信号数值。

2. 语句index=(index+1)%101;

该语句表示整型变量 index 加 1 取模，其中的符号 % 表示取模。当 index=0 时，(index+1)%101 表示 1 除以 101，商为 0 余 1，模为 1，因此 index=1; 当 index=1 时，(index+1)%101 表示 2 除以 101，商为 0 余 2，模为 2，因此 index=2; 照此类推，当 index=99 时，(index+1)%101 表示 100 除以 101，商为 0 余 100，模为 100，因此 index=100；当 index=100 时，(index+1)%101 表示 101 除以 101，商为 1 余 0，模为 0，因此 index=0。综上所述，变量 index 的取值范围

为 0 ~ 100。

3．语句Serial.println(val,DEC)

该语句表示将数据传输到串口，输出变量 val 的值（十进制）并换行，通过串口监视器显示变量 val 的值（十进制），用于查看程序运行状态。

2.15.4 程序设计

（1）程序参考

```
int val;// 定义整型变量 val。
int index=0;// 定义整型变量 index，初始化赋值为 0。
void setup(){
  pinMode(13,OUTPUT);// 设置数字端口 13 为输出模式。
  Serial.begin(9600);// 打开串口，设置数据传输速率为 9600bps。
}
void loop(){
  val=analogRead(0);// 读出模拟端口 A0 的值，赋给变量 val。
  Serial.println(val,DEC);// 串口监视器显示模拟端口 A0 的值（十进制）并换行。
  if(val<500){// 如果 val<500 就执行下面的程序，此种状态为无人。
    delay(1000);// 延时 1000ms。
    index=(index+1)%101;// 变量 index 加 1。
    Serial.println(index,DEC);// 串口监视器显示变量 index 的值（十进制）并换行。
    if(index==30){// 如果 index==30 就执行下面的程序，此种状态为无人时间达 30s。
      digitalWrite(13,0);// 数字端口 13 输出低电平。
      index=0;// 变量 index 清零。
    }
    val=analogRead(0);// 读出模拟端口 A0 的值，赋给变量 val。此数值范围为 0 ~ 1023。
  }else{// 如果 val>500 就执行下面的程序，此种状态为有人。
    digitalWrite(13,1);// 数字端口 13 输出高电平。
    index=0;// 变量 index 清零。
  }
}
```

（2）实验结果

接通电源，当人体红外模块检测到有人在活动时，LED 灯 D13 点亮；当人体红外模块检测到无人活动时间大于 30s 时，LED 灯 D13 自动熄灭。

2.15.5 拓展和挑战

当人体红外模块检测到有人在活动时，LED 灯 D11、D12、D13 点亮；当人体红外模块检测到无人活动时间大于 100s 时，LED 灯 D11、D12、D13 自动熄灭。

2.16 光控灯与温控灯

中国是一个农业大国，农业创新应用空间无限广阔，如温室大棚透光、保温，可在季节与自然环境不适宜的情况下，栽培各种各样的蔬菜、花卉、林木，并能有效提升植株产量。其中，温室系统功不可没。温室系统包括增温、保温、降温系统，通风系统，采光与辅助照明系统，加湿与灌溉系统，控制系统等。问题是，温室的光线和温度是如何自动控制的?

2.16.1 实验描述

分别运用光敏模块和热敏模块控制 LED 灯的开启与关闭。

AU02、AU04B、AU04C 的电路原理图、电路板图和实物图如图 2.21 所示。

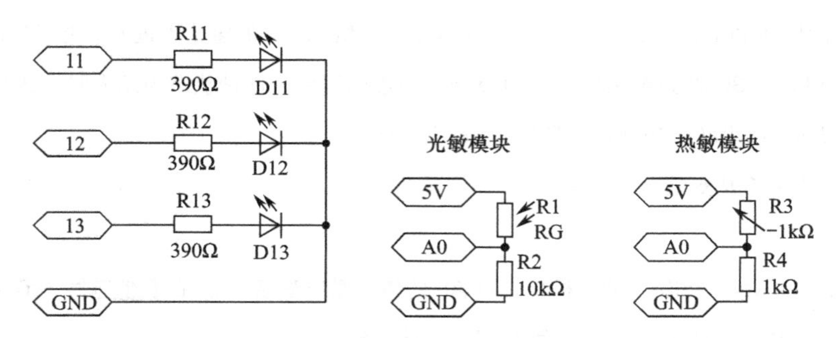

(a) 电路原理图（左图为AU02、中图为AU04B、右图为AU04C）

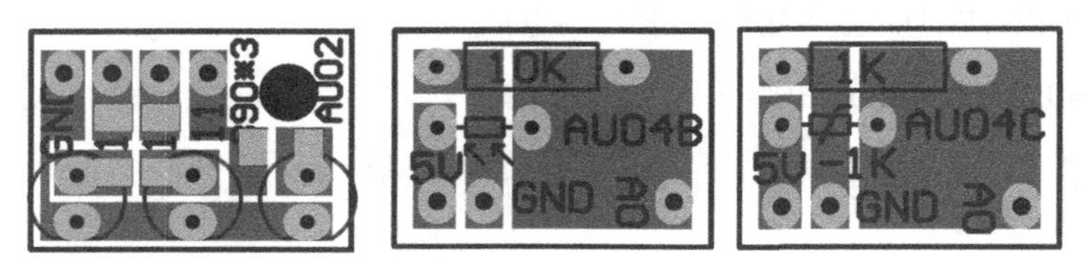

(b) 电路板图（左图为AU02、中图为AU04B、右图为AU04C）

图 2.21　AU02、AU04B、AU04C 的电路原理图、电路板图和实物图

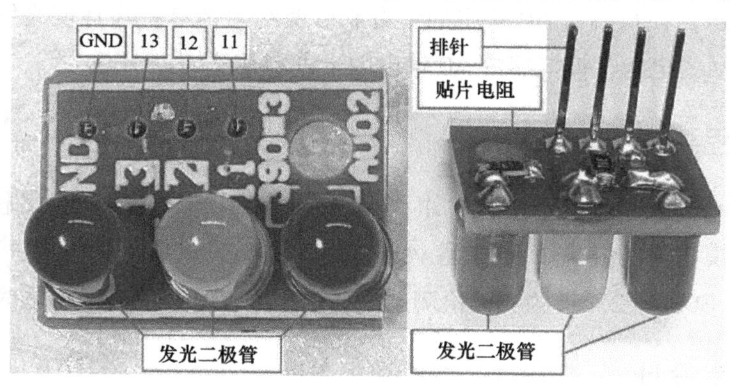

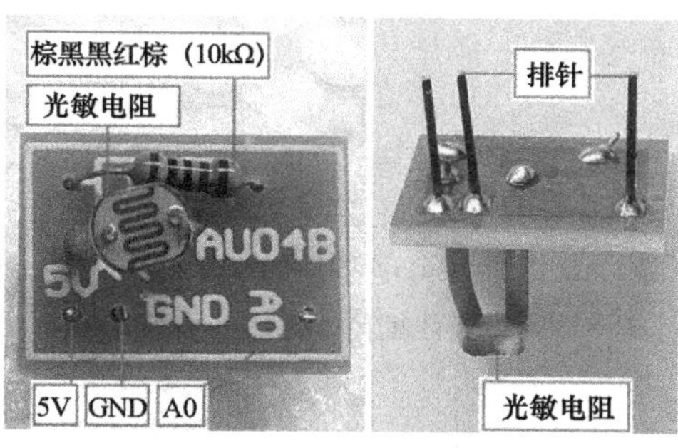

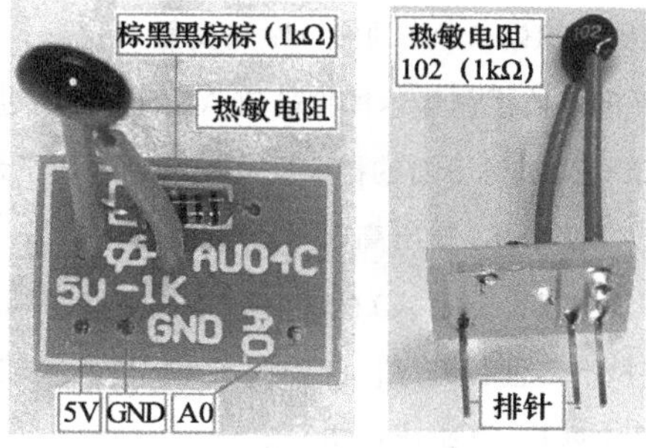

（c）电路板图（上图为AU02、中图为AU04B、下图为AU04C）

图 2.21　AU02、AU04B、AU04C 的电路原理图、电路板图和实物图（续）

2.16.2　知识要点

1．光控灯与温控灯

光控灯是运用光敏元件控制的照明或指示装置，多应用于照明设备、摄影感光设备，以及植物室内栽培设备中。

温控灯是运用热敏元件控制的照明或指示装置，广泛应用于各种电热与制冷设备中，如电火锅、电冰箱。

2．光敏模块

光敏模块是一种能检测环境光线亮暗的电子器件。当环境光线较亮时，模块输出约 1.4V 的电压，模拟端口 A0 输出的十进制数值约为 300；当环境光线较暗时，模块输出约 0.7V 的电压，模拟端口 A0 输出的十进制数值约为 150。

2.16.3 编程要点

语句 val=analogRead(0);if(val<300){ 语句 1;}else{ 语句 2;} 表示读出模拟端口 A0 的值（光敏模块输出值），赋给变量 val，如果 val<300，执行语句 1；否则，执行语句 2。数字 300 是 2.4 节的实验检测到的环境光线较亮时的光敏模块输出值。

2.16.4. 程序设计

（1）程序参考

```
int val;// 定义整型变量 val。
void setup(){
  pinMode(13,OUTPUT);// 设置数字端口 13 为输出模式。
  Serial.begin(9600);// 打开串口，设置数据传输速率为 9600bps。
}
void loop(){
  val=analogRead(0);// 读出模拟端口 A0 的值，赋给变量 val。
  Serial.println(val,DEC);// 串口监视器显示模拟端口 A0 的值（十进制）并换行。
  if(val<300){// 如果 val<300 就执行下面的程序，此种状态为环境光线较暗。
    digitalWrite(13,1);// 数字端口 13 输出高电平。
    val=analogRead(0);// 读出模拟端口 A0 的值，赋给变量 val。
  }else{// 如果 val>300 就执行下面的程序，此种状态为环境光线较亮。
    digitalWrite(13,0);// 数字端口 13 输出低电平。
  }
}
```

（2）实验结果

组装并焊接 AU02、AU04B 电路板，将电路板的排针插入 Arduino Uno 开发板对应的插槽内，接通电源，上传代码成功后，单击编译器界面工具栏中的“工具”→“串口监视器”命令，可见串口监视器显示模拟端口 A0 的值为（　　）。当环境光线变暗时，LED 灯 D13 点亮；当环境光线变亮时，LED 灯 D13 熄灭。

2.16.5 拓展和挑战

（1）接通电源，上传代码成功后，单击编译器界面工具栏中的“工具”→“串口监视器”命令，可见串口监视器显示模拟端口 A0 的值为（　　）。

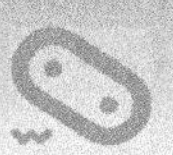

（2）编写程序，当用手加热热敏电阻时，LED 灯 D11、D12、D13 点亮；热敏电阻温度降低时，LED 灯 D11、D12、D13 熄灭。

2.17　一位数字显示器

有一种由多个发光二极管封装在一起、可发光显示数字的元件，由于价格低，使用简单，坚固耐用，高效节能，使用寿命长（长达 6 万小时），现如今应用十分广泛。它的名字是 LED 数码管。LED 数码管的工作原理是什么？如何编程显示数字？如果你感兴趣，那么让我们从学习一位数字显示器开始吧！

2.17.1　实验描述

让一位共阴极数码管按顺序循环显示 0 ~ 9，间隔时间为 1s。

AU17 的电路原理图、电路板图和实物图如图 2.22 所示。

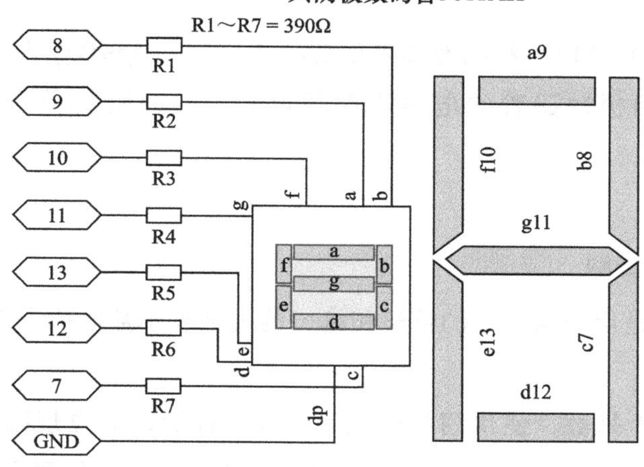

(a) 电路原理图

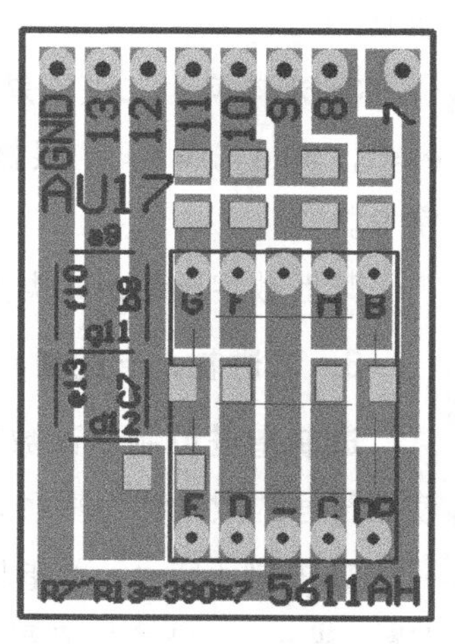

(b) 电路板图

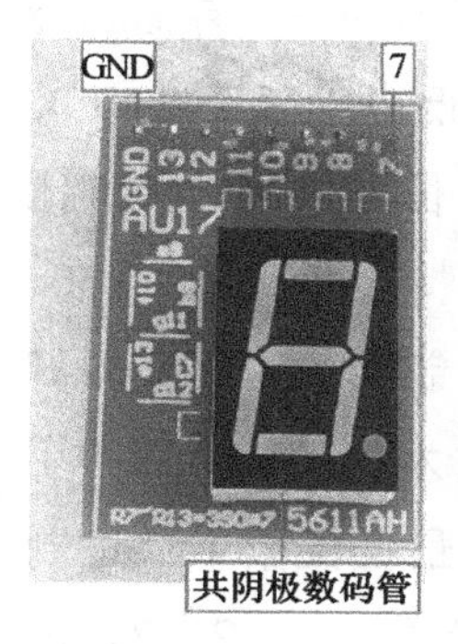

(c) 实物图

图 2.22　AU17 的电路原理图、电路板图和实物图

2.17.2 知识要点

1. LED数码管

LED 数码管是一种把多个发光二极管封装在一起可显示数字的电子元件。把发光二极管的阳极连接在一起形成公共极的数码管称为共阳极数码管；把发光二极管的阴极连接在一起形成公共极的数码管称为共阴极数码管。LED 数码管广泛应用于显示日期、时间、温度等的数字显示仪器仪表。

2. 共阴极数码管显示数字的原理

本实验使用的是 5611AH 共阴极数码管，根据电路原理图可知，当数字端口 11 为低电平、其他端口为高电平时，显示数字 0；当数字端口 7 和 8 为高电平、其他端口为低电平时，显示数字 1；其他数字显示原理照此类推。

0x3f 转换为二进制是 0011 1111，根据数码管引脚顺序，对应 dp=0,g=0,f=e=d=c=b=a=1, 根据共阴极数码管电路原理图可知，数码管将显示数字 0。

0x6f 转换为二进制是 0110 1111，根据数码管引脚顺序，对应 dp=0,g=f=1，e=0，d=c=b=a=1, 根据共阴极数码管的电路原理图可知，数码管将显示数字 9。

其他数字显示照此类推。

3. 二进制、十进制、十六进制

进制指进位制、计数制，是用一组固定的符号和统一的规则表示数值的方法，使用符号的数量称为基数。

二进制（Binary）指以 2 为基数，使用阿拉伯数字 0 和 1 计数，进位规则是“逢二进一”，借位规则是“借一当二”。在 Arduino 编程语言中添加前缀 B 表示二进制数。在电子计算机领域，所有的数据信息都是以二进制数进行处理、存储和传输的，究其原因是数字 0 和 1 非常容易用电子方式实现，如用低电平表示数字 0、用高电平表示数字 1。1 位二进制数为 1 比特，表示 0 ~ 1；4 位二进制数为 4 比特，表示 0 ~ 15，相当于 1 位十六进制数；8 位二进制数为 8 比特，表示 0 ~ 255，相当于 2 位十六进制数。对于 8 位电子计算机来说，8 位二进制数为 1 字节，即 1 字节 =8 比特；对于 32 位电子计算机来说，32 位二进制数为 4 字节，即 1 个字占 4 字节。4 位二进制数转十进制数的方法如下：二进制数最低位数 + 二进制数较低位数 ×2+ 二进制数较高位数 ×2×2+ 二进制数最高位数 ×2×2×2，如 B1011=1+1×2+0×2×2+1×2×2×2=11。二进制数转十六进制数的方法如下：

将每 4 位二进制数转换成 1 位十六进制数，如 B0001 0011 0111 1111=0x137f。

十进制（Decimal）指以 10 为基数，使用阿拉伯数字 0、1、2、3、4、5、6、7、8、9 计数，进位规则是“逢十进一”，借位规则是“借一当十”。在 Arduino 编程语言中不添加前缀、用纯数字表示十进制数。据研究，人们普遍使用十进制，可能与人类有 10 根手指有关。十进制数转二进制数的方法如下：十进制数的整数部分“除以 2 取余”，十进制数的小数部分“乘以 2 取整”，如 11=B1011，第 1 次 11/2=5 余 1，第 2 次 5/2=2 余 1，第 3 次 2/2=1 余 0，第 4 次 1/2=0 余 1，因此 11=B1011。十进制数转十六进制数的方法如下：十进制数的整数部分“除以 16 取余”，十进制数的小数部分“乘以 16 取整”，如 254=0xfe，第 1 次 254/16=15 余 14，第 2 次 15/16=0 余 15，因此 254=0xfe。

十六进制（Hexadecimal）指以 16 为基数，使用阿拉伯数字 0、1、2、3、4、5、6、7、8、9 和英文字母 A、B、C、D、E、F 计数（注：英文字母 A ~ F 不区分大小写，与十进制的 10 ~ 15 相对应），进位规则是“逢十六进一”，借位规则是“借一当十六”。在 Arduino 编程语言中添加前缀 0x 表示十六进制数，如 0x3f 表示十六进制数 3f，转换为二进制就是 B0011 1111，转换为十进制就是 63；0x6f 表示十六进制数 6f，转换为二进制就是 B0110 1111，转换为十进制就是 111。十六进制相比二进制，位数长度缩减为原先的 1/4，容易记忆。十六进制相比十进制，转换成二进制更容易。1 位十六进制数 =4 位二进制数。4 位十六进制数转十进制数的方法如下：十六进制数最低位数 + 十六进制数较低位数 ×16+ 十六进制数较高位数 ×16×16+ 十六进制数最高位数 ×16×16×16，如 0X1234=4+3×16+2×16×16+1×16×16×16=4660。十六进制数转二进制数的方法如下：将每 1 位十六进制数换成 4 位二进制数，0x1234=B0001 0010 0011 0100。

4．数组

数组是以一串（或一组）数据类型相同的变量为组成元素的集合。数组一次性定义了一串（或一组）数据类型相同的变量，组成元素可通过索引（数字）方式取得，索引从数字 0 开始，直到数组声明的元素数量结束。数组的第 0 个元素为数组名 [0]= 数组中位置 0 处的变量，因此，可以运用索引值循环识别数组的各组成元素。数组按维数（注：维数即数组元素下标的个数，下标即索引号）可分为一维数组、二维数组、三维数组等，如 num[10][7] 表示数组元素第 10 行第 7 列，有两个下标，是二维数组；数组按组成元素的数据类型可分为数值数组、字符数组、指针数组、结构数组。

语法：

类型说明符 数组名 [常量表达式]={}// 类型说明符用于说明数组组成元素的数据类型，数组名是用户自定义的数组的名称，方括号内的常量表达式用于声明数组组成元素的数量，也称为数组的长度，花括号内是数组的组成元素，各组成元素之间用逗号隔开。

自定义数组是学习 Arduino 编程应知、应会的知识。

2.17.3 编程要点

1．语句unsigned char num[10]={};与语句unsigned char num[10][7]={};

语句 unsigned char num[10]={0x3f,0x06,0x5b,0x4f,0x66,0x6d,0x7d,0x07,0x7f,0x6f}; 表示一维数组，数组名称为 num，变量类型为无符号字符型，数组元素数量为 10 个，第 0 个元素 num[0]=0x3f，第 9 个元素 num[9]=0x6f。

语句 unsigned char num[10][7]={}; 表示二维数组，数组名称为 num，变量类型为无符号字符型，数组元素数量为 70 个（10 行 7 列）。

第 1 行 {1,1,1,1,1,1,0} 表示数组由 7 个元素组成，与数码管 a、b、c、d、e、f、g 引脚一一对应（注：一一对应指一个集合的元素与另一个集合的元素一对一配对，没有不配对的元素）。根据数码管的电路原理图，数码管 a、b、c、d、e、f 引脚设置高电平，数码管 g 引脚设置低电平，可显示数字 0；其他数字显示原理照此类推。

2．char（字符或字符串）与unsigned char（无符号字符型）

char 是有符号数据类型，占用 1 字节的内存，编码值为 –128 ~ 127，存储一个字符（用单引号表示，如 'A'，大写 A 的 ASCII 值是 65）或多个字符串（用双引号表示，如 “ABC”）。

unsigned char 是无符号字符型，占用 1 字节的内存，编码值为 0 ~ 255。

3．语句deal(num[i]);与语句digitalWrite(Da,num[i][0]);

语句 deal(num[i]); 表示调用 deal 子程序。num[i] 表示一维数组 num 的第 i 个元素。

语句 digitalWrite(Da,num[i][0]); 表示将二维数组 num 中第 i 行第 0 列的数据传输给数码管引脚 a。

4．语句digitalWrite(ledpin[j],bitRead(value,j));

该语句表示将变量 value 转换为二进制数，将二进制数的第 j 位传输给数组 ledpin 的第 j 个元素对应的数字端口，其中 value=num[i] 表示数组 num 的第 i 个元素，如 i=0 时，num[0]=0x3f。

语法：

bitRead(x,n)//x 是读取的目标数据，n 是目标数据转换为二进制数后从右往左数第 n 位。

5．一位数码管显示的编程方法

方法一，调用显示数字子程序法，根据数码管的电路原理图，运用语句 digitalWrite(); 分别设置数码管引脚为高电平或低电平，编写显示数字子程序，详见 2.17.4 节的代码一。

方法二，定义二维数组，运用 for 循环语句将数组中第 i 行第 0 列 ~ 第 i 行第 6 列的数据分别传输给数码管引脚 a ～ g，详见 2.17.4 节的代码二。

方法三，定义一维数组，运用 for 循环语句将数组中的第 i+1 个元素转换为二进制数后，将二进制数的第 0 ~ 6 位数据分别传输给数码管引脚 a ~ g，详见 2.17.4 节的代码三。

2.17.4　程序设计

1．代码一

（1）程序参考

```
void setup(){
  pinMode(7,OUTPUT);// 设置数字端口 7 为输出模式。
  pinMode(8,OUTPUT);// 设置数字端口 8 为输出模式。
  pinMode(9,OUTPUT);// 设置数字端口 9 为输出模式。
  pinMode(10,OUTPUT);// 设置数字端口 10 为输出模式。
  pinMode(11,OUTPUT);// 设置数字端口 11 为输出模式。
  pinMode(12,OUTPUT);// 设置数字端口 12 为输出模式。
  pinMode(13,OUTPUT);// 设置数字端口 13 为输出模式。
}
void loop(){
  mod0();// 调用显示数字 0 子程序。
  delay(1000);// 延时 1000ms。
  mod1();// 调用显示数字 1 子程序。
  delay(1000);// 延时 1000ms。
  mod2();// 调用显示数字 2 子程序。
  delay(1000);// 延时 1000ms。
  mod3();// 调用显示数字 3 子程序。
  delay(1000);// 延时 1000ms。
  mod4();// 调用显示数字 4 子程序。
  delay(1000);// 延时 1000ms。
  mod5();// 调用显示数字 5 子程序。
```

```
    delay(1000);// 延时 1000ms。
    mod6();// 调用显示数字 6 子程序。
    delay(1000);// 延时 1000ms。
    mod7();// 调用显示数字 7 子程序。
    delay(1000);// 延时 1000ms。
    mod8();// 调用显示数字 8 子程序。
    delay(1000);// 延时 1000ms。
    mod9();// 调用显示数字 9 子程序。
    delay(1000);// 延时 1000ms。
  }
  void mod0(){// 显示数字 0 子程序。
    digitalWrite(7,1);
    digitalWrite(8,1);
    digitalWrite(9,1);
    digitalWrite(10,1);
    digitalWrite(11,0);
    digitalWrite(12,1);
    digitalWrite(13,1);
  }
  void mod1(){// 显示数字 1 子程序。
    digitalWrite(7,1);
    digitalWrite(8,1);
    digitalWrite(9,0);
    digitalWrite(10,0);
    digitalWrite(11,0);
    digitalWrite(12,0);
    digitalWrite(13,0);
  }
  void mod2(){// 显示数字 2 子程序。
    digitalWrite(7,0);
    digitalWrite(8,1);
    digitalWrite(9,1);
    digitalWrite(10,0);
    digitalWrite(11,1);
    digitalWrite(12,1);
```

```
    digitalWrite(13,1);
  }
  void mod3(){// 显示数字 3 子程序。
    digitalWrite(7,1);
    digitalWrite(8,1);
    digitalWrite(9,1);
    digitalWrite(10,0);
    digitalWrite(11,1);
    digitalWrite(12,1);
    digitalWrite(13,0);
  }
  void mod4(){// 显示数字 4 子程序。
    digitalWrite(7,1);
    digitalWrite(8,1);
    digitalWrite(9,0);
    digitalWrite(10,1);
    digitalWrite(11,1);
    digitalWrite(12,0);
    digitalWrite(13,0);
  }
  void mod5(){// 显示数字 5 子程序。
    digitalWrite(7,1);
    digitalWrite(8,0);
    digitalWrite(9,1);
    digitalWrite(10,1);
    digitalWrite(11,1);
    digitalWrite(12,1);
    digitalWrite(13,0);
  }
  void mod6(){// 显示数字 6 子程序。
    digitalWrite(7,1);
    digitalWrite(8,0);
    digitalWrite(9,1);
    digitalWrite(10,1);
    digitalWrite(11,1);
```

```
    digitalWrite(12,1);
    digitalWrite(13,1);
}
void mod7(){// 显示数字 7 子程序。
    digitalWrite(7,1);
    digitalWrite(8,1);
    digitalWrite(9,1);
    digitalWrite(10,0);
    digitalWrite(11,0);
    digitalWrite(12,0);
    digitalWrite(13,0);
}
void mod8(){// 显示数字 8 子程序。
    digitalWrite(7,1);
    digitalWrite(8,1);
    digitalWrite(9,1);
    digitalWrite(10,1);
    digitalWrite(11,1);
    digitalWrite(12,1);
    digitalWrite(13,1);
}
void mod9(){// 显示数字 9 子程序。
    digitalWrite(7,1);
    digitalWrite(8,1);
    digitalWrite(9,1);
    digitalWrite(10,1);
    digitalWrite(11,1);
    digitalWrite(12,1);
    digitalWrite(13,0);
}
```

（2）实验结果

接通电源，数码管按顺序循环显示 0 ～ 9，间隔时间为 1s。

2. 代码二

（1）程序参考

```
#define Da 9// 定义变量 Da=9( 数码管引脚 a 接数字端口 9)。
```

```
#define Db 8// 定义变量 Db=8( 数码管引脚 b 接数字端口 8)。
#define Dc 7// 定义变量 Dc=7( 数码管引脚 c 接数字端口 7)。
#define Dd 12// 定义变量 Dd=12( 数码管引脚 d 接数字端口 12)。
#define De 13// 定义变量 De=13( 数码管引脚 e 接数字端口 13)。
#define Df 10// 定义变量 Df=10( 数码管引脚 f 接数字端口 10)。
#define Dg 11// 定义变量 Dg=11( 数码管引脚 g 接数字端口 11)。
unsigned char num[10][7]={// 定义无符号字符型的 10 行 7 列数组。
  //1 为点亮，0 为熄灭，a 表示数码管引脚 a，其他类推。
  //abcdefg
  {1,1,1,1,1,1,0},//0
  {0,1,1,0,0,0,0},//1
  {1,1,0,1,1,0,1},//2
  {1,1,1,1,0,0,1},//3
  {0,1,1,0,0,1,1},//4
  {1,0,1,1,0,1,1},//5
  {1,0,1,1,1,1,1},//6
  {1,1,1,0,0,0,0},//7
  {1,1,1,1,1,1,1},//8
  {1,1,1,1,0,1,1},//9
};
void setup(){
  for(int i=7;i<14;i++){// 循环执行，从 i=7 开始，到 i=13 结束。
    pinMode(i,OUTPUT);// 设置数字端口 7 ~ 13 为输出模式。
  }
}
void loop(){
  for(int i=0;i<10;i++){// 循环显示 0 ~ 9。
    digitalWrite(Da,num[i][0]);// 将数组 num 中第 i 行第 0 列的数据传输给数码管引脚 a。
    digitalWrite(Db,num[i][1]);// 将数组 num 中第 i 行第 1 列的数据传输给数码管引脚 b。
    digitalWrite(Dc,num[i][2]);// 将数组 num 中第 i 行第 2 列的数据传输给数码管引脚 c。
    digitalWrite(Dd,num[i][3]);// 将数组 num 中第 i 行第 3 列的数据传输给数码管引脚 d。
    digitalWrite(De,num[i][4]);// 将数组 num 中第 i 行第 4 列的数据传输给数码管引脚 e。
    digitalWrite(Df,num[i][5]);// 将数组 num 中第 i 行第 5 列的数据传输给数码管引脚 f。
    digitalWrite(Dg,num[i][6]);// 将数组 num 中第 i 行第 6 列的数据传输给数码管引脚 g。
    delay(1000);// 延时 1000ms。
```

```
    }
}
```

（2）实验结果

接通电源，数码管按顺序循环显示 0 ~ 9，间隔时间为 1s。

3. 代码三

（1）程序参考

```
char ledpin[]={9,8,7,12,13,10,11};// 设置数码管引脚对应的数字端口。
unsigned char num[10]={// 设置数字 0 ~ 9 对应的段码值。
  0x3f,0x06,0x5b,0x4f,0x66,0x6d,0x7d,0x07,0x7f,0x6f
};
void setup(){
  for(int i=0;i<7;i++){
    pinMode(ledpin[i],OUTPUT);// 设置数码管引脚对应的端口为输出模式。
  }
}
void loop(){
  for(int i=0;i<10;i++){
    deal(num[i]);// 调用 deal 子程序，num[i] 对应第 i 个段码值。
    delay(1000);// 延时 1000ms。
  }
}
void deal(unsigned char value){// 子程序 deal。
  for(int j=0;j<7;j++)
    digitalWrite(ledpin[j],bitRead(value,j));
  // 将变量 value 的值转换为二进制数，将二进制数的第 j 位数据传输给数组 ledpin 对应的第 j 个数字端口。
  // 共阳极数码管使用 !bitRead(value,j)。
}
```

（2）实验结果

接通电源，数码管按顺序循环显示 0 ~ 9，间隔时间为 1s。

2.17.5 拓展和挑战

（1）数码管按 9 ~ 0 顺序循环显示，间隔时间为 1s。

（2）数码管按顺序循环显示 A ~ F，间隔时间为 1s。

2.18　一位数字显示测光仪

我们还能让数码管干点什么别的呢？结合此前学习过的光敏模块、热敏模块知识，还可以让数码管显示光线亮度等级（测光仪）、温度高低等级（测温仪）。

在日常生活中，光线亮度直接影响人们的用眼卫生，尤其对于用眼强度很大的学生，光线太亮或太暗都容易导致视力受损。

2.18.1　实验描述

运用光敏模块和一位数字显示模块检测光线的亮度等级。

AU17、AU04B 的电路原理图、电路板图和实物图如图 2.23 所示。

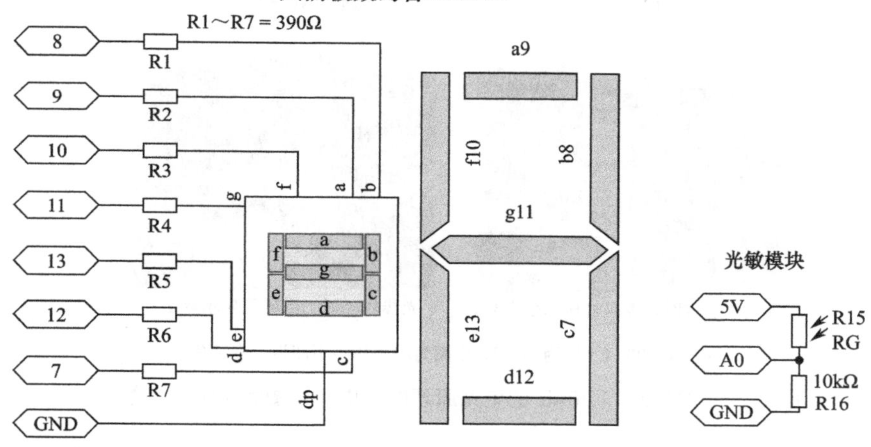

(a) 电路原理图（左图为AU17、右图为AU04B）

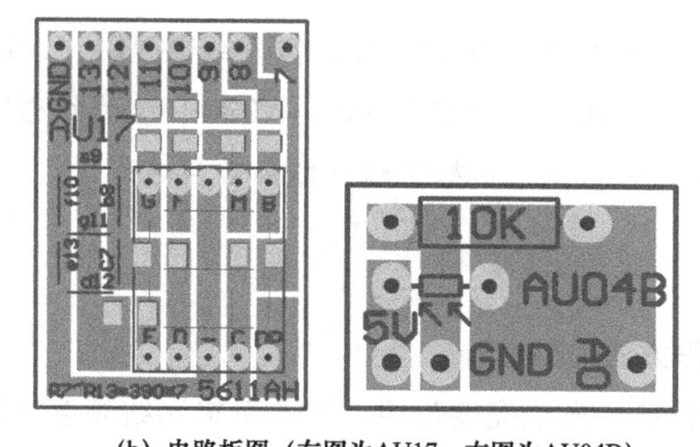

(b) 电路板图（左图为AU17、右图为AU04B）

图 2.23　AU17、AU04B 的电路原理图、电路板图和实物图

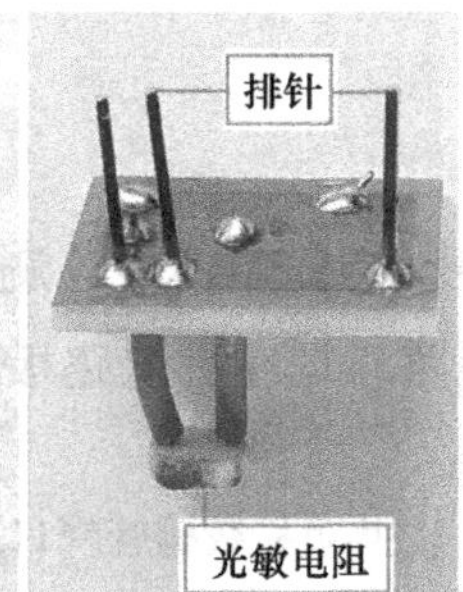

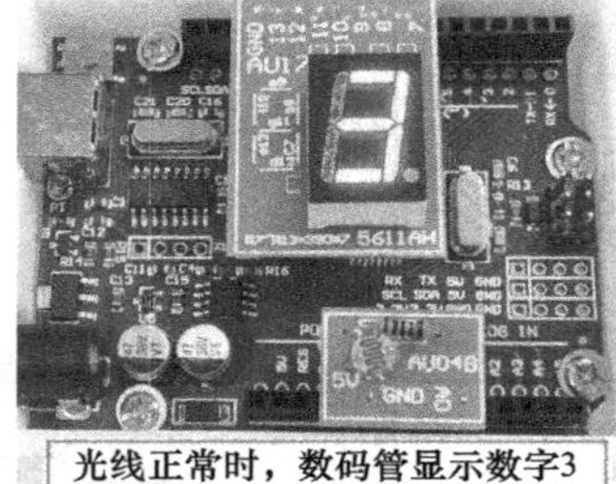

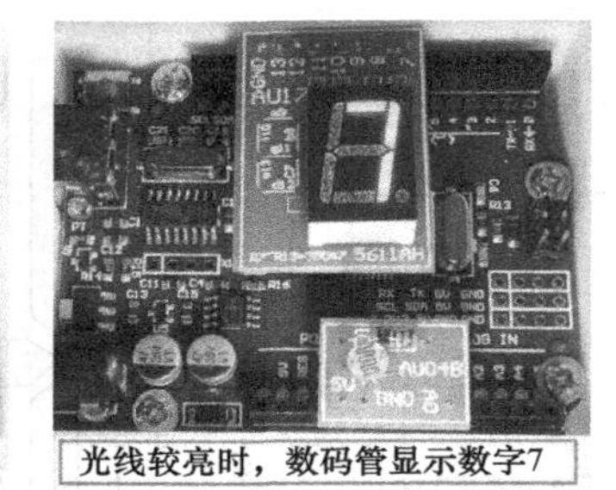

(c) 实物图（上图为AU17、中图为AU04B、下图为二者结合）

图 2.23　AU17、AU04B 的电路原理图、电路板图和实物图（续）

2.18.2　知识要点

根据光敏模块在 2.4 节中的检测结果可知，当光线很亮时，光敏模块输出引脚的电压为 4.5 ~ 4.8V，对应的模拟输入值为 900 ~ 980；当光线很暗时，光敏模块输出引脚的电压为 0 ~ 0.48V，对应的模拟输入值为 0 ~ 98。

2.18.3　编程要点

光线亮度等级的编程方法如下。

由于采用一位数码管显示光线亮度等级，因此可将光线亮度等级划分为 0 ~ 9 共 10 个等级，数字 0 表示光线亮度等级最低（最暗），数字 9 表示光线亮度等级最高（最亮）。

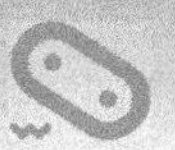

语句 int i; 表示定义变量 i 为整型数据。

语句 val=analogRead(0);// 表示读出模拟端口 A0 的值，赋给变量 val，val 的值为 0 ~ 1023。

语句 i=val/100; 表示变量 val 除以 100 后的值赋给 i，i 为整型数据。

当 val=1023 时，i=10，这种情况在实际检测中未发生。

当 val=999 时，i=9，即当光线很亮时，光敏模块输出脚的电压为 4.5 ~ 4.8V，对应的 val 值为 900 ~ 980，数码管将显示数字 9。

当 val=99 时，i=0，即当光线很暗时，光敏模块输出脚的电压为 0 ~ 0.48V，对应的 val 值为 0 ~ 98，数码管将显示数字 0。

2.18.4　程序设计

（1）程序参考

```
#define Da 9// 定义变量 Da=9( 数码管引脚 a 接数字端口 9)。
#define Db 8// 定义变量 Db=8( 数码管引脚 b 接数字端口 8)。
#define Dc 7// 定义变量 Dc=7( 数码管引脚 c 接数字端口 7)。
#define Dd 12// 定义变量 Dd=12( 数码管引脚 d 接数字端口 12)。
#define De 13// 定义变量 De=13( 数码管引脚 e 接数字端口 13)。
#define Df 10// 定义变量 Df=10( 数码管引脚 f 接数字端口 10)。
#define Dg 11// 定义变量 Dg=11( 数码管引脚 g 接数字端口 11)。
int val;// 定义整型变量 val。
int i;// 定义整型变量 i。
unsigned char num[10][7]={// 定义无符号字符型的 10 行 7 列数组。
  //1 为点亮，0 为熄灭，a 表示数码管引脚 a，其他类推。
  //abcdefg
   {1,1,1,1,1,1,0},//0。
   {0,1,1,0,0,0,0},//1。
   {1,1,0,1,1,0,1},//2。
   {1,1,1,1,0,0,1},//3。
   {0,1,1,0,0,1,1},//4。
   {1,0,1,1,0,1,1},//5。
   {1,0,1,1,1,1,1},//6。
   {1,1,1,0,0,0,0},//7。
   {1,1,1,1,1,1,1},//8。
   {1,1,1,1,0,1,1},//9。
};
```

```
void setup(){
  Serial.begin(9600);// 打开串口，设置数据传输速率为 9600bps。
  for(int i=7;i<14;i++){// 循环执行，从 7 开始，到 13 结束。
    pinMode(i,OUTPUT);// 设置数字端口 7 ~ 13 为输出模式。
  }
}
void loop(){
  val=analogRead(0);// 读出模拟端口 A0 的值，赋给变量 val。
  i=val/100;
  Serial.println(val,DEC);// 串口监视器显示 val 的值（十进制）并换行。
  Serial.println(i,DEC);// 串口监视器显示 i 的值（十进制）并换行。
    digitalWrite(Da,num[i][0]);// 将数组 num 中第 i 行第 0 列的数据传输给数码管引脚 a。
    digitalWrite(Db,num[i][1]);// 将数组 num 中第 i 行第 1 列的数据传输给数码管引脚 b。
    digitalWrite(Dc,num[i][2]);// 将数组 num 中第 i 行第 2 列的数据传输给数码管引脚 c。
    digitalWrite(Dd,num[i][3]);// 将数组 num 中第 i 行第 3 列的数据传输给数码管引脚 d。
    digitalWrite(De,num[i][4]);// 将数组 num 中第 i 行第 4 列的数据传输给数码管引脚 e。
    digitalWrite(Df,num[i][5]);// 将数组 num 中第 i 行第 5 列的数据传输给数码管引脚 f。
    digitalWrite(Dg,num[i][6]);// 将数组 num 中第 i 行第 6 列的数据传输给数码管引脚 g。
  delay(100);// 延时 100ms。
}
```

（2）实验结果

接通电源，当光线特别亮时，数码管显示数字 9；当光线特别暗时，数码管显示数字 0；当光线适中时，数码管显示 0 ~ 9 之间的某个数字。

代码上传成功后，单击编译器界面工具栏中的“工具”→“串口监视器”命令，当光线很亮时，可见串口监视器显示 val 的值为（　　），i 的值为（　　）；当光线很暗时，可见串口监视器显示 val 的值为（　　），i 的值为（　　）。

2.18.5　拓展和挑战

（1）组装并焊接 AU04C 和 AU17 电路板，将电路板的排针插入 Arduino Uno 开发板对应的插槽内，接通电源，常温状态下，数码管显示（　　），用手加热热敏电阻一分钟，数码管显示（　　）。

（2）上传代码成功后，单击编译器界面工具栏中的“工具”→“串口监视器”命令，常温状态下，串口监视器显示 val 的值为（　　），i 的值为（　　）；用手加热热敏电阻一分钟，串口监视器显示 val 的值为（　　），i 的值为（　　）。

2.19　六路数字显示抢答器

我们还能让数码管干点儿什么呢？从现在开始，让我们开动脑筋，看看谁最先想出来。最先想出来的，有奖励哦！获奖机会只有一次，准备好了吗？有奖抢答游戏即将开始。为了确保公平和公正，在抢答游戏开始之前，我们有必要购买一台抢答器。

抢答器是一种能准确判断谁最先按下抢答按键的电子设备，可极大地提高比赛的娱乐性、公平性、公正性，已广泛应用于知识竞赛、文体娱乐活动中。

2.19.1　实验描述

运用 6 个轻触开关、1 个蜂鸣器和一位共阴极数码管实现六路抢答功能。

AU19 的电路原理图、电路板图和实物图如图 2.24 所示。

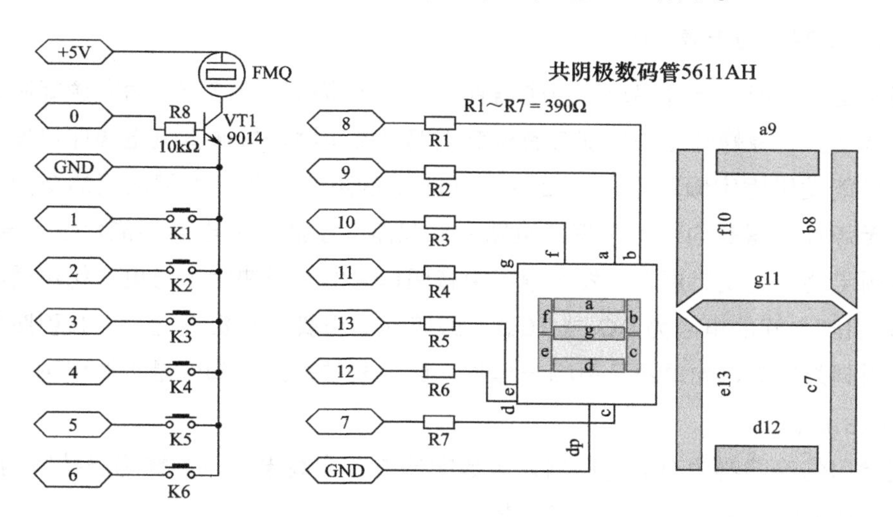

(a) 电路原理图

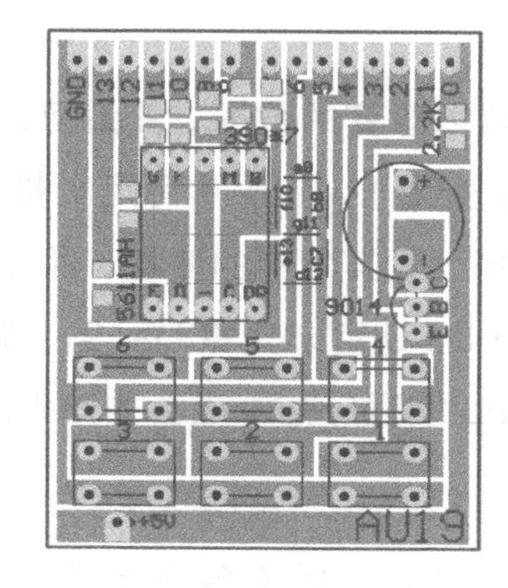

(b) 电路板图

图 2.24　AU19 的电路原理图、电路板图和实物图

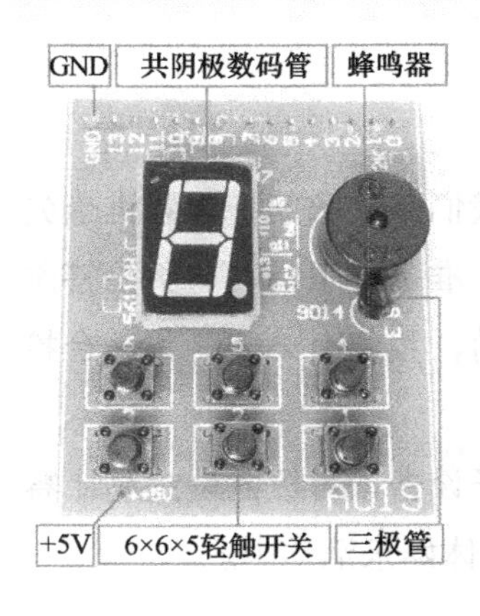

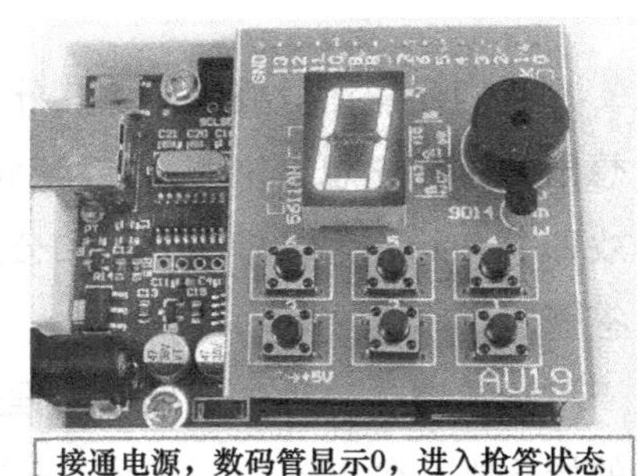

（c）实物图

图 2.24　AU19 的电路原理图、电路板图和实物图（续）

2.19.2　知识要点

1．有源蜂鸣器与无源蜂鸣器

蜂鸣器是一种能发出蜂鸣声的电子器件，按是否带振荡电路可分为有源蜂鸣器与无源蜂鸣器。有源蜂鸣器是内部带有振荡电路的蜂鸣器，接通直流电源即可发出声音，但只能发出固定频率（1.5kHz ~ 2.5kHz）的声音，两只引脚之间的电阻为几百欧。无源蜂鸣器是内部不带振荡电路的蜂鸣器，接通直流电源不能发出声音，但接在音频电路中能发出声音，发声频率由音频信号的频率决定（与电磁扬声器类似），两只引脚之间的电阻为 8Ω 或 16Ω。蜂鸣器的引脚有正负极之分，长引脚为正极，短引脚为负极，如果两只引脚一样长，标 + 号的那只引脚就是正极引脚，另一只是负极引脚。

本实验用的蜂鸣器为有源蜂鸣器，当数字端口 0 为高电平时，蜂鸣器持续响；当数字端口 0 为低电平时，蜂鸣器不发声。

2．变量与自定义变量

变量是在程序执行期间其值可以改变的数据。变量可以通过变量名访问，在使用前必须声明其类型并赋值（创建变量），如用 int i; 定义整型变量 i。

自定义变量是根据自己的喜好设置其名称的变量，用于临时存储数据，好处在于方便阅读与修改，如用 #define Da 9 定义变量 Da=9，表示数码管引脚 a 接数字端口 9。自定义变量是学习 Arduino 编程应知、应会的知识。

3．函数与自定义函数

函数是一段可以重复使用的代码，用来独立地完成某个功能，如 #include <Servo.h> 表示定义头文件 Servo.h，Servo.h 是舵机控制函数库；又如 #include

<IRremote.h> 表示定义头文件 IRremote.h，IRremote.h 是红外线控制函数库。

自定义函数是用户根据需要创建的函数，用于完成某个功能、替代一段重复使用的代码，如 disp(num[i]); 表示调用数字显示子程序 disp，自定义函数 void disp(unsigned char value){ 数字显示子程序 ;}。自定义函数是学习 Arduino 编程应知、应会的知识。

2.19.3 编程要点

1. 并列for循环

并列 for 循环指两个 for 循环为并列关系，各自独立，互不影响。

例如，for(int i=0;i<14;i++){pinMode(i,OUTPUT);} 用于设置数字端口 0 ～ 13 为输出模式；for(int i=1;i<7;i++){pinMode(i,INPUT);} 用于设置数字端口 1 ～ 6 为输入模式。

第一个 for 循环运行 14 次，第二个 for 循环运行 6 次，上述两个 for 循环都使用了变量 i，变量 i 在两个 for 循环的范围内被使用，相互间不受影响。

2. 语句disp(num[i]);和语句sound();

语句 disp(num[i]); 表示调用数字显示子程序 disp，带参数 num[i]。

与之相对应的语句如下。

```
void disp(unsigned char value){// 接收无符号字符值 value=num[i]。
  for(int j=0;j<7;j++)
    digitalWrite(ledpin[j],bitRead(value,j));
}
```

语句 sound(); 表示调用发声子程序 sound，不带任何参数。

与之相对应的语句如下。

```
void sound(){// 不接收任何参数。
  for(int k=0;k<3;k++){
    digitalWrite(0,1);delay(200);digitalWrite(0,0);delay(1000);
  }
}
```

2.19.4 程序设计

1. 代码一

（1）程序参考

```
void setup(){
```

```
    pinMode(0,OUTPUT);// 设置数字端口 0 ~ 13 为输出模式。
    pinMode(1,OUTPUT);
    pinMode(2,OUTPUT);
    pinMode(3,OUTPUT);
    pinMode(4,OUTPUT);
    pinMode(5,OUTPUT);
    pinMode(6,OUTPUT);
    pinMode(7,OUTPUT);
    pinMode(8,OUTPUT);
    pinMode(9,OUTPUT);
    pinMode(10,OUTPUT);
    pinMode(11,OUTPUT);
    pinMode(12,OUTPUT);
    pinMode(13,OUTPUT);
    pinMode(1,INPUT); // 设置数字端口 1 ~ 6 为输入模式。
    pinMode(2,INPUT);
    pinMode(3,INPUT);
    pinMode(4,INPUT);
    pinMode(5,INPUT);
    pinMode(6,INPUT);
  }
  void loop(){
    mod0();// 调用显示数字 0 子程序。
    digitalWrite(0,0);// 设置数字端口 0 为低电平。
    digitalWrite(1,1);// 设置数字端口 1 为高电平。
    digitalWrite(2,1);// 设置数字端口 2 为高电平。
    digitalWrite(3,1);// 设置数字端口 3 为高电平。
    digitalWrite(4,1);// 设置数字端口 4 为高电平。
    digitalWrite(5,1);// 设置数字端口 5 为高电平。
    digitalWrite(6,1);// 设置数字端口 6 为高电平。
    if(digitalRead(1)==0){// 如果数字端口 1 为低电平，
      mod1();// 调用显示数字 1 子程序。
      mod7();// 调用蜂鸣器发声子程序。
    }
    if(digitalRead(2)==0){// 如果数字端口 2 为低电平，
      mod2();// 调用显示数字 2 子程序。
```

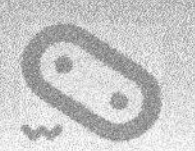

```
      mod7();// 调用蜂鸣器发声子程序。
   }
   if(digitalRead(3)==0){// 如果数字端口 3 为低电平，
      mod3();// 调用显示数字 3 子程序。
      mod7();// 调用蜂鸣器发声子程序。
   }
   if(digitalRead(4)==0){// 如果数字端口 4 为低电平，
      mod4();// 调用显示数字 4 子程序。
      mod7();// 调用蜂鸣器发声子程序。
   }
   if(digitalRead(5)==0){// 如果数字端口 5 为低电平，
      mod5();// 调用显示数字 5 子程序。
      mod7();// 调用蜂鸣器发声子程序。
   }
   if(digitalRead(6)==0){// 如果数字端口 6 为低电平，
      mod6();// 调用显示数字 6 子程序。
      mod7();// 调用蜂鸣器发声子程序。
   }
}
void mod0(){// 显示数字 0 子程序。
   digitalWrite(7,1);
   digitalWrite(8,1);
   digitalWrite(9,1);
   digitalWrite(10,1);
   digitalWrite(11,0);
   digitalWrite(12,1);
   digitalWrite(13,1);
}
void mod1(){// 显示数字 1 子程序。
   digitalWrite(7,1);
   digitalWrite(8,1);
   digitalWrite(9,0);
   digitalWrite(10,0);
   digitalWrite(11,0);
   digitalWrite(12,0);
   digitalWrite(13,0);
```

```
}
void mod2(){// 显示数字 2 子程序。
  digitalWrite(7,0);
  digitalWrite(8,1);
  digitalWrite(9,1);
  digitalWrite(10,0);
  digitalWrite(11,1);
  digitalWrite(12,1);
  digitalWrite(13,1);
}
void mod3(){// 显示数字 3 子程序。
  digitalWrite(7,1);
  digitalWrite(8,1);
  digitalWrite(9,1);
  digitalWrite(10,0);
  digitalWrite(11,1);
  digitalWrite(12,1);
  digitalWrite(13,0);
}
void mod4(){// 显示数字 4 子程序。
  digitalWrite(7,1);
  digitalWrite(8,1);
  digitalWrite(9,0);
  digitalWrite(10,1);
  digitalWrite(11,1);
  digitalWrite(12,0);
  digitalWrite(13,0);
}
void mod5(){// 显示数字 5 子程序。
  digitalWrite(7,1);
  digitalWrite(8,0);
  digitalWrite(9,1);
  digitalWrite(10,1);
  digitalWrite(11,1);
  digitalWrite(12,1);
  digitalWrite(13,0);
```

```
}
void mod6(){// 显示数字 6 子程序。
  digitalWrite(7,1);
  digitalWrite(8,0);
  digitalWrite(9,1);
  digitalWrite(10,1);
  digitalWrite(11,1);
  digitalWrite(12,1);
  digitalWrite(13,1);
}
void mod7(){// 蜂鸣器发声子程序。
  for(int i=0;i<3;i++){// 循环执行，从 i=0 开始，到 i=2 结束。
    digitalWrite(0,1);// 数字端口 0 输出高电平。
    delay(200);// 延时 200ms。
    digitalWrite(0,0);// 数字端口 0 输出低电平。
    delay(1000);// 延时 1000ms。
  }
}
```

（2）实验结果

接通电源，数码管显示 0，同时按下按键 1 ~ 6，蜂鸣器将发出“嘀嘀嘀”三声响，数码管将显示最先按下的按键对应的数字。

2．代码二

（1）程序参考

```
#define Da 9// 定义变量 Da=9( 数码管引脚 a 接数字端口 9)。
#define Db 8// 定义变量 Db=8( 数码管引脚 b 接数字端口 8)。
#define Dc 7// 定义变量 Dc=7( 数码管引脚 c 接数字端口 7)。
#define Dd 12// 定义变量 Dd=12( 数码管引脚 d 接数字端口 12)。
#define De 13// 定义变量 De=13( 数码管引脚 e 接数字端口 13)。
#define Df 10// 定义变量 Df=10( 数码管引脚 f 接数字端口 10)。
#define Dg 11// 定义变量 Dg=11( 数码管引脚 g 接数字端口 11)。
int i;// 定义整型变量 i。
unsigned char num[10][7]={// 定义无符号字符型的 10 行 7 列数组。
  //abcdefg，a 表示数码管引脚 a，其他类推。
  //1 为点亮，0 为熄灭，abcdef 为 1，g 为 0，数码管显示数字 0，其他类推。
  {1,1,1,1,1,1,0},//0。
```

```
    {0,1,1,0,0,0,0},//1。
    {1,1,0,1,1,0,1},//2。
    {1,1,1,1,0,0,1},//3。
    {0,1,1,0,0,1,1},//4。
    {1,0,1,1,0,1,1},//5。
    {1,0,1,1,1,1,1},//6。
    {1,1,1,0,0,0,0},//7。
    {1,1,1,1,1,1,1},//8。
    {1,1,1,1,0,1,1},//9。
};
void setup(){
    for(int i=0;i<14;i++){// 循环执行，从 i=0 开始，到 i=13 结束。
        pinMode(i,OUTPUT);// 设置数字端口 0 ~ 13 为输出模式。
    }
    for(int i=1;i<7;i++){// 循环执行，从 i=1 开始，到 i=6 结束。
        pinMode(i,INPUT);// 设置数字端口 1 ~ 6 为输入模式。
    }
}
void loop(){
    i=0;
    mod1();// 调用显示子程序。
    digitalWrite(0,0);// 设置数字端口 0 为低电平。
    digitalWrite(1,1);// 设置数字端口 1 为高电平。
    digitalWrite(2,1);// 设置数字端口 2 为高电平。
    digitalWrite(3,1);// 设置数字端口 3 为高电平。
    digitalWrite(4,1);// 设置数字端口 4 为高电平。
    digitalWrite(5,1);// 设置数字端口 5 为高电平。
    digitalWrite(6,1);// 设置数字端口 6 为高电平。
    if(digitalRead(1)==0){// 如果数字端口 1 为低电平，
        i=1;mod();// 调用显示与发声子程序。
    }
    if(digitalRead(2)==0){// 如果数字端口 2 为低电平，
        i=2;mod();// 调用显示与发声子程序。
    }
    if(digitalRead(3)==0){// 如果数字端口 3 为低电平，
        i=3;mod();// 调用显示与发声子程序。
```

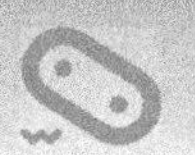

```
    }
    if(digitalRead(4)==0){// 如果数字端口 4 为低电平，
      i=4;mod();// 调用显示与发声子程序。
    }
    if(digitalRead(5)==0){// 如果数字端口 5 为低电平，
      i=5;mod();// 调用显示与发声子程序。
    }
    if(digitalRead(6)==0){// 如果数字端口 6 为低电平，
      i=6;mod();// 调用显示与发声子程序。
    }
}
void mod(){// 显示与发声子程序。
    mod1();
    mod2();
}
void mod1(){// 显示子程序。
    digitalWrite(Da,num[i][0]);// 将数组 num 中第 i 行第 0 列的数据传输给数码管引脚 a。
    digitalWrite(Db,num[i][1]);// 将数组 num 中第 i 行第 1 列的数据传输给数码管引脚 b。
    digitalWrite(Dc,num[i][2]);// 将数组 num 中第 i 行第 2 列的数据传输给数码管引脚 c。
    digitalWrite(Dd,num[i][3]);// 将数组 num 中第 i 行第 3 列的数据传输给数码管引脚 d。
    digitalWrite(De,num[i][4]);// 将数组 num 中第 i 行第 4 列的数据传输给数码管引脚 e。
    digitalWrite(Df,num[i][5]);// 将数组 num 中第 i 行第 5 列的数据传输给数码管引脚 f。
    digitalWrite(Dg,num[i][6]);// 将数组 num 中第 i 行第 6 列的数据传输给数码管引脚 g。
}
void mod2(){// 发声子程序。
    for(int j=0;j<3;j++){// 循环执行，从 0 开始，到 2 结束。
      digitalWrite(0,1);// 数字端口 0 输出高电平。
      delay(200);// 延时 200ms。
      digitalWrite(0,0);// 数字端口 0 输出低电平。
      delay(1000);// 延时 1000ms。
    }
}
```

（2）实验结果

接通电源，数码管显示 0，同时按下按键 1 ~ 6，蜂鸣器将发出“嘀嘀嘀”三声响，数码管将显示最先按下的按键对应的数字。

3. 代码三

（1）程序参考

```
char ledpin[]={9,8,7,12,13,10,11};
// 设置数码管引脚对应的数字端口。
unsigned char num[10]={// 定义数组 num，设置数字 0 ~ 9 对应的段码值。
  0x3f,0x06,0x5b,0x4f,0x66,0x6d,0x7d,0x07,0x7f,0x6f
};
void setup(){
  for(int i=0;i<14;i++){// 循环执行，从 i=0 开始，到 i=13 结束。
    pinMode(i,OUTPUT);// 设置数字端口 0 ~ 13 为输出模式。
  }
  for(int i=1;i<7;i++){// 循环执行，从 i=1 开始，到 i=6 结束。
    pinMode(i,INPUT);// 设置数字端口 1 ~ 6 为输入模式。
  }
}
void loop(){
  digitalWrite(0,0);// 设置数字端口 0 为低电平。
  digitalWrite(1,1);// 设置数字端口 1 为高电平。
  digitalWrite(2,1);// 设置数字端口 2 为高电平。
  digitalWrite(3,1);// 设置数字端口 3 为高电平。
  digitalWrite(4,1);// 设置数字端口 4 为高电平。
  digitalWrite(5,1);// 设置数字端口 5 为高电平。
  digitalWrite(6,1);// 设置数字端口 6 为高电平。
  disp(num[0]);// 调用显示数字 0 子程序。
  for(int i=1;i<7;i++){
    if(digitalRead(i)==0){// 如果数字端口 i 为低电平，
      disp(num[i]);// 调用显示数字子程序。
      sound();// 调用发声子程序。
    }
  }
}
void disp(unsigned char value){// 显示数字子程序。
  for(int j=0;j<7;j++){
    digitalWrite(ledpin[j],bitRead(value,j));
  }
  // 将变量 value 的值转换为二进制数后，将二进制数的第 j 位数据传输给数组 ledpin 对应
的第 j 个数字端口。
}
```

```
void sound(){// 发声子程序。
  for(int k=0;k<3;k++){// 循环执行，从 0 开始，到 2 结束。
    digitalWrite(0,1);// 数字端口 0 输出高电平。
    delay(200);// 延时 200ms。
    digitalWrite(0,0);// 数字端口 0 输出低电平。
    delay(1000);// 延时 1000ms。
  }
}
```

（2）实验结果

接通电源，数码管显示 0，同时按下按键 1 ~ 6，蜂鸣器将发出“嘀嘀嘀”三声响，数码管将显示最先按下的按键对应的数字。

2.19.5　拓展和挑战

接通电源，同时按下按键 1 ~ 6，数码管显示最先按下的按键对应的示数，同时蜂鸣器将发出“嘀嘀嘀”三声响。按下按键 1，显示 A；按下按键 2，显示 b；按下按键 3，显示 C；按下按键 4，显示 d；按下按键 5，显示 E；按下按键 6，显示 F。

2.20　舵机控制

在高档遥控玩具、车辆模型、飞机模型、机器人中，经常需要使用一种电动控制器，它能让设备不断地变换角度，并可以保持在某种角度不变化，如让车辆模型左转 30°，让机器人抬起手臂 180°，这种电动控制器叫舵机。那么，舵机的工作原理是怎样的？如何编程控制舵机转动的角度？下面让我们一起学习舵机控制实验。

2.20.1　实验描述

让舵机 4 在程序控制下转动 0°、45°、90°、135°、180°。

AU20 的电路原理图、电路板图和实物图如图 2.25 所示。

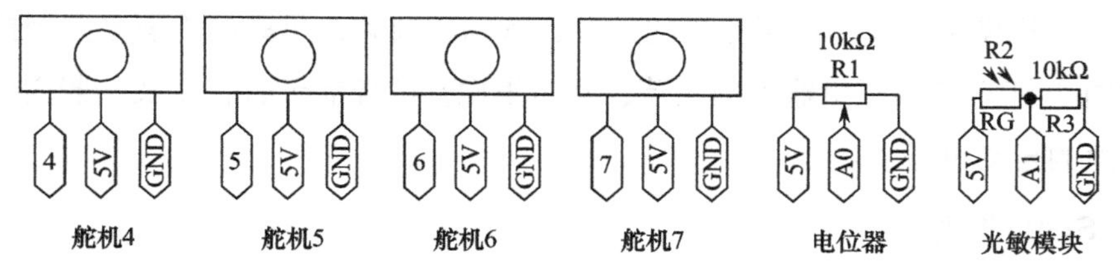

（a）电路原理图

图 2.25　AU20 的电路原理图、电路板图和实物图

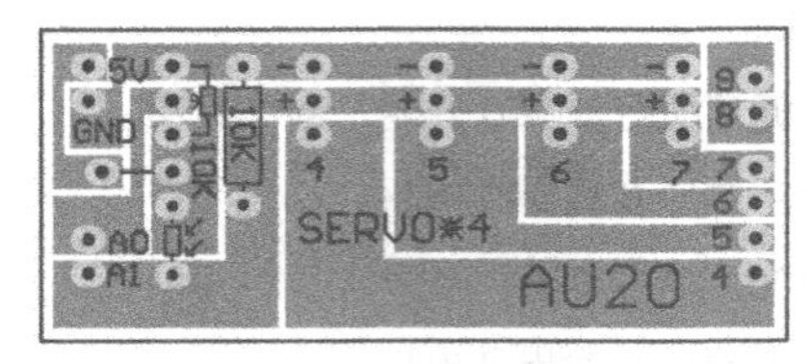

(b) 电路板图

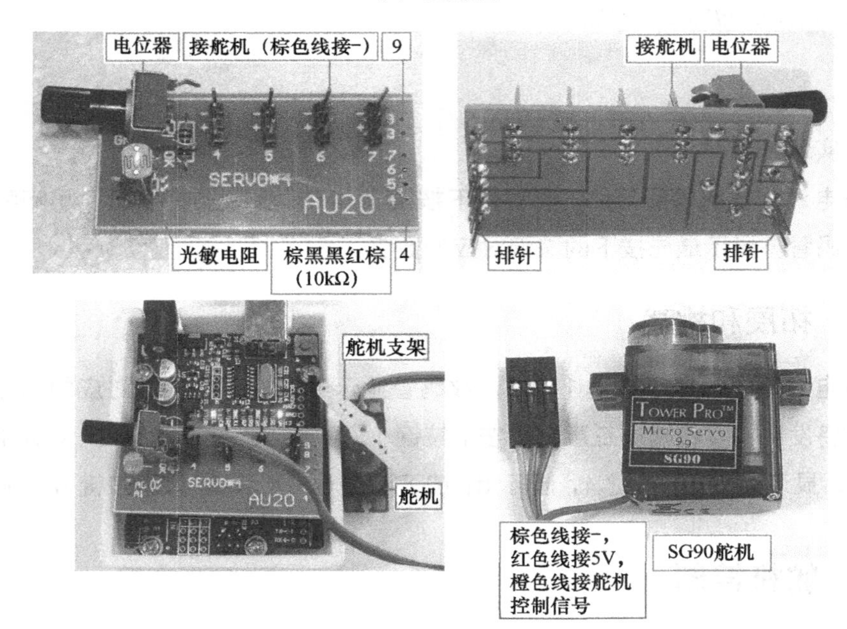

(c) 实物图

图 2.25 AU20 的电路原理图、电路板图和实物图（续）

2.20.2 知识要点

1. 舵机

舵机又称伺服电机，是一种具有闭环控制系统的机电设备（包括机械结构、电子线路及自动化功能类设备），由直流电机、减速齿轮组、传感器和控制电路组成，其特点是只能转动一定的角度，转速较慢，扭矩较大。舵机常应用于轮船模型、车辆模型、飞机模型，通过控制船尾的舵叶、车辆的前轮、机翼的舵面来控制模型的前进方向；还可应用于机器人的关节、网络摄像头的控制云台，以及一些需要不断变换角度的自动设备上。

2. SG90舵机

SG90 舵机由舵盘、直流电机、减速齿轮组、位置反馈电位器和控制电路组成，带有 3 条线，棕色线接 –，红色线接 5V，橙色线接舵机控制信号。

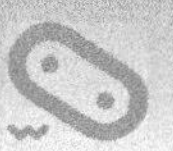

SG90 舵机的最大转角为 180°，扭矩为 0.15N·m，工作电压为 4.2 ~ 6V。舵机控制信号的频率为 50Hz 时，其脉冲周期是 20ms。当脉冲宽度为 0.5ms 时，舵机输出角度为 0°；当脉冲宽度为 1ms 时，舵机输出角度为 45°；当脉冲宽度为 1.5ms 时，舵机输出角度为 90°；当脉冲宽度为 2ms 时，舵机输出角度为 135°；当脉冲宽度为 2.5ms 时，舵机输出角度为 180°。

工作电压超出 4.2 ~ 6V 这一范围、工作电压不稳定、脉冲宽度不正确，都将会造成 SG90 舵机无法正常工作。在本实验中，使用 Arduino Uno 开发板上的 5V 电源给舵机供电，舵机有时能正常工作，有时不能正常工作，究其原因发现，舵机转动时需要的电流比较大，Arduino Uno 开发板上的电源芯片有可能因电流过大启动过热保护，从而导致输出电压不稳定，因此舵机不能正常工作。解决办法是使用外部电源给舵机供电。

3．舵机的工作原理

在舵机内部有一个基准电路，能产生脉冲周期为 20ms、脉冲宽度为 1.5ms 的基准信号，舵机电机通过齿轮组减速后，驱动转盘和标准脉冲宽度调节电位器转动，当标准脉冲宽度与输入脉冲宽度完全相同时，差值脉冲消失，舵机电机停止转动。当输入脉冲宽度为 0.5 ~ 2.5ms 时，舵机输出轴将转动 0° ~ 180°。

2.20.3　编程要点

1．语句#include <Servo.h>

该语句用来定义头文件 Servo.h，Servo.h 是舵机控制函数库。注：#include 与 <Servo.h> 之间要有空格，否则编译时会报错。

2．语句Servo servo4;

该语句用来定义舵机变量名 servo4。

3．语句servo4.attach(4);

该语句用来设置舵机接口为数字端口 4。

4．语句servo4.write(0);

该语句用来设置舵机旋转的角度为 0°，括号内的数字可设置为 0 ~ 180，表示舵机旋转的角度为 0° ~ 180°。

5．用Servo库控制舵机的编程方法

第一步，声明使用 Servo 库函数，即定义头文件 Servo.h。

```
#include <Servo.h>
```

第二步，为 Servo 库的实例命名，即定义舵机变量名 servo4。

```
Servo servo4;
```

第三步，在 setup 函数中，设置舵机信号接口。

```
void setup(){servo4.attach(4);}
```

第四步，在 loop 函数中，设置舵机转动的角度，角度范围为 0° ~ 180° 。

```
void loop(){servo4.write(0);delay(1000);
servo4.write(180);delay(1000);}
```

2.20.4 程序设计

1. 代码一

（1）程序参考

```
#include <Servo.h>// 定义头文件 Servo.h。
Servo servo4;// 定义舵机变量名 servo4。
void setup(){
  servo4.attach(4);// 设置舵机信号接口为数字端口 4。
}
void loop(){
  servo4.write(0);// 设置舵机旋转的角度为 0° 。
  delay(1000);// 延时 1000ms。
  servo4.write(45);// 设置舵机旋转的角度为 45° 。
  delay(1000);// 延时 1000ms。
  servo4.write(90);// 设置舵机旋转的角度为 90° 。
  delay(1000);// 延时 1000ms。
  servo4.write(135);// 设置舵机旋转的角度为 135° 。
  delay(1000);// 延时 1000ms。
  servo4.write(180);// 设置舵机旋转的角度为 180° 。
  delay(1000);// 延时 1000ms。
}
```

（2）实验结果

舵机 4 在程序控制下转动 0° 、45° 、90° 、135° 、180° 。

2. 代码二

（1）程序参考

```
#include <Servo.h>// 定义头文件 Servo.h。
Servo servo4;// 定义舵机变量名 servo4。
int val=0;// 定义整型变量 val，初始化赋值为 0。
void setup(){
```

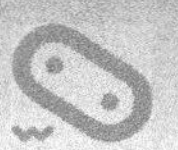

```
    servo4.attach(4);// 设置舵机接口为数字端口 4。
}
void loop(){
    val=(val+1)%181;
    servo4.write(val);// 设置舵机旋转的角度为 val。
    delay(100);// 延时 100ms。
}
```

（2）实验结果

舵机 4 在程序控制下从 0° 转动到 180° ，每 0.1s 增加 1° 。

3．代码三

（1）程序参考

```
#include <Servo.h>// 定义头文件 Servo.h。
Servo servo4;// 定义舵机变量名 servo4。
int val=0;// 定义整型变量 val，初始化赋值为 0。
void setup(){
    servo4.attach(4);// 定义舵机接口为数字端口 4。
}
void loop(){
    val=analogRead(0);// 读出模拟端口 A0 的值（0 ~ 1023），赋给变量 val。
    servo4.write(val/6);// 设置舵机旋转的角度为 val/6。
    delay(100);// 延时 100ms。
}
```

（2）实验结果

调节电位器旋钮，舵机 4 旋转的角度随电位器阻值的变化而变化。

2.20.5　拓展和挑战

通过 AU20 电路板上的光敏模块控制舵机转动的角度。

注：光敏模块输出引脚接模拟端口 A1。

2.21　四路舵机控制

我们了解了舵机的工作原理和舵机转动角度的控制方法，再次面对需要运用舵机控制的实验时，我们便胸有成竹，能应对自如了，如四路舵机控制实验、步行机器人控制实验。

2.21.1　实验描述

舵机 4、5、6、7 分别在程序控制下从 0° 转动到 180° 。

AU20 的电路原理图、电路板图和实物图如图 2.26 所示。

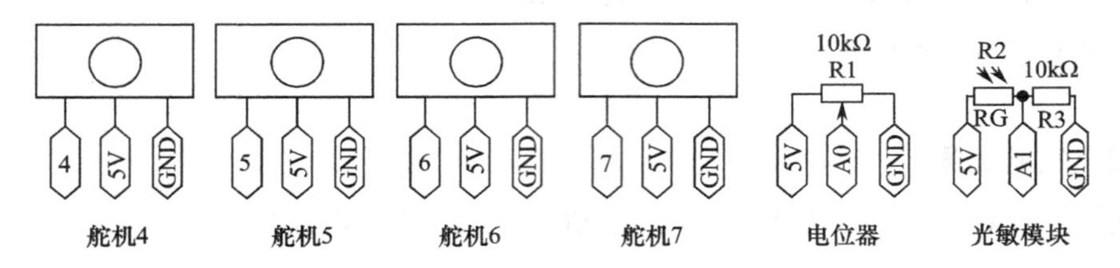

(a) 电路原理图

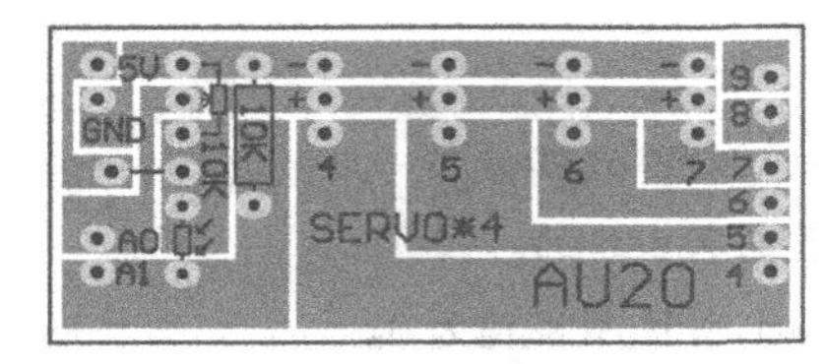

(b) 电路板图

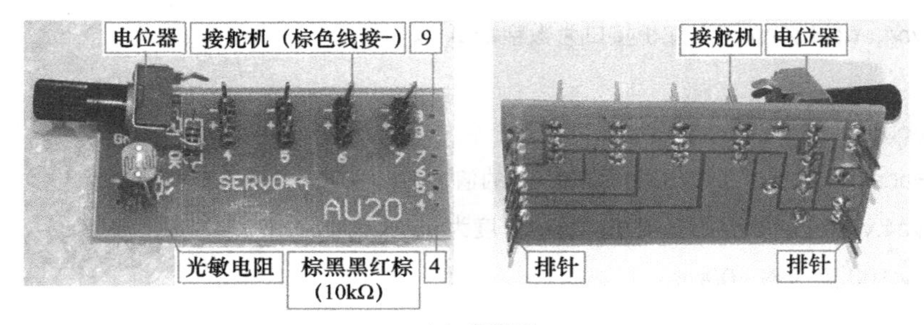

(c) 实物图

图 2.26　AU20 的电路原理图、电路板图和实物图

2.21.2　知识要点

1. Servo.h舵机控制函数库

Servo.h 是控制舵机的函数库文件，在 Arduino Uno 开发板上，只有引脚 3、5、6、9、10、11 能输出 PWM 信号，而只有接收到的脉冲信号的频率为 50Hz、脉冲宽度为 0.5 ~ 2.5ms 时，舵机才会转动 0° ~ 180° ；否则，舵机将停止转动。运用 Servo.h 库函数，其他引脚也能控制舵机转动，如引脚 4 和 7。

2. 四路SG90舵机控制供电电源

本实验为四路 SG90 舵机控制，由于四路 SG90 舵机的工作电流较大，因此，Arduino Uno 开发板必须外接 7.5 ~ 9V 的 2A 直流电源，否则舵机无法正常工作。

2.21.3　编程要点

1．语句servo4.attach(4,500,2400);

修正脉冲宽度为 500 ~ 2400 μs，据资料介绍，Servo.h 预设脉冲宽度为 544 ~ 2400 μs，而 SG90 舵机脉冲宽度为 500 ~ 2400 μs，因此，可通过语句 servo4.attach(4,500,2400); 进行修正。

2．语句servo4.writeMicroseconds(500);

该语句用于设置脉冲宽度为 500 μs，控制舵机转动角度为 0°，从效果上看，等同于语句 servo4.write(0);。

3．语句servo4.writeMicroseconds(1500);

该语句用于设置脉冲宽度为 1500 μs，控制舵机转动角度为 90°，从效果上看，等同于语句 servo4.write(90);。

4．语句servo4.writeMicroseconds(2400);

该语句用于设置脉冲宽度为 2400 μs，控制舵机转动角度为 180°，从效果上看，等同于语句 servo4.write(180);。

2.21.4　程序设计

（1）程序参考

```
#include <Servo.h>// 定义头文件 Servo.h。
Servo servo4;// 定义舵机变量名。
Servo servo5;// 定义舵机变量名。
Servo servo6;// 定义舵机变量名。
Servo servo7;// 定义舵机变量名。
void setup(){
  servo4.attach(4,500,2400);// 定义舵机接口为数字端口 4。
  servo5.attach(5,500,2400);// 定义舵机接口为数字端口 5。
  servo6.attach(6,500,2400);// 定义舵机接口为数字端口 6。
  servo7.attach(7,500,2400);// 定义舵机接口为数字端口 7。
}
void loop(){
  servo4.writeMicroseconds(500);// 设置舵机 4 旋转的角度为 0°。
```

```
delay(3000);// 延时 3000ms。
servo4.writeMicroseconds(1500);// 设置舵机 4 旋转的角度为 90° 。
delay(3000);// 延时 3000ms。
servo4.writeMicroseconds(2400);// 设置舵机 4 旋转的角度为 180° 。
delay(3000);// 延时 3000ms。
servo5.writeMicroseconds(500);// 设置舵机 5 旋转的角度为 0° 。
delay(3000);// 延时 3000ms。
servo5.writeMicroseconds(1500);// 设置舵机 5 旋转的角度为 90° 。
delay(3000);// 延时 3000ms。
servo5.writeMicroseconds(2400);// 设置舵机 5 旋转的角度为 180° 。
delay(3000);// 延时 3000ms。
servo6.writeMicroseconds(500);// 设置舵机 6 旋转的角度为 0° 。
delay(3000);// 延时 3000ms。
servo6.writeMicroseconds(1500);// 设置舵机 6 旋转的角度为 90° 。
delay(3000);// 延时 3000ms。
servo6.writeMicroseconds(2400);// 设置舵机 6 旋转的角度为 180° 。
delay(3000);// 延时 3000ms。
servo7.writeMicroseconds(500);// 设置舵机 7 旋转的角度为 0° 。
delay(3000);// 延时 3000ms。
servo7.writeMicroseconds(1500);// 设置舵机 7 旋转的角度为 90° 。
delay(3000);// 延时 3000ms。
servo7.writeMicroseconds(2400);// 设置舵机 7 旋转的角度为 180° 。
delay(3000);// 延时 3000ms。
}
```

（2）实验结果

组装并焊接 AU20 电路板，将电路板的排针插入 Arduino Uno 开发板对应的插槽内。接通电源，舵机 4、5、6、7 分别在程序控制下从 0° 转动到 180° 。

2.21.5 拓展和挑战

编程控制步行机器人行走关节，舵机 4 为机器人左髋关节，舵机 5 为机器人左膝关节，舵机 6 为机器人右髋关节，舵机 7 为机器人右膝关节。

初始状态，舵机 4、5、6、7 旋转 90° ，机器人处于站立状态。

抬左腿，舵机 4 旋转 100°，舵机 5 旋转 80°。

前进一步，舵机 6 旋转 100°，舵机 7 旋转 80°。

左腿站立，舵机 4 旋转 90°，舵机 5 旋转 90°。

右腿站立，舵机 6 旋转 90°，舵机 7 旋转 90°。

然后，再抬左腿，如此循环。

2.22　LCD 静态显示文字

液晶显示器广泛应用于通信、公共查询、监控、交通、工业自动化、医疗等领域，极大地方便了信息的传播和应用。

2.22.1　实验描述

运用 LCD1602A 液晶显示模块静态显示“Hello,Friend!”"How are you?"。

AU35 的电路原理图、电路板图和实物图如图 2.27 所示。

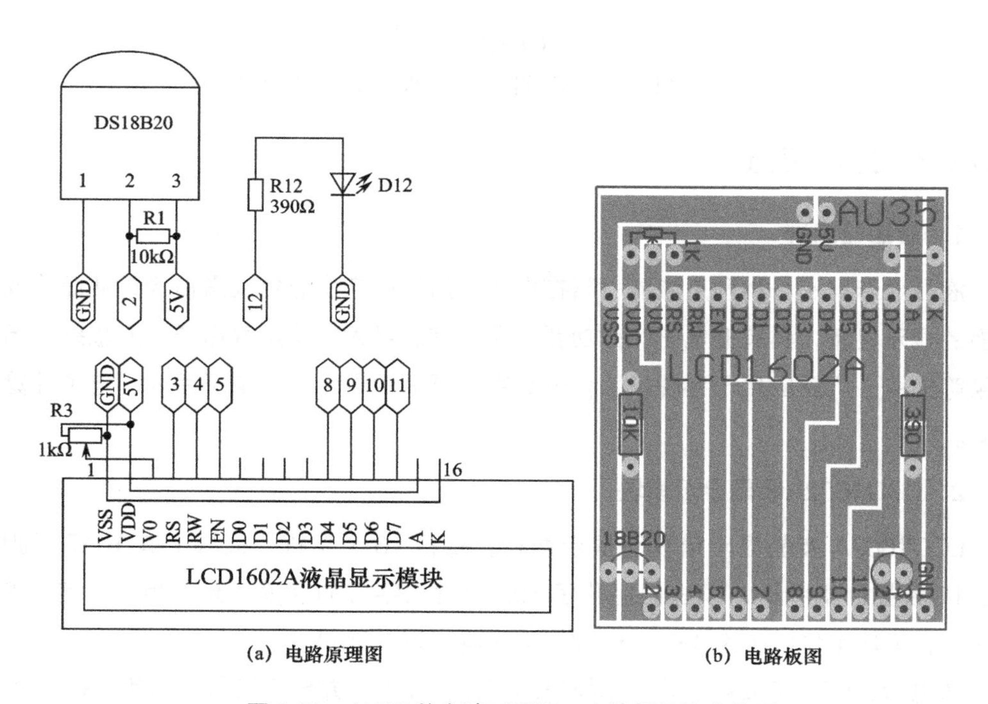

(a) 电路原理图　　(b) 电路板图

图 2.27　AU35 的电路原理图、电路板图和实物图

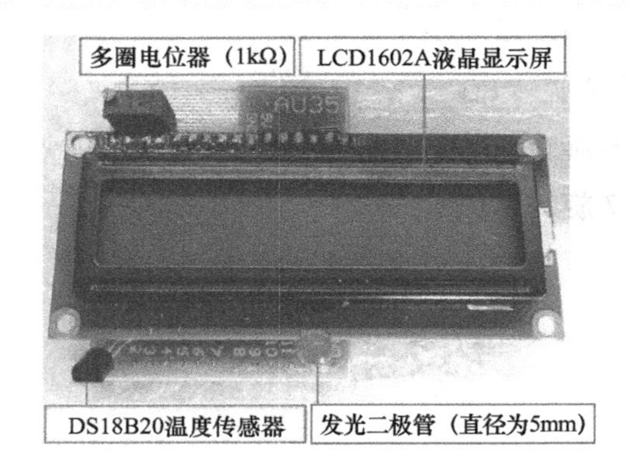

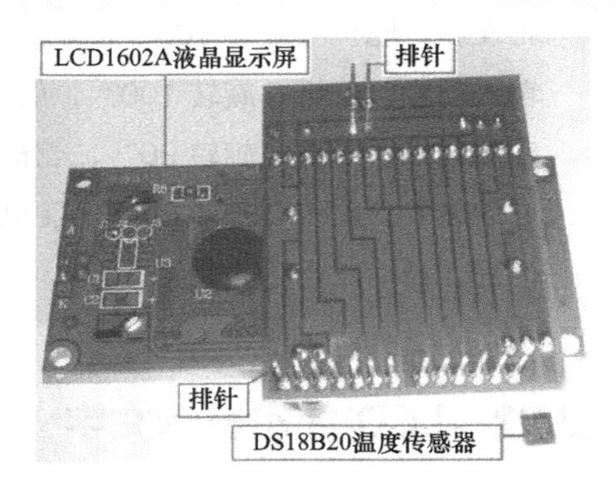

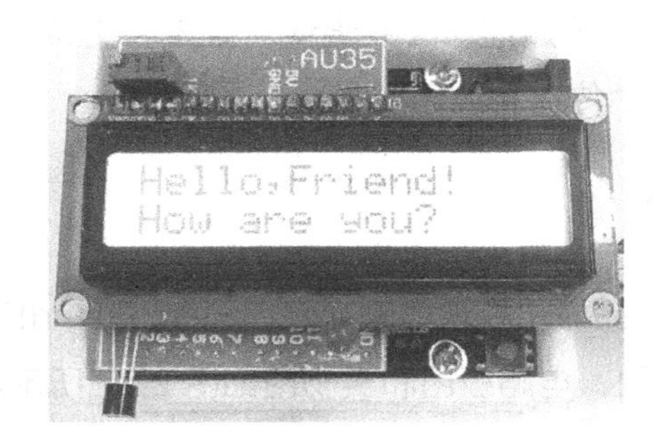

(c) 实物图

图 2.27　AU35 的电路原理图、电路板图和实物图（续）

2.22.2　知识要点

1. 液晶显示屏

液晶显示屏是一种利用液晶材料在电场作用下能产生彩色或黑白像素从而构成画面的显示设备，具有低电压、微功耗、显示信息量大、使用寿命长、无辐射、无污染等优点，广泛应用于各种仪器仪表数字与画面的显示，如电子手表、电子计算器等。

2. LCD1602A液晶显示模块

LCD1602A 液晶显示模块可显示两行，每行 16 个字符，模块上有 16 条引脚线、11 条控制指令码，模块内固化了 192 个常用字符的字模，允许用户自定义 8 个字符，模块工作电压为 4.5 ~ 5.5V，工作电流为 2.0mA。

通电后，LCD1602A 液晶显示模块的背板将发光，并显示出黑色点状字符；如果显示屏不显示任何字符或只显示方块状黑点，需用小型一字螺丝刀调节电路板上的多圈电位器的旋钮，直到出现需要显示的字符为止。

2.22.3　编程要点

1．语句#include <LiquidCrystal.h>

该语句用于定义头文件，LiquidCrystal.h 是液晶显示屏显示函数库。

2．语句LiquidCrystal lcd(3,4,5,8,9,10,11);

该语句表示创建 LiquidCrystal(rs,rw,enable,d4,d5,d6,d7) 类实例 lcd，液晶屏引脚 rs、rw、enable、d4、d5、d6、d7 分别连接 Arduino　Uno 开发板的数字端口 3、4、5、8、9、10、11。rs 引脚是寄存器选择引脚，高电平时选择数据寄存器，低电平时选择指令寄存器。rw 引脚是读 / 写控制引脚，高电平时进行读操作，低电平时进行写操作。当 rs 和 rw 都是低电平时，可以写入指令或者显示地址；当 rs 为低电平、rw 为高电平时，可以读信号；当 rs 为高电平、rw 为低电平时，可以写入数据。enable 引脚是使能控制引脚，当端口由高电平变成低电平时，液晶模块执行命令；反之，不执行。d4、d5、d6、d7 引脚是 4 条数据线引脚。

3．语句lcd.begin(16,2);

该语句表示设定显示屏尺寸为 16 字符 ×2 行。

4．语句lcd.setCursor(0,0);

该语句表示设置光标位置为 (0,0)，即第 0 列第 0 行。(15,0) 表示第 15 列第 0 行，(0,1) 表示第 0 列第 1 行。

5．语句lcd.print("Hello,Friend!");

该语句表示输出字符串“Hello,Friend!”。

语法：

```
lcd.print(data);// 将数据显示在 LCD 上。
```

lcd 表示液晶类型的名称变量，data 表示要显示的数据，可以是 char、byte、int、long 或 string 类型。

语法：

```
lcd.print(data,BASE);// 将数据以数制形式显示在 LCD 上。
```

数制包括 BIN、DEC、OCT、HEX，分别表示将数字以二进制、十进制、八进制、十六进制方式显示出来。

6．LCD1602A液晶显示屏静态显示的编程方法

第一步，定义头文件 LiquidCrystal.h，创建 LiquidCrystal() 类实例。

```
#include <LiquidCrystal.h>
LiquidCrystal lcd(3,4,5,8,9,10,11);
```

第二步，在 setup 函数中设定显示屏尺寸，设置光标位置为 (0,0)，输出字符串“Hello,Friend!”。

```
void setup(){
  lcd.begin(16,2);
  lcd.setCursor(0,0);
  lcd.print("Hello,Friend!");
}
```

2.22.4 程序设计

（1）程序参考

```
#include <LiquidCrystal.h>// 定义头文件 LiquidCrystal.h。
LiquidCrystal lcd(3,4,5,8,9,10,11);
// 创建 LiquidCrystal(rs,rw,enable,d4,d5,d6,d7) 类实例 lcd。
void setup(){
  lcd.begin(16,2);// 设定显示屏尺寸。
  lcd.setCursor(0,0);// 设置光标位置为 (0,0)，即第 0 列第 0 行。
  lcd.print("Hello,Friend!");// 输出字符串 “Hello,Friend!”。
  lcd.setCursor(0,1);// 设置光标位置为 (0,1)，即第 0 列第 1 行。
  lcd.print("How are you?");// 输出字符串 “How are you?”。
}
void loop(){}
```

（2）实验结果

接通电源，LCD1602A 液晶显示模块将显示“Hello,Friend!”“How are you?”。

2.22.5 拓展和挑战

让液晶显示屏上显示“Fine,Wonderful!”“Pretty good!”。

2.23 LCD 动态显示文字

了解了 LCD1602A 液晶显示模块静态显示，下面介绍如何让液晶显示模块显示的字符动起来。比如：让液晶显示模块显示的字符向左滚动，或每隔几秒更新一次显示内容。下面，让我们学习 LCD1602A 液晶显示模块动态显示文字。

2.23.1 实验描述

通电后，液晶显示屏上显示“Hello,Friend!”“How are you?”，延时 3s 后，显示“Fine,Wonderful!”“Pretty good!”。如此循环。

液晶显示屏第 1 行显示“Hello,Friend! How are you?”，第 2 行显示"Fine, Wonderful!Pretty good!"，显示的内容每秒向左滚动一格。

AU35 的电路原理图、电路板图和实物图如图 2.28 所示。

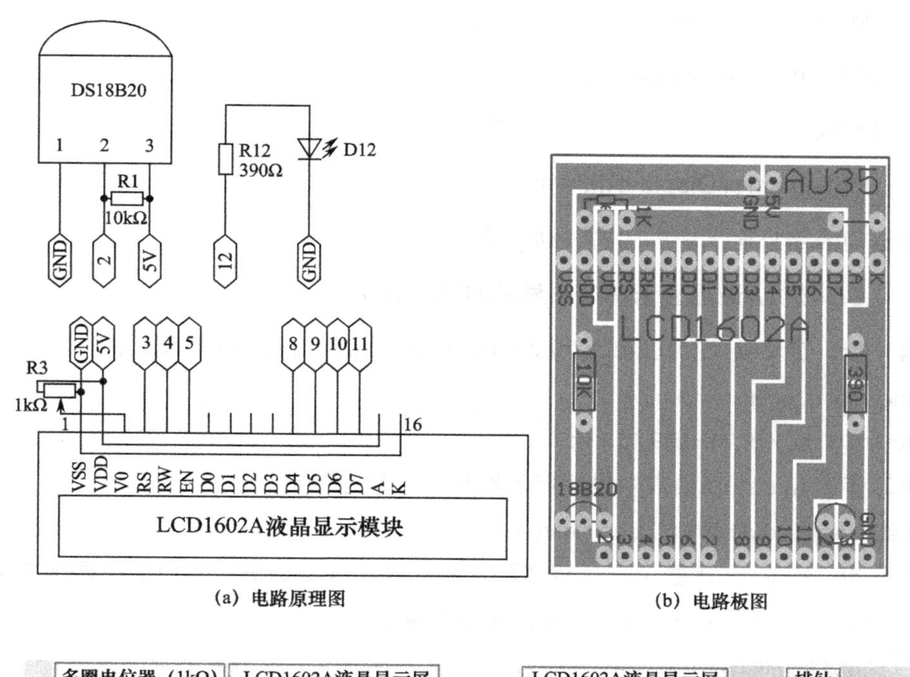

(a) 电路原理图　　(b) 电路板图

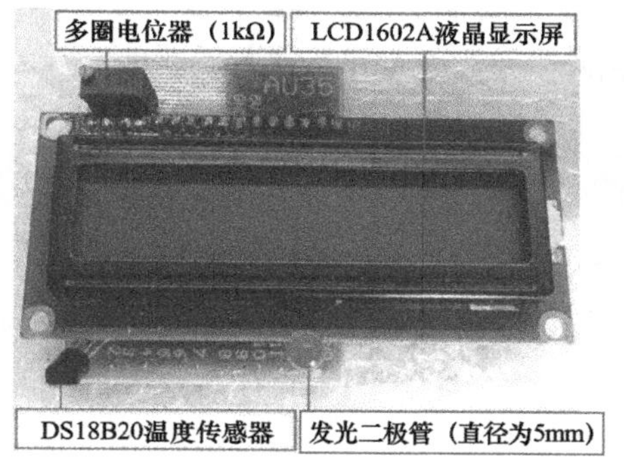

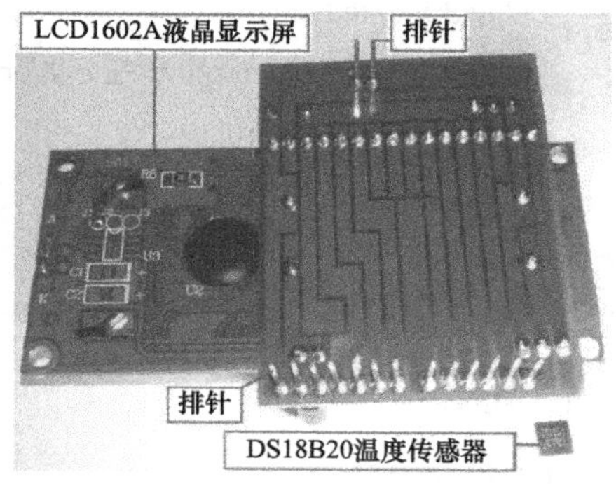

(c) 实物图

图 2.28　AU35 的电路原理图、电路板图和实物图

2.23.2　知识要点

LCD1602A 液晶显示模块有 16 只引脚，第 1 脚 VSS 接地，第 2 脚 VDD 接 5V，第 3 脚 V0 接电位器，调节第 3 脚的电位器，可调节显示字符的对比度，第 4 脚 RS 接数据 / 命令选择信号，第 5 脚 RW 接读 / 写选择信号，第 6 脚 EN 接使能信号，第 7 ~ 14 脚接双向数据传输端口 0 ~ 7，第 15 脚 A 接背光源正极，第 16 脚 K 接背光源负极。

2.23.3 编程要点

1. 语句lcd.clear();

该语句表示清除屏幕，将光标置于左上角。

2. 语句lcd.scrollDisplayLeft();

该语句表示将显示内容向左滚动一格。

3. 语句lcd.scrollDisplayRight();

该语句表示将显示内容向右滚动一格。

4. LCD1602A液晶显示屏动态显示的编程方法

第一步，定义头文件 LiquidCrystal.h，创建 LiquidCrystal() 类实例。

```
#include <LiquidCrystal.h>
LiquidCrystal lcd(3,4,5,8,9,10,11);
```

第二步，在 setup 函数中设定显示屏尺寸，清除屏幕。

```
void setup(){lcd.begin(16,2);lcd.clear();}
```

第三步，在 loop 函数中，运用清除屏幕、显示滚动等语句实现动态显示文字。

```
void loop(){lcd.setCursor(0,0);lcd.print("Hello!Friend!");
  delay(3000);lcd.clear();
  lcd.setCursor(0,0);lcd.print("Fine,Wonderful!");
  delay(3000);lcd.clear();
}
```

2.23.4 程序设计

1. 代码一

（1）程序参考

```
#include <LiquidCrystal.h>// 定义头文件 LiquidCrystal.h。
LiquidCrystal lcd(3,4,5,8,9,10,11);
// 创建 LiquidCrystal(rs,rw,enable,d4,d5,d6,d7) 类实例 lcd。
void setup(){
  lcd.begin(16,2);// 设定显示屏尺寸。
  lcd.clear();// 清除屏幕。
}
void loop(){
  lcd.setCursor(0,0);// 设置光标位置为 (0,0)，即第 0 列第 0 行。
```

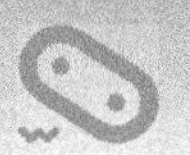

```
    lcd.print("Hello!Friend!");// 输出字符串。
    lcd.setCursor(0,1);// 设置光标位置为 (0,1)，即第 0 列第 1 行。
    lcd.print("How are you?");// 输出字符串。
    delay(3000);// 延时 3000ms。
    lcd.clear();// 清除屏幕。
    lcd.setCursor(0,0);// 设置光标位置为 (0,0)，即第 0 列第 0 行。
    lcd.print("Fine,Wonderful!");// 输出字符串。
    lcd.setCursor(0,1);// 设置光标位置为 (0,1)，即第 0 列第 1 行。
    lcd.print("Pretty good!");// 输出字符串。
    delay(3000);// 延时 3000ms。
    lcd.clear();// 清除屏幕。
}
```

（2）实验结果

接通电源，液晶显示屏上显示“Hello,Friend!”“How are you?”，延时 3s 后，显示“Fine,Wonderful!”“Pretty good!”。如此循环。

2. 代码二

（1）程序参考

```
#include <LiquidCrystal.h>// 定义头文件 LiquidCrystal.h。
LiquidCrystal lcd(3,4,5,8,9,10,11);
// 创建 LiquidCrystal(rs,rw,enable,d4,d5,d6,d7) 类实例 lcd。
void setup(){
    lcd.begin(16,2);// 设定显示屏尺寸。
    lcd.clear();// 清除屏幕。
}
void loop(){
    lcd.setCursor(0,0);// 设置光标位置为 (0,0)，即第 0 列第 0 行。
    lcd.print("Hello!Friend!How are you?");// 输出字符串。
    lcd.setCursor(0,1);// 设置光标位置为 (0,1)，即第 0 列第 1 行。
    lcd.print("Fine,Wonderful!Pretty good!");// 输出字符串。
    lcd.scrollDisplayLeft();// 将显示的内容向左滚动一格。
    delay(1000);// 延时 1000ms。
}
```

（2）实验结果

接通电源，液晶显示屏第 1 行显示“Hello,Friend! How are you?”，第 2 行显示 "Fine,Wonderful!Pretty good!"，显示的内容每秒向左滚动一格。

3. 代码三

（1）程序参考

```
#include<LiquidCrystal.h>// 定义头文件 LiquidCrystal.h。
LiquidCrystal lcd(3,4,5,8,9,10,11);
// 创建 LiquidCrystal(rs,rw,enable,d4,d5,d6,d7) 类实例 lcd。
void setup(){
  lcd.begin(16,2);// 设定显示屏尺寸。
  lcd.setCursor(0,0);// 设置光标位置为 (0,0)，即第 0 列第 0 行。
  lcd.print("Hel1o!Friend!How are you?");// 输出字符串
  lcd.setCursor(0,1);// 设置光标位置为 (0,1)，即第 0 列第 1 行。
  lcd.print("Fine,Wonderful!Pretty good!");// 输出字符串。
}
void loop() {
  lcd.scrollDisplayLeft();// 将显示的内容向左滚动一格。
  delay(1000);// 延时 1000ms。
}
```

（2）实验结果

接通电源，液晶显示屏第 1 行显示“Hello,Friend! How are you?”，第 2 行显示“Fine,Wonderful!Pretty good!”，显示的内容每秒向左滚动一格。

2.23.5 拓展和挑战

液晶显示屏第 1 行显示“Hey,How are you doing?What's happening?”，第 2 行显示“Nothing much. Just looking for a new job.”，显示的内容每秒向左滚动一格。

2.24 LCD 显示计时器

我们还能让液晶显示屏干点儿什么呢？事实上，液晶显示屏还可用于显示时间、计算时间、定时提醒等。

2.24.1 实验描述

接通电源，液晶显示屏将显示“JISHI T=00:00:00,S=000000”，即计时器。

AU35 的电路原理图、电路板图和实物图如图 2.29 所示。

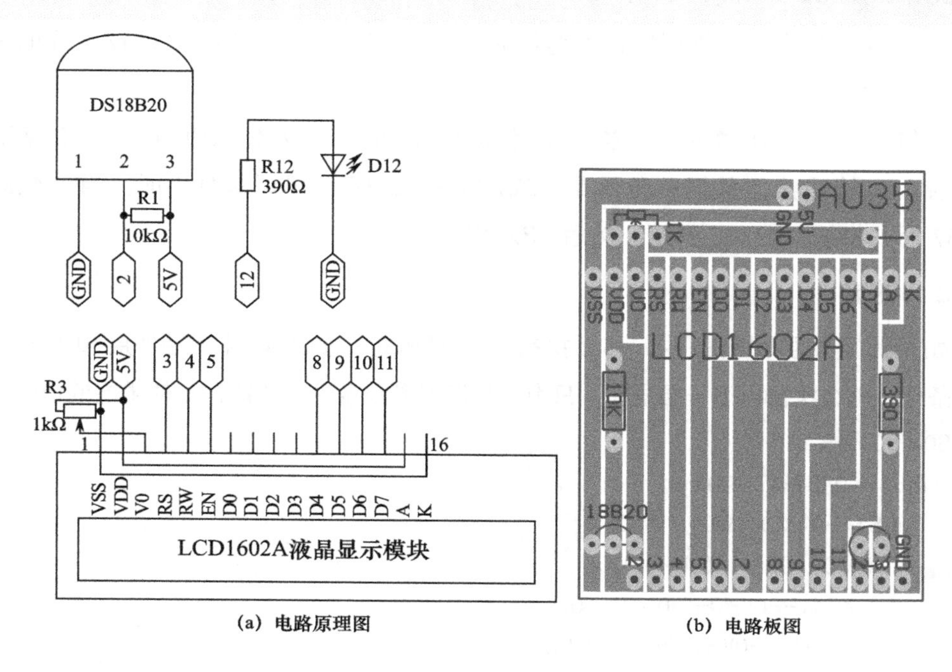

(a) 电路原理图　　(b) 电路板图

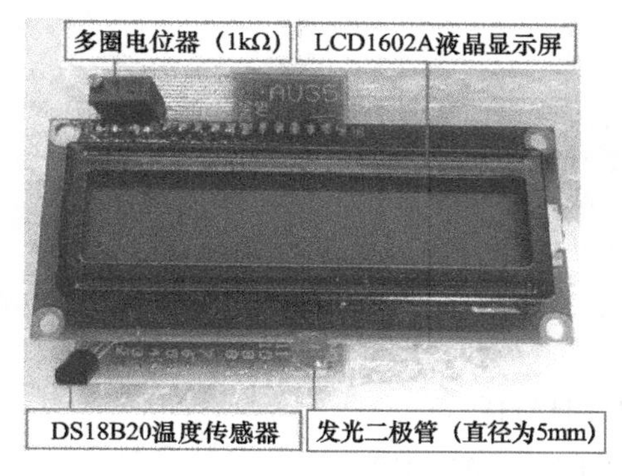

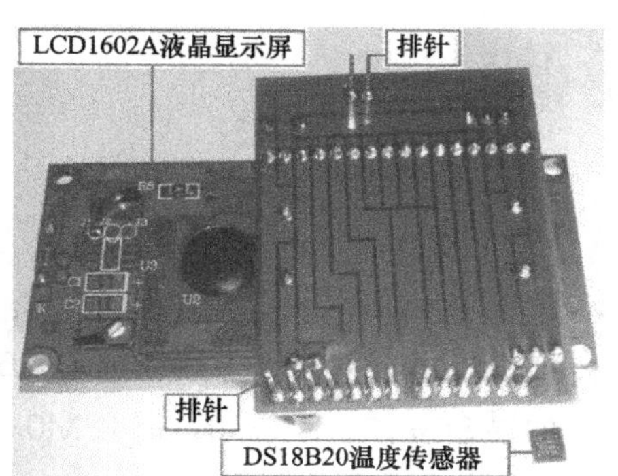

(c) 实物图

图 2.29　AU35 的电路原理图、电路板图和实物图

2.24.2　知识要点

计时器进位制：依据计时器的特点，秒数的个位、分钟数的个位、小时数的个位、小时数的十位进位制为“逢十进一”，秒数的十位、分钟数的十位进位制为“逢六进一”，可采用取模方式实现，如秒数的个位 S0=(S0+1)%10; 秒数的十位 if(S0==0){S1=(S1+1)%6;}。

2.24.3　编程要点

1．语句long Seco=0;与int Seco=0;

语句 long Seco=0; 表示定义长整型变量 Seco(秒数)，初始化赋值为 0，占 4

字节的内存。有符号长整型数据的范围是 –2147483648 ~ 2147483647，可记录 596523 小时。

语句 int Seco=0; 表示定义整型变量 Seco(秒数)，初始化赋值为 0，占 2 字节的内存。有符号整型数据的范围是 –32768 ~ 32767，可记录 9 小时。当计数到 32767 后，将从 –32768 开始，然后 –32767……

2. if嵌套

如果满足外层判断条件，那么执行下一层语句，如果同时满足外层和下一层判断条件，那么执行再下一层语句，只有满足所有判断条件，才能执行最里层的语句。

```
S0=(S0+1)%10;
  if(S0==0){S1=(S1+1)%6;
    if(S1==0){M0=(M0+1)%10;
      if(M0==0){M1=(M1+1)%6;
        if(M1==0){H0=(H0+1)%10;
          if(H0==0){H1=(H1+1)%10;
          }
        }
      }
    }
  }
```

上述语句表示：

如果 S0==0，那么 S1=(S1+1)%6;。

如果 S0==0，S1==0，那么 M0=(M0+1)%10;。

如果 S0==0，S1==0，M0==0，那么 M1=(M1+1)%6;。

如果 S0==0，S1==0，M0==0，M1==0，那么 H0=(H0+1)%10;。

如果 S0==0，S1==0，M0==0，M1==0，H0==0，那么 H1=(H1+1)%10;。

2.24.4 程序设计

（1）程序参考

```
int S0=0;// 定义变量 S0( 秒数的个位 ) 为整型数据，初始化赋值为 0。
int S1=0;// 定义变量 S1( 秒数的十位 ) 为整型数据，初始化赋值为 0。
int M0=0;// 定义变量 M0( 分钟数的个位 ) 为整型数据，初始化赋值为 0。
int M1=0;// 定义变量 M1( 分钟数的十位 ) 为整型数据，初始化赋值为 0。
int H0=0;// 定义变量 H0( 小时数的个位 ) 为整型数据，初始化赋值为 0。
int H1=0;// 定义变量 H1( 小时数的十位 ) 为整型数据，初始化赋值为 0。
long Seco=0;// 定义长整型变量 Seco( 秒数 )，初始化赋值为 0。
#include <LiquidCrystal.h>// 定义头文件 LiquidCrystal.h。
```

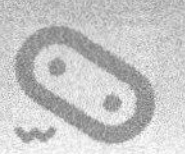

```
LiquidCrystal lcd(3,4,5,8,9,10,11);
// 创建 LiquidCrystal(rs,rw,enable,d4,d5,d6,d7) 类实例 lcd。
void setup(){
  lcd.clear();// 清除屏幕。
  lcd.begin(16,2);// 设定显示屏尺寸。
}
void loop(){
  S0=(S0+1)%10;
  if(S0==0){
    S1=(S1+1)%6;
    if(S1==0){
      M0=(M0+1)%10;
      if(M0==0){
        M1=(M1+1)%6;
        if(M1==0){
          H0=(H0+1)%10;
          if(H0==0){
            H1=(H1+1)%10;
          }
        }
      }
    }
  }
  lcd.setCursor(0,0);// 设置光标位置为 (0,0)。
  lcd.print("JISHI T=");// 输出字符串。
  lcd.setCursor(8,0);// 设置光标位置为 (8,0)。
  lcd.print(H1);// 输出字符串。
  lcd.setCursor(9,0);// 设置光标位置为 (9,0)。
  lcd.print(H0);// 输出字符串。
  lcd.setCursor(10,0);// 设置光标位置为 (10,0)。
  lcd.print(":");// 输出字符串。
  lcd.setCursor(11,0);// 设置光标位置为 (11,0)。
  lcd.print(M1);// 输出字符串。
  lcd.setCursor(12,0);// 设置光标位置为 (12,0)。
  lcd.print(M0);// 输出字符串。
  lcd.setCursor(13,0);// 设置光标位置为 (13,0)。
  lcd.print(":");// 输出字符串。
```

```
    lcd.setCursor(14,0);// 设置光标位置为 (14,0)。
    lcd.print(S1);// 输出字符串。
    lcd.setCursor(15,0);// 设置光标位置为 (15,0)。
    lcd.print(S0);// 输出字符串。
    lcd.setCursor(6,1);// 设置光标位置为 (6,1)。
    lcd.print("S=");// 输出字符串。
    lcd.setCursor(8,1);// 设置光标位置为 (8,1)。
    Seco=Seco+1;// 秒数加 1。
    lcd.print(Seco);// 输出字符串。
    delay(1000);// 延时 1000ms。
}
```

（2）实验结果

接通电源，按下 Arduino Uno 开发板上的复位键，液晶显示屏将显示“JISHI T=00:00:00,S=000000”。

2.24.5 拓展和挑战

接通电源，按下 Arduino Uno 开发板上的复位键，液晶显示屏显示“JISHI T=00:10:00,S=000360”，即显示倒计时时间。倒计时时间到，点亮 LED 灯 D12。

2.25 模拟交通信号灯

交通信号灯对于疏导交通流量、提高道路通行能力、减少交通事故有明显效果。下面，我们编程模拟交通信号灯变换过程。

2.25.1 实验描述

模拟交通信号灯变换过程。

（1）首先东西向绿灯和南北向红灯点亮 10s，然后东西向黄灯和南北向黄灯点亮 3s，接下来东西向红灯和南北向绿灯点亮 10s，最后东西向黄灯和南北向黄灯点亮 3s。如此循环。

（2）首先东西向绿灯和南北向红灯点亮 10s，然后东西向黄灯和南北向黄灯闪亮 3 次，接下来东西向红灯和南北向绿灯点亮 10s，最后东西向黄灯和南北向黄灯闪亮 3 次。如此循环。

AU25 的电路原理图、电路板图和实物图如图 2.30 所示。

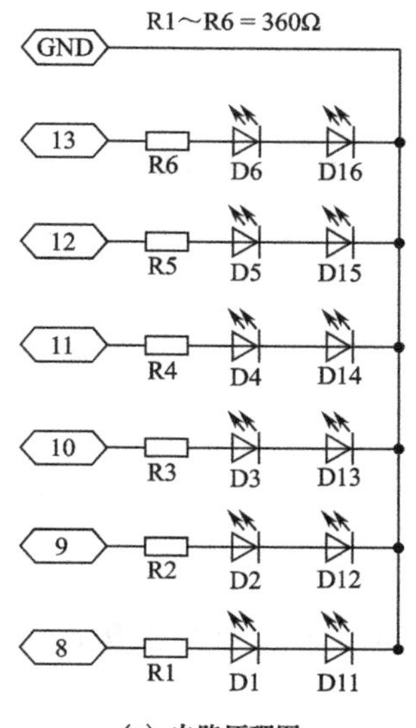

(a) 电路原理图

(b) 电路板图

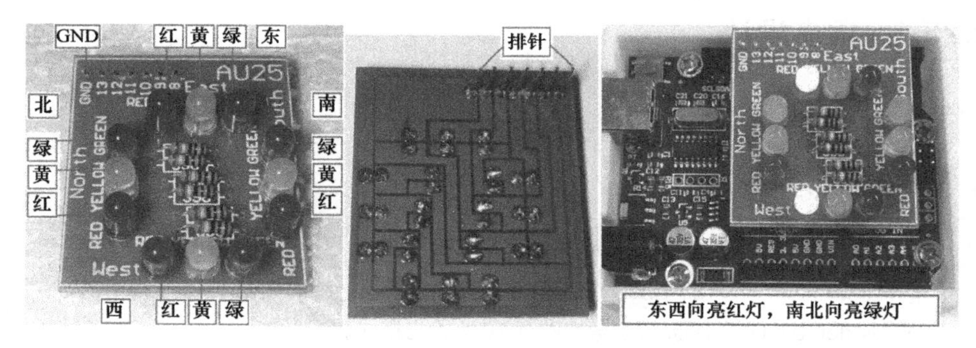

(c) 实物图

图 2.30　AU25 的电路原理图、电路板图和实物图

2.25.2　知识要点

在十字路口，通常会设置 4 组红黄绿交通信号灯，每个人都必须遵循“红灯停，绿灯行”这一交通规则。红黄绿交通信号灯的变换规则如下：东西向为绿灯时，南北向为红灯；东西向为红灯时，南北向为绿灯；红绿灯切换过程中点亮黄灯，给已经越过停止线的行人和车辆通过十字路口的时间。绿灯路口通行时间等于红灯路口等候时间。为减少交通事故，红黄绿交通信号灯广泛应用于各个交通路口，成为指挥交通车辆与行人的常见、有效手段。

2.25.3　编程要点

1. 语句Lights(1,0,0,0,0,1);

该语句表示调用子程序 Lights(1,0,0,0,0,1)，带 6 个变量参数值，对应的 led8

和 led13 为高电平，led9 ~ led12 为低电平。

2．子程序void Lights(){}

```
void Lights(int led8,int led9,int led10,int led11,int led12,int led13){
  digitalWrite(8,led8);
  digitalWrite(9,led9);
  digitalWrite(10,led10);
  digitalWrite(11,led11);
  digitalWrite(12,led12);
  digitalWrite(13,led13);
}
```

该语句表示设置子程序 void Lights(){}，设置 6 个整型变量，用于设置 6 盏灯对应的引脚。

2.25.4　程序设计

1．代码一

（1）程序参考

```
void setup(){
  pinMode(8,OUTPUT);// 设置数字端口 8 为输出模式。
  pinMode(9,OUTPUT);// 设置数字端口 9 为输出模式。
  pinMode(10,OUTPUT);// 设置数字端口 10 为输出模式。
  pinMode(11,OUTPUT);// 设置数字端口 11 为输出模式。
  pinMode(12,OUTPUT);// 设置数字端口 12 为输出模式。
  pinMode(13,OUTPUT);// 设置数字端口 13 为输出模式。
  digitalWrite(8,0);// 东西向绿灯熄灭。
  digitalWrite(9,0);// 东西向黄灯熄灭。
  digitalWrite(10,0);// 东西向红灯熄灭。
  digitalWrite(11,0);// 南北向绿灯熄灭。
  digitalWrite(12,0);// 南北向黄灯熄灭。
  digitalWrite(13,0);// 南北向红灯熄灭。
}
void loop(){
  digitalWrite(8,1);// 东西向绿灯点亮。
  digitalWrite(13,1);// 南北向红灯点亮。
  digitalWrite(9,0);// 东西向黄灯熄灭。
  digitalWrite(12,0);// 南北向黄灯熄灭。
  delay(10000);// 延时 10000ms。
```

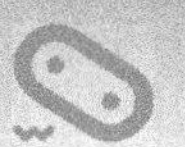

```
    digitalWrite(8,0);// 东西向绿灯熄灭。
    digitalWrite(13,0);// 南北向红灯熄灭。
    digitalWrite(9,1);// 东西向黄灯点亮。
    digitalWrite(12,1);// 南北向黄灯点亮。
    delay(3000);// 延时 3000ms。
    digitalWrite(9,0);// 东西向黄灯熄灭。
    digitalWrite(12,0);// 南北向黄灯熄灭。
    digitalWrite(11,1);// 南北向绿灯点亮。
    digitalWrite(10,1);// 东西向红灯点亮。
    delay(10000);// 延时 10000ms。
    digitalWrite(11,0);// 南北向绿灯熄灭。
    digitalWrite(10,0);// 东西向红灯熄灭。
    digitalWrite(9,1);// 东西向黄灯点亮。
    digitalWrite(12,1);// 南北向黄灯点亮。
    delay(3000);// 延时 3000ms。
}
```

（2）实验结果

首先东西向绿灯和南北向红灯点亮 10s，然后东西向黄灯和南北向黄灯点亮 3s，接下来东西向红灯和南北向绿灯点亮 10s，最后东西向黄灯和南北向黄灯点亮 3s。如此循环。

2. 代码二

（1）程序参考

```
void setup(){
    pinMode(8,OUTPUT);// 设置数字端口 8 为输出模式。
    pinMode(9,OUTPUT);// 设置数字端口 9 为输出模式。
    pinMode(10,OUTPUT);// 设置数字端口 10 为输出模式。
    pinMode(11,OUTPUT);// 设置数字端口 11 为输出模式。
    pinMode(12,OUTPUT);// 设置数字端口 12 为输出模式。
    pinMode(13,OUTPUT);// 设置数字端口 13 为输出模式。
}
void loop(){
    Lights(1,0,0,0,0,1);delay(10000);// 东西向绿灯点亮，南北向红灯点亮。
    Lights(0,1,0,0,1,0);delay(1000);// 东西向黄灯点亮，南北向黄灯点亮。
    Lights(0,0,0,0,0,0);delay(1000);// 东西向黄灯熄灭，南北向黄灯熄灭。
    Lights(0,1,0,0,1,0);delay(1000);// 东西向黄灯点亮，南北向黄灯点亮。
    Lights(0,0,0,0,0,0);delay(1000);// 东西向黄灯熄灭，南北向黄灯熄灭。
```

```
    Lights(0,1,0,0,1,0);delay(1000);// 东西向黄灯点亮，南北向黄灯点亮。
    Lights(0,0,0,0,0,0);delay(1000);// 东西向黄灯熄灭，南北向黄灯熄灭。
    Lights(0,0,1,1,0,0);delay(10000);// 东西向红灯点亮，南北向绿灯点亮。
    Lights(0,1,0,0,1,0);delay(1000);// 东西向黄灯点亮，南北向黄灯点亮。
    Lights(0,0,0,0,0,0);delay(1000);// 东西向黄灯熄灭，南北向黄灯熄灭。
    Lights(0,1,0,0,1,0);delay(1000);// 东西向黄灯点亮，南北向黄灯点亮。
    Lights(0,0,0,0,0,0);delay(1000);// 东西向黄灯熄灭，南北向黄灯熄灭。
    Lights(0,1,0,0,1,0);delay(1000);// 东西向黄灯点亮，南北向黄灯点亮。
    Lights(0,0,0,0,0,0);delay(1000);// 东西向黄灯熄灭，南北向黄灯熄灭。
}
void Lights(int led8,int led9,int led10,int led11,int led12,int led13){
    digitalWrite(8,led8);
    digitalWrite(9,led9);
    digitalWrite(10,led10);
    digitalWrite(11,led11);
    digitalWrite(12,led12);
    digitalWrite(13,led13);
}
```

（2）实验结果

首先东西向绿灯和南北向红灯点亮 10s，然后东西向黄灯和南北向黄灯闪亮 3 次，接下来东西向红灯和南北向绿灯点亮 10s，最后东西向黄灯和南北向黄灯闪亮 3 次。如此循环。

2.25.5 拓展和挑战

首先东西向绿灯和南北向红灯点亮 20s，然后东西向黄灯和南北向黄灯闪亮 5 次，接下来东西向红灯和南北向绿灯点亮 20s，最后东西向黄灯和南北向黄灯闪亮 5 次。如此循环。

2.26 四脚三色 LED 灯

一些大型商厦、广告招牌、高档娱乐场所的门前与建筑物轮廓上都安装有大型动感光带，在漆黑的夜晚可产生彩虹般绚丽的效果，另外，一些车站、广场、商场的建筑上安装有大型户外 LED 显示屏，那些显示屏面积超大（达几十甚至几百平方米）、亮度超强（可在阳光下工作），可长时间连续不断地工作（使用寿命长达 10 万小时），具有防风、防雨、防水功能。你知道吗？它们使用的发光材料是一粒粒可发出红光、绿光、蓝光的四脚三色 LED 灯。

2.26.1　实验描述

通过编程控制共阳极四脚三色 LED 灯产生多种颜色的光。

（1）发红色光 3s，然后熄灭；发绿色光 3s，然后熄灭；发蓝色光 3s，然后熄灭。

（2）发红色光，逐渐变亮然后逐渐变暗；发绿色光，逐渐变亮然后逐渐变暗；发蓝色光，逐渐变亮然后逐渐变暗。

（3）发红色光、绿色光、蓝色光及它们的组合光。

（4）红色光、绿色光、蓝色光的亮度嵌入式逐渐增强。

AU43 的电路原理图、电路板图和实物图如图 2.31 所示。

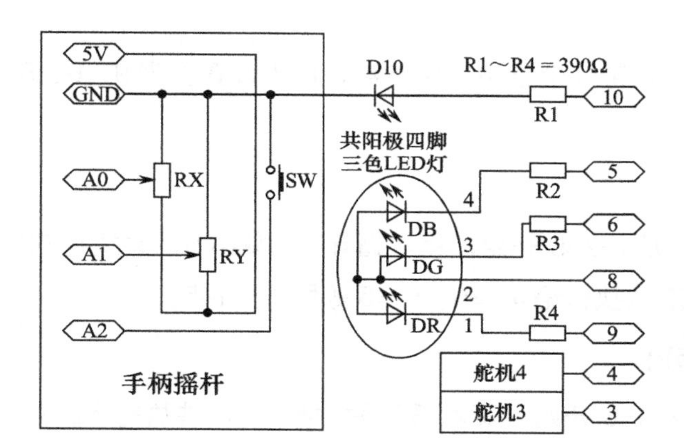

(a) 电路原理图

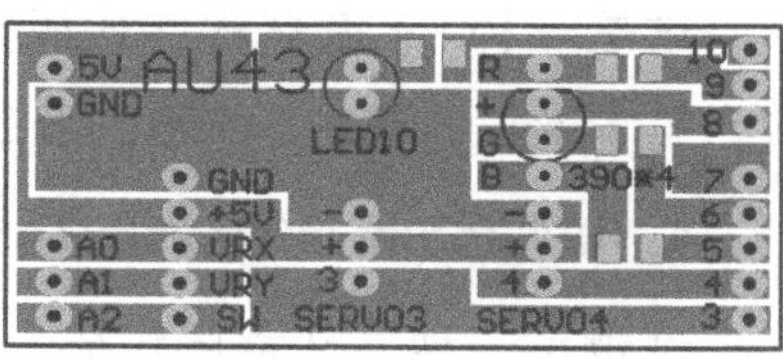

(b) 电路板图

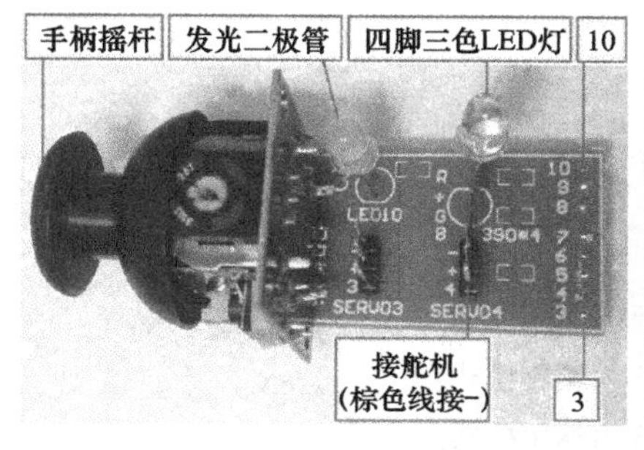

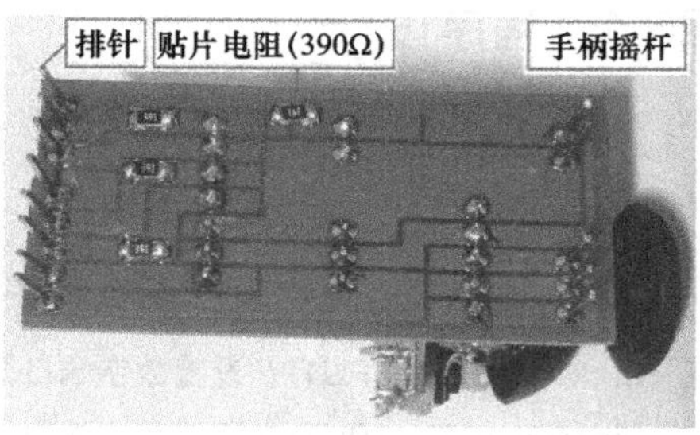

(c) 实物图

图 2.31　AU43 的电路原理图、电路板图和实物图

2.26.2　知识要点

红 (red)、绿 (green)、蓝 (blue) 是光的三原色。研究表明，将这 3 种光线混合可以产生 1600 多万种组合。

2.26.3 编程要点

1. 语句setColor(k,j,i);

该语句表示使用图形屏幕函数显示值为 (k,j,i) 的颜色，带 k、j、i 3 个参数，如 setColor(255,0,0); 表示显示红色光，setColor(255,0,255); 表示显示品红色光。

2. 子程序void setColor(){}

```
void setColor(int red,int green,int blue){
  analogWrite(9,255-red);
  analogWrite(6,255-green);
  analogWrite(5,255-blue);
}
```

该语句表示设置图形屏幕函数，带 3 个整型变量参数，用于设置引脚 9、6、5 的输出模拟值。

3. 语句for(int i=255;i>-1;i-=5){}

这是一种 for 循环程序代码，从 i=255 开始，每次循环后 i 减小 5，共执行 52 次，第 1 次执行语句 i=255，第 52 次执行语句 i=0。i-=5 等同于 i=i-5。

4. 语句for(int i=0;i<256;i+=5){}

这也是一种循环程序代码，从 i=0 开始，每次循环后 i 增加 5，共执行 52 次，第 1 次执行语句 i=0，第 52 次执行语句 i=255。i+=5 等同于 i=i+5。

2.26.4 程序设计

1. 代码一

（1）程序参考

```
void setup(){
  pinMode(5,OUTPUT);// 设置数字端口 5 为输出模式。
  pinMode(6,OUTPUT);// 设置数字端口 6 为输出模式。
  pinMode(8,OUTPUT);// 设置数字端口 8 为输出模式。
  pinMode(9,OUTPUT);// 设置数字端口 9 为输出模式。
  digitalWrite(8,HIGH);// 设置数字端口 8 输出高电平。
}
void loop(){
  digitalWrite(9,0);// 数字端口 9 输出低电平 (LED 灯发红色光 )。
  delay(3000);// 延时 3000ms。
  digitalWrite(9,1);// 数字端口 9 输出高电平。
```

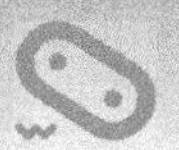

```
    digitalWrite(6,0);// 数字端口 6 输出低电平 (LED 灯发绿色光 )。
    delay(3000);// 延时 3000ms。
    digitalWrite(6,1);// 数字端口 6 输出高电平。
    digitalWrite(5,0);// 数字端口 5 输出低电平 (LED 灯发蓝色光 )。
    delay(3000);// 延时 3000ms。
    digitalWrite(5,1);// 数字端口 5 输出高电平。
}
```

（2）实验结果

LED 灯首先发红色光，持续 3s，然后熄灭；发绿色光，持续 3s，然后熄灭；发蓝色光，持续 3s，然后熄灭。如此循环。

2．代码二

（1）程序参考

```
void setup(){
    pinMode(5,OUTPUT);// 设置数字端口 5 为输出模式。
    pinMode(6,OUTPUT);// 设置数字端口 6 为输出模式。
    pinMode(8,OUTPUT);// 设置数字端口 8 为输出模式。
    pinMode(9,OUTPUT);// 设置数字端口 9 为输出模式。
    digitalWrite(5,HIGH);// 设置数字端口 5 输出高电平。
    digitalWrite(6,HIGH);// 设置数字端口 6 输出高电平。
    digitalWrite(8,HIGH);// 设置数字端口 8 输出高电平。
    digitalWrite(9,HIGH);// 设置数字端口 9 输出高电平。
}
void loop(){
    for(int i=255;i>-1;i-=5){
        analogWrite(9,i);// 数字端口 9 输出的电压值为变量值。
        delay(100);// 延时 100ms。
    }
    for(int i=0;i<256;i+=5){
        analogWrite(9,i);// 数字端口 9 输出的电压值为变量值。
        delay(100);// 延时 100ms。
    }
    for(int i=255;i>-1;i-=5){
        analogWrite(6,i);// 数字端口 6 输出的电压值为变量值。
```

```
    delay(100);// 延时 100ms。
  }
  for(int i=0;i<256;i+=5){
    analogWrite(6,i);// 数字端口 6 输出的电压值为变量值。
    delay(100);// 延时 100ms。
  }
  for(int i=255;i>-1;i-=5){
    analogWrite(5,i);// 数字端口 5 输出的电压值为变量值。
    delay(100);// 延时 100ms。
  }
  for(int i=0;i<256;i+=5){
    analogWrite(5,i);// 数字端口 5 输出的电压值为变量值。
    delay(100);// 延时 100ms。
  }
}
```

（2）实验结果

发红色光，逐渐变亮然后逐渐变暗；发绿色光，逐渐变亮然后逐渐变暗；发蓝色光，逐渐变亮然后逐渐变暗。如此循环。

3. 代码三

（1）程序参考

```
void setup(){
  pinMode(8,OUTPUT);// 设置数字端口 8 为输出模式。
  digitalWrite(8,HIGH);// 设置数字端口 8 输出高电平。
}
void loop(){
  setColor(255,0,0);// 红色。
  delay(3000);// 延时 3000ms。
  setColor(0,255,0);// 绿色。
  delay(3000);// 延时 3000ms。
  setColor(0,0,255);// 蓝色。
  delay(3000);// 延时 3000ms。
  setColor(255,255,0);// 黄色。
  delay(3000);// 延时 3000ms。
  setColor(0,255,255);// 青色。
```

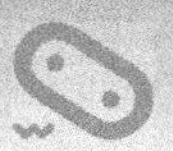

```
    delay(3000);// 延时 3000ms。
    setColor(255,0,255);// 品红色。
    delay(3000);// 延时 3000ms。
    setColor(255,255,255);// 白色。
    delay(3000);// 延时 3000ms。
}
void setColor(int red,int green,int blue){
    analogWrite(9,255-red);// 数字端口 9 输出的电压值为 255-red。
    analogWrite(6,255-green);// 数字端口 6 输出的电压值为 255-green。
    analogWrite(5,255-blue);// 数字端口 5 输出的电压值为 255-blue。
}
```

（2）实验结果

LED 灯首先发红色光，持续 3s，然后发绿色光，持续 3s，接下来发蓝色光，持续 3s，接下来发红绿色混合光（近似于黄色），持续 3s，发绿蓝色混合光（近似于青色），持续 3s，发红蓝色混合光（近似于品红色），持续 3s，最后发红绿蓝色混合光（近似于白色），持续 3s。如此循环。

4. 代码四

（1）程序参考

```
void setup(){
    pinMode(8,OUTPUT);// 设置数字端口 8 为输出模式。
    digitalWrite(8,HIGH);// 设置数字端口 8 输出高电平。
}
void loop(){
    for(int i=0;i<256;i+=50){
        for(int j=0;j<256;j+=50){
            for(int k=0;k<256;k+=50){
                setColor(k,j,i);// 显示颜色值为 (k,j,i)。
                delay(1000);// 延时 1000ms。
            }
        }
    }
}
void setColor(int red,int green,int blue){
    analogWrite(9,255-red);// 数字端口 9 输出的电压值为 255-red。
```

```
    analogWrite(6,255-green);// 数字端口 6 输出的电压值为 255-green。
    analogWrite(5,255-blue);// 数字端口 5 输出的电压值为 255-blue。
}
```

（2）实验结果

LED 灯首先发红色光，每秒增加 50 亮度值，共 5 个亮度等级；然后发绿色光，与红色光混合，每 5s 增加 50 亮度值，共 5 个亮度等级；最后发蓝色光，与红色光和绿色光混合，每 25s 增加 50 亮度值，共 5 个亮度等级。如此循环。

2.26.5 拓展和挑战

首先 LED 灯发红绿色混合光，逐渐变亮然后逐渐变暗；其次 LED 灯发红蓝色混合光，逐渐变亮然后逐渐变暗；最后 LED 灯发绿蓝色混合光，逐渐变亮然后逐渐变暗。如此循环。

2.27 两位数字显示计时器

此前，我们学习了一位共阴极数码管的编程应用，下面，我们学习两位共阴极数码管的编程应用，如两位数字显示计时器。

2.27.1 实验描述

运用两位共阴极数码管计时，示数每秒增加 1。

AU27 的电路原理图、电路板图和实物图如图 2.32 所示。

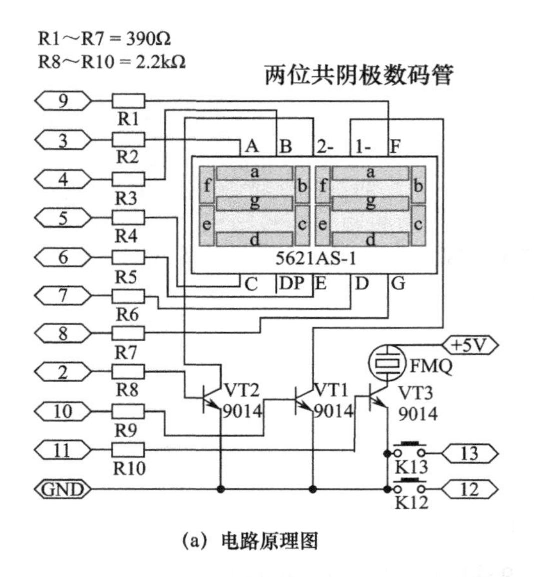

（a）电路原理图

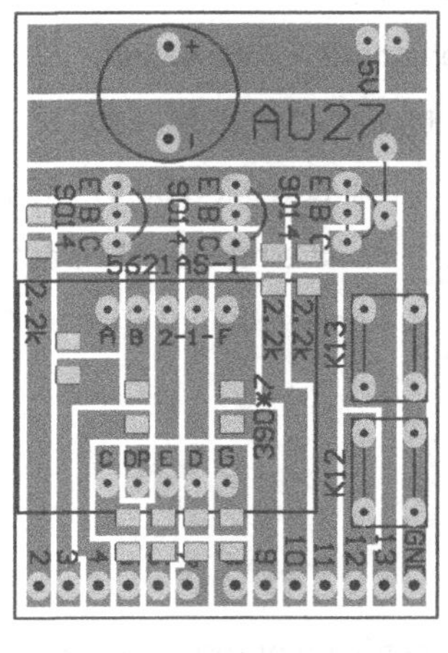

（b）电路板图

图 2.32 AU27 的电路原理图、电路板图和实物图

（c）实物图

图 2.32　AU27 的电路原理图、电路板图和实物图（续）

2.27.2　知识要点

1. 计时器

计时器是利用特定原理来测量时间的装置，如日晷、沙漏、闹钟、自摆钟、石英钟、原子钟等。本实验采用 16MHz 晶体振荡器产生基准频率控制电路中的频率来测量时间。

2. 多位数码管逐位显示

多位数码管逐位显示，即让每位数码管轮流显示，是应用极为广泛的显示方法。由于人的视觉暂留现象及发光二极管的余辉效应，只要刷新频率大于 50Hz，数码管呈现出的数字看起来便十分稳定，没有闪烁感。这是学习 Arduino 编程应知、应会的知识。

3. 逐位显示与秒计时

首先显示个位，持续 10ms，然后显示十位，持续 10ms，重复显示 50 次，所用时间为 50×(10+10)=1000ms，然后个位数字加 1，当个数数字从 9 变为 0 时，十位数字加 1，从而实现“示数每秒增加 1”即秒计时功能。注：如果希望示数每分钟增加 1，只需将重复次数放大 60 倍即可，即将 50 次改为 50×60=3000 次。

4. 消除数码管余辉效应

数码管逐位显示时，有时会出现一些段码存在微弱发光现象，即没有完全熄灭。解决方法如下：在上一位数字显示结束后，让数码管显示的内容全部关闭（不显示任何数字），然后开启数码管显示下一位数字。这也是学习 Arduino 编程应知、应会的知识。

2.27.3 编程要点

两位数字显示的编程方法如下。

第一步，设置数码管引脚对应的数字端口，设置数字 0 ~ 9 对应的段码值，定义整型变量 S1(个位)、S2(十位)，初始化赋值为 0。

第二步，在 setup 函数中设置数字端口 0 ~ 6、9、10 为输出模式。

第三步，在 loop 函数中进行以下 3 项设置。

① 设置逐位显示。

```
digitalWrite(2,0);// 关闭十位数字显示。
digitalWrite(10,1);// 开启个位数字显示。
deal(num[S1]);// 显示个位数字。
delay(10);// 延时 10ms。
digitalWrite(2,1);// 开启十位数字显示。
digitalWrite(10,0);// 关闭个位数字显示。
deal(num[S2]);// 显示十位数字。
delay(10);// 延时 10ms。
```

② 运用 for 循环把逐位显示语句运行 50 次，每次 20ms，运行 50 次需要 1000ms，设置 S1（个位）、S2（十位）的计数关系，实现"示数每秒增加 1"功能。

```
for(int i=0;i<50;i++){ 逐位显示语句 ;}
S1=(S1+1)%10;if(S1==0){S2=(S2+1)%10;}
```

③ 消除数码管余辉效应。

deal(num[10]);// 消除数码管余辉效应。num[10]=0x00=B00000000，数码管引脚对应的数字端口全为 0，对于共阴极数码管，将不显示任何字符。

2.27.4 程序设计

（1）程序参考

```
char ledpin[]={3,4,5,7,6,9,8};
// 设置数码管引脚对应的数字端口。
unsigned char num[11]={
  0x3f,0x06,0x5b,0x4f,0x66,0x6d,0x7d,0x07,0x7f,0x6f,0x00
};
// 设置数字 0 ~ 9 对应的段码值，以及不显示数字对应的段码值。
int S1=0;// 定义整型变量 S1（个位），初始化赋值为 0。
int S2=0;// 定义整型变量 S2（十位），初始化赋值为 0。
void setup(){
```

```
    pinMode(9,OUTPUT);
    pinMode(10,OUTPUT);
    for(int i=0;i<7;i++){
      pinMode(ledpin[i],OUTPUT);// 设置数码管引脚的数字端口为输出模式。
    }
  }
  void loop(){
    S1=(S1+1)%10;
    if(S1==0){
      S2=(S2+1)%10;
    }
    for(int i=0;i<50;i++){
      digitalWrite(2,0);// 关闭十位数字显示。
      digitalWrite(10,1);// 开启个位数字显示。
      deal(num[S1]);// 显示个位数字。
      delay(10);// 延时 10ms。
      deal(num[10]);// 消除数码管余辉效应。
      digitalWrite(2,1);// 开启十位数字显示。
      digitalWrite(10,0);// 关闭个位数字显示。
      deal(num[S2]);// 显示十位数字。
      delay(10);// 延时 10ms。
      deal(num[10]);// 消除数码管余辉效应。
    }
  }
  void deal(unsigned char value){// 子程序 deal，设置无符号字符变量。
    for(int i=0;i<7;i++)
      digitalWrite(ledpin[i],bitRead(value,i));
   // 将变量 value 的第 i 位数据传输给数组 ledpin 对应的第 i 个数字端口。
   // 共阳极数码管使用 !bitRead(value,i)。
  }
```

（2）实验结果

组装并焊接 AU27 电路板，将电路板的排针插入 Arduino Uno 开发板对应的插槽内，接通电源，按一下开发板上的复位键，数码管开始计时，示数每秒增加 1。

2.27.5　拓展和挑战

（1）编写程序，让数码管显示 99 ~ 0，示数每秒减少 1。

提示：将设置数字 0 ~ 9 对应的段码值的顺序倒过来，即 unsigned char

num[11] ={0x6f,0x7f,0x07,0x7d,0x6d,0x66,0x4f,0x5b,0x06,0x3f,0x00};。

（2）编写程序，让数码管显示 0 ~ 99，示数每分钟增加 1。

2.28　两位数字显示倒计时器

我们学习了两位数字显示计时器与倒计时器，那么如何编程设计可设置倒计时时间、能定时提醒的两位数字显示倒计时器呢？

2.28.1　实验描述

用两位共阴极数码管显示数字，2 只轻触开关设定倒计时时间，1 个蜂鸣器发声，实现定时提醒功能。开机后默认倒计时时间为 10 分钟。

AU27 的电路原理图、电路板图和实物图如图 2.33 所示。

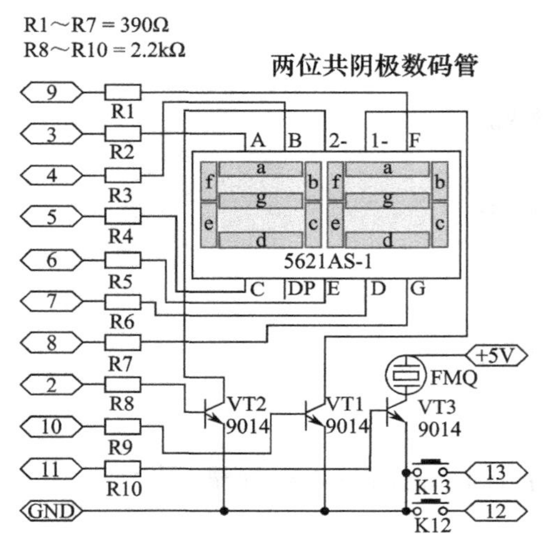

(a) 电路原理图

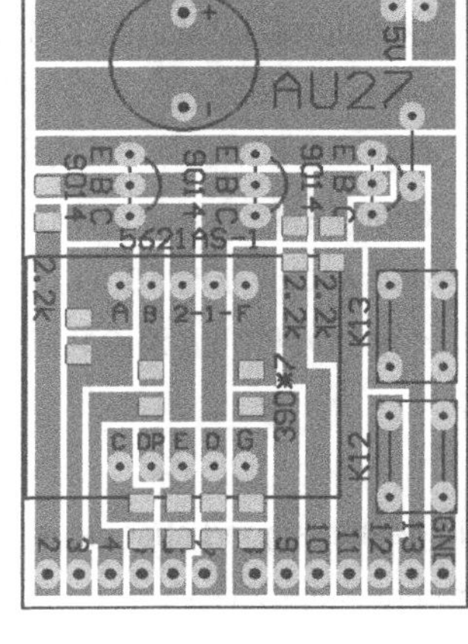

(b) 电路板图

(c) 实物图

图 2.33　AU27 的电路原理图、电路板图和实物图

2.28.2 知识要点

倒计时器是一种倒计时装置，计时时间到，发声提示，具有显示剩余时间、定时提醒功能，多用于重要时刻与重要事件的定时提醒，以免错过，如高考倒计时、限时答题、科学刷牙 333。注：科学刷牙 333 是一种利用倒计时器定时 3 分钟提醒人们刷牙护齿的方法，即提醒人们每天刷牙 3 次，每次饭后 3 分钟开始刷牙，每次刷牙时间为 3 分钟。

本实验所说的倒计时器，最大计时时间为 99 分钟，开机默认倒计时时间为 10 分钟，距离倒计时结束还有 1 分钟的时候，发声提醒 1 次，倒计时结束，提醒 100 次。按键 K13 为计时时间增加键、按键 K12 为计时时间减少键。

2.28.3 编程要点

两位数字显示倒计时器提醒的编程方法如下。

第一步，设置数码管引脚对应的数字端口，设置数字 0 ~ 9 对应的段码值，定义整型变量 S1（个位）、S2（十位）、val（倒计时值），初始化赋值 val=11。

第二步，在 setup 函数中设置数字端口 0 ~ 13 为输出模式，12、13 为输入模式。

第三步，在 loop 函数中进行以下设置。

① 数字每分钟减小 1。

```
if(val==0){
  val=0;
}else{
  val=(val-1)%100;
  S1=(val)%10;
  S2=val/10;
}
```

② 按键减 1。

如果 digitalRead(12)==0，执行 val 减 1 程序。

```
if(val==1){
  val=1;
}else{
  val=(val-1)%100;
  S1=(val)%10;
  S2=val/10;
}// 设置计时时间减少程序。
```

③ 按键加 1。

如果 digitalRead(13)==0，执行 val 加 1 程序。

```
if(val==99){
  val=99;
}else{
  val=(val+1)%100;
  S1=(val)%10;
  S2=val/10;
}// 设置计时时间增加程序。
```

④ 剩余 1 分钟提醒 1 次。

```
if(val==2){
  digitalWrite(11,1);
  delay(1000);
  digitalWrite(11,0);
}// 距离倒计时结束还有 1 分钟，提醒 1 次。
```

⑤ 倒计时结束提醒 100 次。

```
if(val==1){
  for(int i=0;i<100;i++){
    digitalWrite(11,1);
    delay(1000);
    digitalWrite(11,0);
    delay(1000);
  }
}// 倒计时结束，提醒 100 次。
```

⑥ 数字显示。

运用 for 循环语句执行 3000 次，开启个位数字显示，显示个位数字，延时 10ms，消除数码管余辉效应，开启十位数字显示，显示十位数字，延时 10ms，消除数码管余辉效应。

2.28.4 程序设计

（1）程序参考

```
char ledpin[]={3,4,5,7,6,9,8};
```

```
// 设置数码管引脚对应的数字端口。
unsigned char num[11]={
  0x3f,0x06,0x5b,0x4f,0x66,0x6d,0x7d,0x07,0x7f,0x6f,0x00
};
// 设置数字 0 ~ 9 对应的段码值，以及不显示数字对应的段码值。
int S1;// 定义整型变量 S1，存放个位数。
int S2;// 定义整型变量 S2，存放十位数。
int val=11;// 定义整型变量 val，存放倒计时值，初始化赋值为 11。
void setup(){
  pinMode(12,INPUT);// 设置数字端口 12 为输入模式。
  pinMode(13,INPUT);// 设置数字端口 13 为输入模式。
  for(int i=0;i<14;i++){
    pinMode(ledpin[i],OUTPUT);// 设置数字端口 0 ~ 13 为输出模式。
  }
}
void loop(){
  if(val==0){
    val=0;
  }else{
    val=(val-1)%100;
    S1=(val)%10;
    S2=val/10;
  }
  for(int i=0;i<3000;i++){
    digitalWrite(2,0);
    digitalWrite(10,1);
    deal(num[S1]);
    delay(10);
    deal(num[10]);// 消除数码管余辉效应。
    digitalWrite(2,1);
    digitalWrite(10,0);
    deal(num[S2]);
```

```
        delay(10);
        deal(num[10]);// 消除数码管余辉效应。
        digitalWrite(12,1);
        if (digitalRead(12)==0){
          delay(200);
          if(val==1){
            val=1;
          }else{
            val=(val-1)%100;
            S1=(val)%10;
            S2=val/10;
          }
        }
        digitalWrite(13,1);
        if(digitalRead(13)==0){
          delay(200);
          if(val==99){
            val=99;
          }else{
            val=(val+1)%100;
            S1=(val)%10;
            S2=val/10;
          }
        }
      }
      if(val==2){// 距离倒计时结束还有 1 分钟，提醒 1 次。
        digitalWrite(11,1);// 数字端口 11 输出高电平。
        delay(1000);// 延时 1000ms。
        digitalWrite(11,0);// 数字端口 11 输出低电平。
      }
      if(val==1){// 倒计时结束，提醒 100 次。
        for(int i=0;i<100;i++){
```

```
            digitalWrite(11,1);// 数字端口 11 输出高电平。
            delay(1000);// 延时 1000ms。
            digitalWrite(11,0);// 数字端口 11 输出低电平。
            delay(1000);// 延时 1000ms。
        }
    }
}
void deal(unsigned char value){// 子程序 deal，设置无符号字符变量。
  for(int i=0;i<7;i++)
    digitalWrite(ledpin[i],bitRead(value,i));
  // 将变量 value 的第 i 位数据传输给数组 ledpin 对应的第 i 个数字端口。
  // 共阳极数码管使用 !bitRead(value,i)。
}
```

（2）实验结果

组装并焊接 AU27 电路板，将电路板的排针插入 Arduino　Uno 开发板对应的插槽内，接通电源，数码管显示 10，倒计时 9 分钟后，蜂鸣器发出“嘀”的一声，倒计时 10 分钟后，蜂鸣器不停地发出“嘀”“嘀”的声音。倒计时时间可调，按 K12 键，计时时间减少，按 K13 键，计时时间增加。

2.28.5　拓展和挑战

将倒计时器初始化赋值为 40，即倒计时 40 分钟。

2.29　三位数字显示计数器

我们学习了两位数字显示倒计时器的编程控制方法，下面学习三位数字显示计数器的编程控制方法。

2.29.1　实验描述

运用三位共阴极数码管和 1 只轻触开关实现计数器功能。

AU29 的电路原理图、电路板图和实物图如图 2.34 所示。

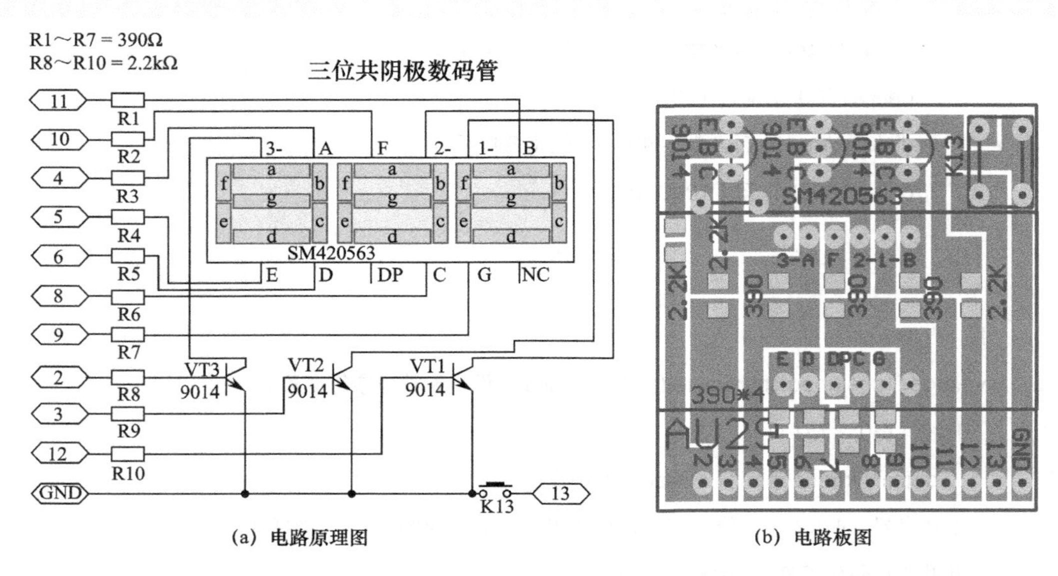

(a) 电路原理图　　　(b) 电路板图

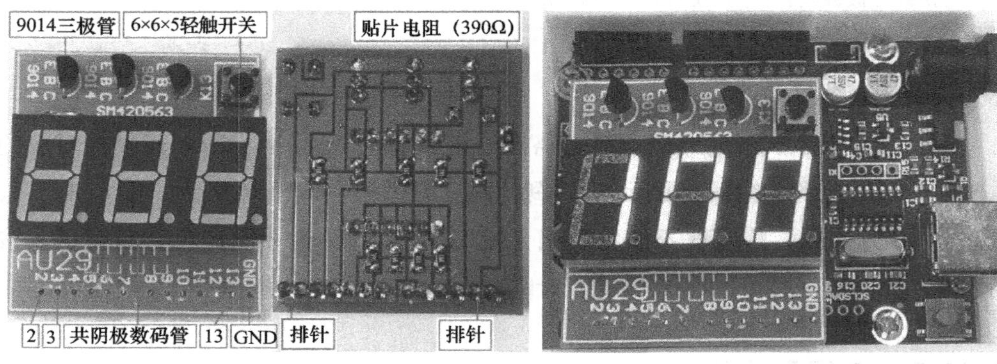

(c) 实物图

图 2.34　AU29 的电路原理图、电路板图和实物图

2.29.2　知识要点

计数器是计算电脉冲个数的装置，通常通过 LCD 屏或 LED 屏显示计数值。

本实验所说的计数器，开机默认值为 0，按下按键 K13，数码管示数加 1，最大计数值为 999。

2.29.3　编程要点

三位数字显示计数器的编程方法如下。

第一步，设置数码管引脚对应的数字端口，设置数字 0 ～ 9 对应的段码值，定义整型变量 S1（个位）、S2（十位）、S3（百位）、val（计数值），初始化赋值 val =0。

第二步，在 setup 函数中设置数字端口 13 为输入模式，设置数字端口 0 ~ 13 为输出模式。

第三步，在 loop 函数中进行以下设置。

① 读取数据。

读取个位数：S1=(val)%10;，如 val=987,S1=(val)%10，余数为 7，即个位数。

读取十位数：S2=(val/10)%10;，如 val=987,val/10 的商为 98，S2=(val/10) %10，val/10 的商除以 10，余数为 8，即十位数。

读取百位数：S3=val/100;，如 val=987,S3=val/100，商为 9，即百位数。

② 数字显示。运用 for 循环语句执行 100 次。

开启个位数字显示，显示个位数字，延时 5ms，消除数码管余辉效应。

开启十位数字显示，显示十位数字，延时 5ms，消除数码管余辉效应。

开启百位数字显示，显示百位数字，延时 5ms，消除数码管余辉效应。

③ 按键加 1。如果已按下按键 K13，消除按键抖动现象，最大计数值为 999。

```
if(val==999){val=999;}else{val=(val+1)%1000;}// 计数值加 1 程序，最大计数值为 999。
```

2.29.4 程序设计

（1）程序参考

```
char ledpin[]={4,11,8,6,5,10,9,};// 设置数码管引脚对应的数字端口。
unsigned char num[11]={
  0x3f,0x06,0x5b,0x4f,0x66,0x6d,0x7d,0x07,0x7f,0x6f,0x00
};
// 设置数字 0 ~ 9 对应的段码值，以及不显示数字对应的段码值。
int S1;// 定义整型变量 S1，存放个位数。
int S2;// 定义整型变量 S2，存放十位数。
int S3;// 定义整型变量 S3，存放百位数。
int val=0;// 定义整型变量 val，存放计数值，初始化赋值为 0。
void setup(){
  pinMode(13,INPUT);// 设置数字端口 13 为输入模式。
  for(int i=0;i<14;i++){
    pinMode(ledpin[i],OUTPUT);// 设置数字端口 0 ~ 13 为输出模式。
  }
}
void loop(){
  for(int i=0;i<100;i++){
```

```
      S1=(val)%10;// 变量 val/10 取余数，读取个位数。
      S2=(val/10)%10;
      // 变量 val/10 取商数后除以 10 取余数，读取十位数。
      S3=val/100;// 变量 val/100 取商数，读取百位数。
      digitalWrite(2,0);digitalWrite(3,0);digitalWrite(12,1);
      deal(num[S1]);delay(5);
      deal(num[10]);// 消除数码管余辉效应。
      digitalWrite(2,0);digitalWrite(3,1);digitalWrite(12,0);
      deal(num[S2]);delay(5);
      deal(num[10]);// 消除数码管余辉效应。
      digitalWrite(2,1);digitalWrite(3,0);digitalWrite(12,0);
      deal(num[S3]);delay(5);
      deal(num[10]);// 消除数码管余辉效应。
      digitalWrite(13,1);
      if(digitalRead(13)==0){// 如果已按下按键 K13，
        delay(200);// 延时 200ms，消除按键抖动现象。
        while(digitalRead(13)==0);// 当数字端口 13 的值为 0 时执行循环语句。
        if(val==999){
          val=999;// 最大计数值为 999。
        }else{
          val=(val+1)%1000;
        }
      }
    }
  }
  void deal(unsigned char value){// 子程序 deal，设置无符号字符型变量。
    for(int i=0;i<7;i++)
      digitalWrite(ledpin[i],bitRead(value,i));
    // 将变量 value 的第 i 位数据传输给数组 ledpin 对应的第 i 个数字端口。
    // 共阳极数码管使用 !bitRead(value,i)。
  }
```

（2）实验结果

接通电源，数码管显示 000，按下按键 K13，数码管示数将增加 1，再次按下按键 K13，数码管示数将再次增加 1，示数最大可增加到 999。

2.29.5 拓展和挑战

倒计数，初始值为 100，按一下按键，数码管示数减 1，直到 0 为止。

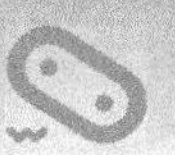

提示：

```
int val=100;// 定义整型变量 val，初始化赋值为 100。
if(val==0){
   val=0;
}else{
   val=(val-1)%1000;
}
```

2.30　16 键电子琴

前面我们学习了编程播放歌曲的方法，下面学习 16 键电子琴的编程方法。这款电子琴能模拟低音 3 ~高音 4 的发声频率，能很好地满足音乐爱好者对音准的要求。

2.30.1　实验描述

通过 16 只轻触开关、1 只喇叭，编程模拟低音 3 ~高音 4 的发声频率，实现 16 键电子琴演奏功能。

AU30 的电路原理图、电路板图和实物图如图 2.35 所示。

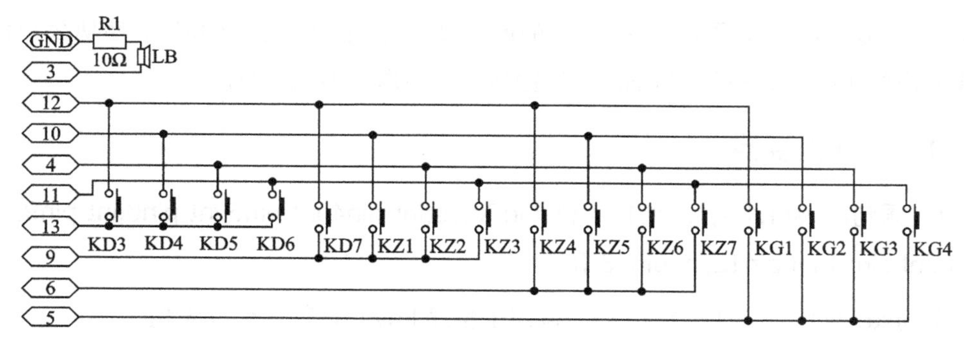

(a) 电路原理图

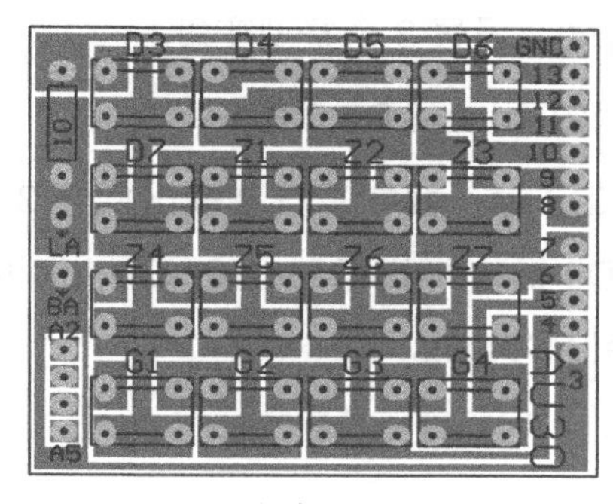

(b) 电路板图

图 2.35　AU30 的电路原理图、电路板图和实物图

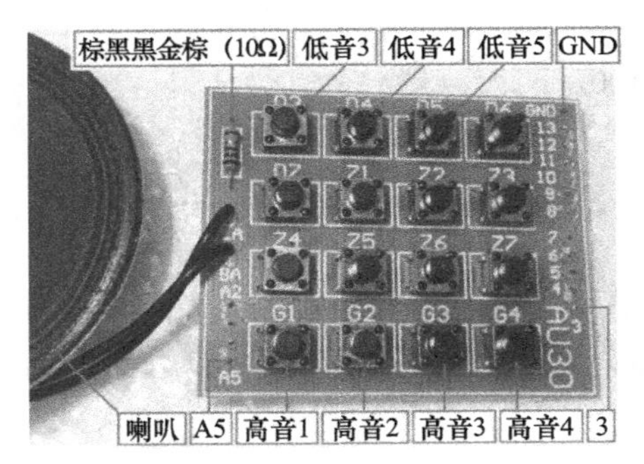

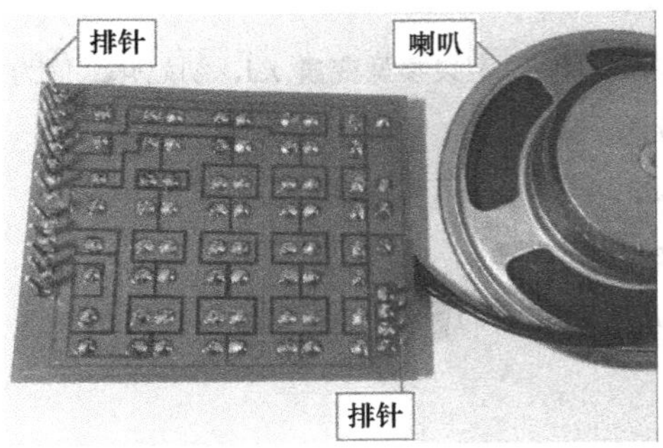

（c）实物图

图 2.35　AU30 的电路原理图、电路板图和实物图（续）

2.30.2　知识要点

电子琴是一种电子键盘乐器，由于外形像钢琴，所以叫它电子琴。电子琴可模仿多种音色，可配节拍伴奏，音量可以自由调节，有的还安装有效果器。现代电子琴一般采取录制乐器原声、通过按键回放原声方式演奏，具有音域较宽、和声丰富、表现力强等优点。

本实验所述的电子琴编程原理是，根据电路原理图，设置数字端口 13 的值为 0，如果数字端口 12 的值为 0，说明按下了按键 KD3，喇叭发出低音 3 的声音（振动频率为 165Hz）；如果数字端口 10 的值为 0，说明按下了按键 KD4，喇叭发出低音 4 的声音（振动频率为 175Hz）；其他按键发声原理照此类推。

2.30.3　编程要点

1．语句keys(1,1,1,1,1,1,1,0);和void keys(int pin4,int pin5,int pin6,int pin9,int pin10,int pin11,int pin12,int pin13){}

语句 keys(1,1,1,1,1,1,1,0); 表示调用子程序 keys()，带 8 个变量值。

语句 void keys(int pin4,int pin5,int pin6,int pin9,int pin10,int pin11,int pin12,int pin13){} 用来设置子程序 keys()，设置 8 个整型变量。

2．语句if(!digitalRead(12)) tone(3,D3,20);

该语句表示如果按下 KD3 键，数字端口 3 输出低音 3 对应的 165Hz 的声音，持续时间为 20ms。按下 KD3 键，digitalRead(12)=0，!digitalRead(12)=1，如果条件为真，那么执行语句 tone(3,D3,20)。

2.30.4　程序设计

（1）程序参考

```
//C 调音高与振动频率。
```

```
#define D3 165// 定义低音 3 的振动频率。
#define D4 175// 定义低音 4 的振动频率。
#define D5 196// 定义低音 5 的振动频率。
#define D6 220// 定义低音 6 的振动频率。
#define D7 247// 定义低音 7 的振动频率。
#define Z1 262// 定义中音 1 的振动频率。
#define Z2 294// 定义中音 2 的振动频率。
#define Z3 330// 定义中音 3 的振动频率。
#define Z4 349// 定义中音 4 的振动频率。
#define Z5 392// 定义中音 5 的振动频率。
#define Z6 440// 定义中音 6 的振动频率。
#define Z7 494// 定义中音 7 的振动频率。
#define G1 523// 定义高音 1 的振动频率。
#define G2 587// 定义高音 2 的振动频率。
#define G3 659// 定义高音 3 的振动频率。
#define G4 698// 定义高音 4 的振动频率。
void setup(){
  for(int i=3;i<14;i++){// 设置数字端口 3 ~ 13 为输出模式。
    pinMode(i,OUTPUT);
  }
  pinMode(12,INPUT);// 设置数字端口 12 为输入模式。
  pinMode(10,INPUT);// 设置数字端口 10 为输入模式。
  pinMode(4,INPUT);// 设置数字端口 4 为输入模式。
  pinMode(11,INPUT);// 设置数字端口 11 为输入模式。
}
void loop(){
  keys(1,1,1,1,1,1,1,0);// 数字端口 13 的值为 0。
  if(!digitalRead(12))tone(3,D3,20);// 按下 KD3 键，数字端口 3 输出 D3 的声音。
  if(!digitalRead(10))tone(3,D4,20);// 按下 KD4 键，数字端口 3 输出 D4 的声音。
  if(!digitalRead(4))tone(3,D5,20);// 按下 KD5 键，数字端口 3 输出 D5 的声音。
  if(!digitalRead(11))tone(3,D6,20);// 按下 KD6 键，数字端口 3 输出 D6 的声音。
  keys(1,1,1,0,1,1,1,1);// 数字端口 9 的值为 0。
  if(!digitalRead(12))tone(3,D7,20);// 按下 KD7 键，数字端口 3 输出 D7 的声音。
  if(!digitalRead(10))tone(3,Z1,20);// 按下 KZ1 键，数字端口 3 输出 Z1 的声音。
  if(!digitalRead(4))tone(3,Z2,20);// 按下 KZ2 键，数字端口 3 输出 Z2 的声音。
  if(!digitalRead(11))tone(3,Z3,20);// 按下 KZ3 键，数字端口 3 输出 Z3 的声音。
```

```
    keys(1,1,0,1,1,1,1,1);// 数字端口 6 的值为 0。
    if(!digitalRead(12))tone(3,Z4,20);// 按下 KZ4 键，数字端口 3 输出 Z4 的声音。
    if(!digitalRead(10))tone(3,Z5,20);// 按下 KZ5 键，数字端口 3 输出 Z5 的声音。
    if(!digitalRead(4))tone(3,Z6,20);// 按下 KZ6 键，数字端口 3 输出 Z6 的声音。
    if(!digitalRead(11))tone(3,Z7,20);// 按下 KZ7 键，数字端口 3 输出 Z7 的声音。
    keys(1,0,1,1,1,1,1,1);// 数字端口 5 的值为 0。
    if(!digitalRead(12))tone(3,G1,20);// 按下 KG1 键，数字端口 3 输出 G1 的声音。
    if(!digitalRead(10))tone(3,G2,20);// 按下 KG2 键，数字端口 3 输出 G2 的声音。
    if(!digitalRead(4))tone(3,G3,20);// 按下 KG3 键，数字端口 3 输出 G3 的声音。
    if(!digitalRead(11))tone(3,G4,20);// 按下 KG4 键，数字端口 3 输出 G4 的声音。
}
void keys(int pin4,int pin5,int pin6,int pin9,int pin10,int pin11,int pin12,int pin13){
    digitalWrite(4,pin4);
    digitalWrite(5,pin5);
    digitalWrite(6,pin6);
    digitalWrite(9,pin9);
    digitalWrite(10,pin10);
    digitalWrite(11,pin11);
    digitalWrite(12,pin12);
    digitalWrite(13,pin13);
}
```

（2）实验结果

组装并焊接 AU30 电路板，将电路板的排针插入 Arduino Uno 开发板对应的插槽内，接通电源，按下按键 KD3 ~ KG4，喇叭发出 C 调低音 3 ~ 高音 4 的声音。

2.30.5 拓展和挑战

将功放小音箱的音频输入线正极连接到 Arduino Uno 开发板的数字端口 3，将音频输入线负极连接到 Arduino Uno 开发板的 GND 端口，电子琴输出声音将更响亮、更悦耳。现在，用这款电子琴弹奏一首你喜爱的音乐吧！

2.31 6 键密码锁

此前，我们学习过六路数字显示抢答器，运用 6 个轻触开关、1 个蜂鸣器和一位共阴极数码管实现了六路抢答功能。其实，该电路还可用于 6 键密码锁，下面，让我们学习 6 键密码锁的编程方法。

2.31.1　实验描述

通过 6 只轻触开关、1 个蜂鸣器和一位共阴极数码管编程模拟密码锁功能。

AU19 的电路原理图、电路板图和实物图如图 2.36 所示。

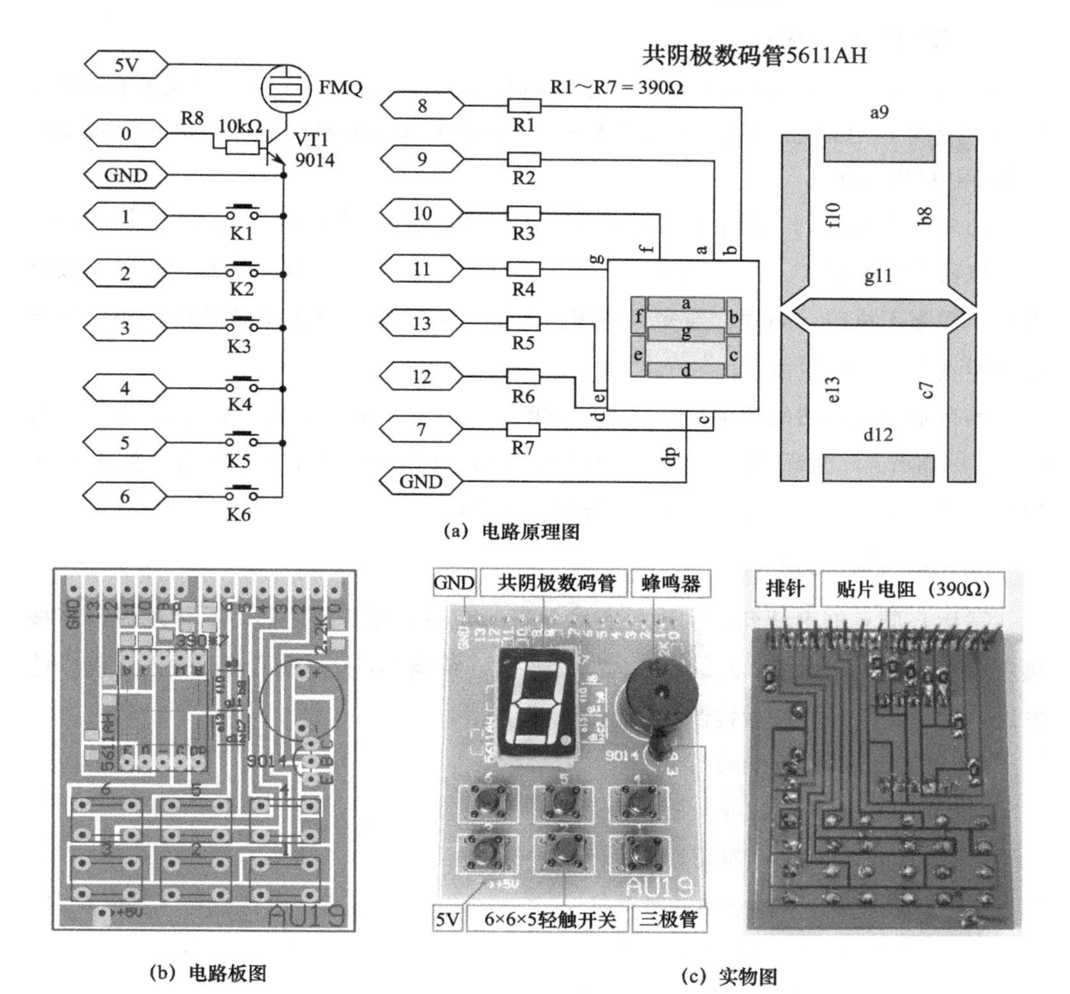

(a) 电路原理图

(b) 电路板图

(c) 实物图

图 2.36　AU19 的电路原理图、电路板图和实物图

2.31.2　知识要点

密码锁是锁的一种，又分为机械密码锁、电子密码锁，开锁时需使用一系列特定的数字或符号，以有效防止盗窃。本实验用到的是电子密码锁。

本实验使用 Arduino Uno 开发板的数字端口 0 ~ 13 共 14 个端口。数字端口 0 控制蜂鸣器，当其值为 1 时，蜂鸣器持续发声；当其值为 0 时，蜂鸣器不发声。数字端口 1 ~ 6 为 6 只按键的输入端，按下按键，端口值为 0；松开按键，端口值为

1。编程时，必须先设置数字端口 1 ~ 6 为高电平。数字端口 7 ~ 13 为数码管显示控制端口。

2.31.3 编程要点

1. 限时判断for循环

for(int j=0;j<10;j++){delay(100);if(digitalRead(1)==0){ 语句 1;}}// 在 1s 内，如果按下按键 1，那么执行语句 1；如果按键错误，那么不执行；如果按键间隔时间超出 1s，那么退出循环。此语句具有限时判断功能。

如果不设置限时功能，6 位密码容易被破解。由于不限时，就可以不断尝试。第 1 位密码肯定是 1 ~ 6 中的某一个，因此，只需按 1 ~ 6 键中的一个即可，按键错误，程序不执行，同理，最多只需再按 5 遍 1 ~ 6 键，就能破解 6 位密码，这显然不能满足实际应用需求。

具有限时判断功能的编程方法是，判断运用 for 循环语句执行 10 次，每次延时时间为 100ms，循环 10 次的时间为 10×100=1000ms=1s，在 1s 内，如果数字端口 1 的值为 0，那么执行语句 1，否则退出循环。

2. 6层if嵌套语句

采用 6 层 if 嵌套语句，实现只有输入正确密码才能开锁功能，具体地说，当按顺序按下按键 1、3、5、2、4、6 时，蜂鸣器连续响 10 次，表示密码输入正确。此方法适用于编写独立按键控制下的密码锁程序。

```
if(digitalRead(1)==0){ 语句 1;
  if(digitalRead(3)==0){ 语句 2;
    if(digitalRead(5)==0){ 语句 3;
      if(digitalRead(2)==0){ 语句 4;
        if(digitalRead(4)==0){ 语句 5;
          if(digitalRead(6)==0){ 语句 6;
          }
        }
      }
    }
  }
}
```

该语句表示如果满足外层判断条件，那么执行下一层语句，如果同时满足外层

和下一层判断条件，那么更进一步执行再下一层语句，只有满足所有判断条件，才能执行最里层语句。

2.31.4　程序设计

（1）程序参考

```
char ledpin[]={9,8,7,12,13,10,11};// 设置数码管引脚对应的数字端口。
unsigned char num[10]={// 设置数字 0 ~ 9 对应的段码值。
  0x3f,0x06,0x5b,0x4f,0x66,0x6d,0x7d,0x07,0x7f,0x6f
};
int i;// 定义整型变量 i。
void setup(){
  for(int i=0;i<14;i++){// 循环执行，从 i=0 开始，到 i=13 结束。
    pinMode(i,OUTPUT);// 设置数字端口 0 ~ 13 为输出模式。
  }
  for(int i=1;i<7;i++){// 循环执行，从 i=1 开始，到 i=6 结束。
    pinMode(i,INPUT);// 设置数字端口 1 ~ 6 为输入模式。
  }
}
void loop(){
  disp(num[0]);// 调用显示子程序 disp，显示数字 0。
  digitalWrite(0,0);// 设置数字端口 0 为低电平。
  digitalWrite(1,1);// 设置数字端口 1 为高电平。
  digitalWrite(2,1);// 设置数字端口 2 为高电平。
  digitalWrite(3,1);// 设置数字端口 3 为高电平。
  digitalWrite(4,1);// 设置数字端口 4 为高电平。
  digitalWrite(5,1);// 设置数字端口 5 为高电平。
  digitalWrite(6,1);// 设置数字端口 6 为高电平。
  if(digitalRead(1)==0){
    disp(num[1]);sound();// 显示数字 1，发声。
    for(int j=0;j<10;j++){
      delay(100);// 延时 100ms。
      if(digitalRead(3)==0){
        disp(num[2]);sound();// 显示数字 2，发声。
        for(int j=0;j<10;j++){
          delay(100);// 延时 100ms。
          if(digitalRead(5)==0){
            disp(num[3]);sound();// 显示数字 3，发声。
```

```
                for(int j=0;j<10;j++){
                  delay(100);// 延时 100ms。
                  if(digitalRead(2)==0){
                    disp(num[4]);sound();// 显示数字 4，发声。
                    for(int j=0;j<10;j++){
                      delay(100);// 延时 100ms。
                      if(digitalRead(4)==0){
                        disp(num[5]);sound();// 显示数字 5，发声。
                        for(int j=0;j<10;j++){
                          delay(100);// 延时 100ms。
                          if(digitalRead(6)==0){
                            disp(num[6]);sound();// 显示数字 6，发声。
                            for(int j=0;j<10;j++){
                              disp(num[0]);sound();// 显示数字 0，发声。
                            }
                          }
                        }
                      }
                    }
                  }
                }
              }
            }
          }
        }
      }
    }
  if(digitalRead(2)==0){
    disp(num[2]);sound();
  }
  if(digitalRead(3)==0){
    disp(num[3]);sound();
  }
  if(digitalRead(4)==0){
    disp(num[4]);sound();
  }
  if(digitalRead(5)==0){
    disp(num[5]);sound();
```

```
    }
    if(digitalRead(6)==0){
      disp(num[6]);sound();
    }
  }
  void disp(unsigned char value){// 显示子程序 disp。
    for(int i=0;i<7;i++)
      digitalWrite(ledpin[i],bitRead(value,i));
    // 将变量 value 的第 i 位数据传输给数组 ledpin 对应的第 i 个数字端口。
    // 共阳极数码管使用 !bitRead(value,i)。
  }
  void sound(){// 发声子程序 sound。
    digitalWrite(0,1);// 数字端口 0 输出高电平。
    delay(200);// 延时 200ms。
    digitalWrite(0,0);// 数字端口 0 输出低电平。
    delay(1000);// 延时 1000ms。
  }
```

（2）实验结果

组装并焊接 AU19 电路板，将电路板的排针插入 Arduino Uno 开发板对应的插槽内，接通电源，数码管显示 0，输入密码“1”，数码管显示 1；接下来输入密码“3”，数码管显示 2；输入密码“5”，数码管显示 3；输入密码“2”，数码管显示 4；输入密码“4”，数码管显示 5；输入密码“6”，数码管显示 6，最后蜂鸣器连续响 10 次，数码管显示 0。如果输入密码错误，数码管显示按键号，随后显示 0。

2.31.5　拓展和挑战

设置电子密码“123654”。

2.32　4×4 矩阵键盘密码锁

我们学习了让 4×4 矩阵键盘模拟发出低音 3 ~ 高音 4 的发声频率，实现 16 键电子琴演奏功能，其实，该款电路稍加改动便可用于 4×4 矩阵键盘密码锁。下面，让我们学习 4×4 矩阵键盘密码锁的编程方法吧！

2.32.1　实验描述

（1）按下某个按键，串口监视器将显示相应的按键名称。

（2）运用 4×4 矩阵键盘设置 6 位密码锁，如接通电源，输入密码“123456”，LED 灯 D13 点亮，5s 后自动熄灭。

AU32 的电路原理图、电路板图和实物图如图 2.37 所示。

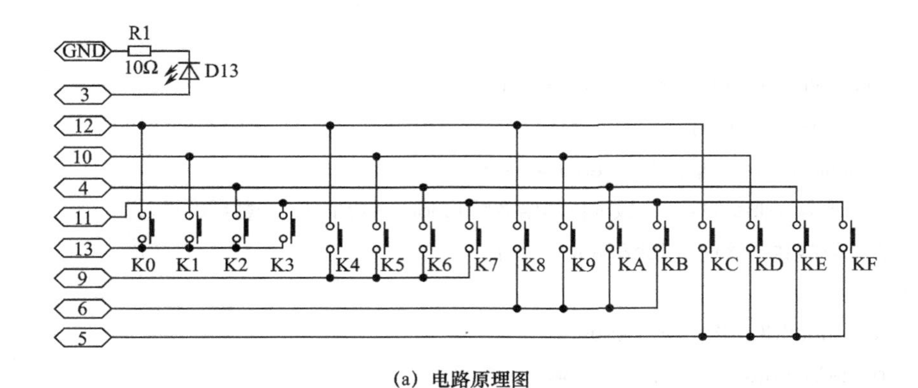

(a) 电路原理图

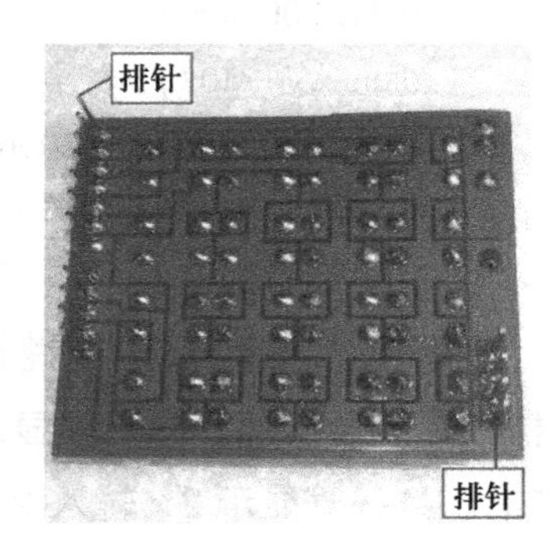

(b) 电路板图　　(c) 实物图

图 2.37　AU32 的电路原理图、电路板图和实物图

2.32.2　知识要点

矩阵键盘是一种排布类似于矩阵的键盘组，每条水平线和垂直线在交叉处不直接连通，而是通过一个按键加以连接，这种接线方法叫矩阵法。矩阵法常用于所需按键数较多的情况，如 8 条线可以构成 4×4=16 个按键。

本实验所述矩阵键盘密码锁为 8 条线构成了 4×4=16 个按键的电子锁，输入正确的密码才能开启，如输入密码“123456”，LED 灯 D13 点亮，5s 后自动熄灭。

2.32.3　编程要点

1．语句Serial.println(key);

该语句表示串口监视器显示变量 key 的值并换行。这里通过串口监视器显示按键值，如果显示的按键值与实际键盘名称不一致，可修改语句 char keys={} 进行校正。

```
char keys[ROWS][COLS]={
  {'0','1','2','3'},// 第 1 行键盘名称。
  {'4','5','6','7'},// 第 2 行键盘名称。
  {'8','9','A','B'},// 第 3 行键盘名称。
  {'C','D','E','F'}// 第 4 行键盘名称。
};// 定义字符类型的 4 行 4 列数组，单引号内的内容表示字符。
```

2．语句#include <Keypad.h>

该语句用来定义头文件 Keypad.h，Keypad.h 是矩阵键盘函数库。

语句 byte rowPins[ROWS]={13,9,6,5}; 表示 4 行键盘连接端口 13、9、6、5。

语句 byte colPins[COLS]={12,10,4,11}; 表示 4 列键盘连接端口 12、10、4、11。

语句 Keypad keypad=Keypad(makeKeymap(keys),rowPins,colPins,ROWS,COLS); 表示设置函数 Keypad 的参数，如果未安装头文件 Keypad.h，那么在编译时，此处将显示错误。

3．语句while(i<6){语句1;}

该语句表示当 i<6 时循环执行语句 1。

语法：

```
while( 逻辑表达式 ){ 语句 1;}// 执行循环语句，直到括号内的逻辑表达式判断为假。
```

4．strncmp函数

strncmp 函数为字符串比较函数，由字符值在 ASCII 码表上的顺序决定字符串的大小。

语法：

```
int strncmp(const char*str1,const char*str2,size_t n);// 比较字符串 str1 和 str2 的前 n 个字符，如果相同，返回值为 0，如果 str1 大于 str2，返回值为正数；如果 str1 小于 str2，返回值为负数。
```

5．矩阵键盘密码锁的编程方法

第一步，读取键盘输入值，password= 键盘输入值。

```
char key=keypad.getKey();// 字符变量 key= 键盘输入值。
if(key){};// 如果字符变量 key 为真，即有按键被按下。
password[i]=key;// 如果 i=0, 表示程序将字符变量 key 输入到字符数组的第 0 位，即最左侧一位。
```

第二步，运用字符串比较函数比较 password 与 mmsn 是否一致，如果一致，表示输入密码正确。

```
if(!strncmp(password,mmsn,6)){ 语句 1;}// 运用字符串比较函数比较 password 与 mmsn 是否一致，如果 password 和 mmsn 的前 6 位差值为 0，即完全相同，!strncmp()=1，那么执行语句 1。
```

2.32.4 程序设计

1. 代码一

（1）程序参考

```
#include <Keypad.h>// 定义头文件 Keypad.h。
const byte ROWS=4;//4 行。
const byte COLS=4;//4 列。
char keys[ROWS][COLS]={
  {'0','1','2','3'},// 第 1 行键盘名称。
  {'4','5','6','7'},// 第 2 行键盘名称。
  {'8','9','A','B'},// 第 3 行键盘名称。
  {'C','D','E','F'}// 第 4 行键盘名称。
};
byte rowPins[ROWS]={13,9,6,5};//4 行键盘连接端口 13、9、6、5。
byte colPins[COLS]={12,10,4,11};//4 列键盘连接端口 12、10、4、11。
Keypad keypad=Keypad(makeKeymap(keys),rowPins,colPins,ROWS,COLS);
// 设置函数 Keypad 的参数。
void setup(){
  Serial.begin(9600);// 打开串口，设置数据传输速率为 9600bps。
}
void loop(){
  char key=keypad.getKey();// 字符变量 key= 键盘输入值。
  if(key){// 如果字符变量 key 为真，即有按键被按下。
    Serial.println(key);// 串口监视器显示变量 key 的值并换行。
  }
}
```

（2）实验结果

代码上传成功后，单击编译器界面工具栏中的“工具”→“串口监视器”命令，按下某个按键，如按键 0，串口监视器将显示按键对应的名称，显示 0。

2. 代码二

（1）程序参考

```
#include <Keypad.h>// 定义头文件 Keypad.h。
char password[6]={'1','1','1','1','1','1'};
```

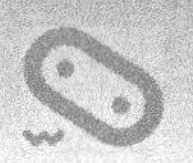

```
char mmsn[6]={'1','2','3','4','5','6'};// 密码为 "123456"。
int i=0;// 定义一个变量 i 为 0。
const byte ROWS=4;//4 行。
const byte COLS=4;//4 列。
char keys[ROWS][COLS]={
  {'0','1','2','3'},// 第 1 行键盘名称。
  {'4','5','6','7'},// 第 2 行键盘名称。
  {'8','9','A','B'},// 第 3 行键盘名称。
  {'C','D','E','F'}// 第 4 行键盘名称。
};
byte rowPins[ROWS]={13,9,6,5};//4 行键盘连接端口 13、9、6、5。
byte colPins[COLS]={12,10,4,11};//4 列键盘连接端口 12、10、4、11。
Keypad keypad=Keypad(makeKeymap(keys),rowPins,colPins,ROWS,COLS);
// 设置函数 Keypad 的参数。
void setup(){
  pinMode(3,OUTPUT);// 设置数字端口 3 为输出模式。
  digitalWrite(3,LOW);// 设置数字端口 3 为低电平。
}
void loop(){
  int i=0;
  while(i<6){// 当 i<6 时循环执行。
    char key=keypad.getKey();// 字符变量 key= 键盘输入值。
    if(key){// 如果字符变量 key 为真，即有按键被按下。
      password[i]=key;//password= 键盘输入值。
      i++;// 键盘输入字符序号加 1。
    }
  }
  if(!strncmp(password,mmsn,6)){
    // 运用字符串比较函数比较 password 与 mmsn 是否一致。
    password[0]='0';// 自动修改字符变量 password 的第 [0] 位值。
    digitalWrite(3,HIGH);// 设置数字端口 3 为高电平。
    delay(5000);// 延时 5000ms。
    digitalWrite(3,LOW);// 设置数字端口 3 为低电平。
  }
```

```
else{
    digitalWrite(3,1);// 数字端口输出高电平。
    delay(200);// 延时 200ms。
    digitalWrite(3,0);// 数字端口输出低电平。
  }
}
```

（2）实验结果

接通电源，输入密码“123456”,LED 灯 D13 点亮，5s 后自动熄灭。

3．代码三

（1）程序参考

```
#include <Keypad.h>// 定义头文件 Keypad.h。
String password_str="111111";
// 设置字符变量 password_str="111111"。
String mmsn_str="123456";
// 设置字符变量 mmsn_str="123456"。
char *password=(char*)password_str.c_str();
char *mmsn=(char*)mmsn_str.c_str();
const byte ROWS=4;//4 行。
const byte COLS=4;//4 列。
char keys[ROWS][COLS]={
  {'0','1','2','3'},// 第 1 行键盘名称。
  {'4','5','6','7'},// 第 2 行键盘名称。
  {'8','9','A','B'},// 第 3 行键盘名称。
  {'C','D','E','F'}// 第 4 行键盘名称。
};
byte rowPins[ROWS]={13,9,6,5};//4 行键盘连接端口 13、9、6、5。
byte colPins[COLS]={12,10,4,11};//4 列键盘连接端口 12、10、4、11。
Keypad keypad=Keypad(makeKeymap(keys),rowPins,colPins,ROWS,COLS);
// 设置函数 Keypad 的参数。
void setup(){
  pinMode(3,OUTPUT);// 设置数字端口 3 为输出模式。
}
void loop(){
  int key_index=0;// 定义整型变量 key_index=0，用于记录键盘输入字符序号。
  while(key_index<sizeof(password_str)){
```

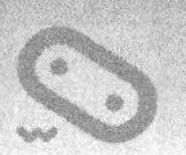

```
        char key=keypad.getKey();// 字符变量 key= 键盘输入值。
        if(key){// 如果字符变量 key 为真，即有按键被按下。
          password[key_index]=key;//password= 键盘输入值。
          key_index++;// 键盘输入字符序号加 1。
        }
      }
      if(!strncmp(password,mmsn,6)){
      // 运用字符串比较函数比较 password 与 mmsn 是否一致。
        digitalWrite(3,1);// 数字端口输出高电平。
        delay(5000);// 延时 5000ms。
        digitalWrite(3,0);// 数字端口输出低电平。
      }else{
        digitalWrite(3,1);// 数字端口输出高电平。
        delay(200);// 延时 200ms。
        digitalWrite(3,0);// 数字端口输出低电平。
      }
    }
```

（2）实验结果

输入密码“123456”，LED 灯 D13 点亮，5s 后自动熄灭。

2.32.5　拓展和挑战

输入密码“654321”,LED 灯 D13 点亮，5s 后自动熄灭。

2.33　四位数字显示器

此前，我们学习过两位数字显示计时器与倒计时器、三位数字显示计数器的编程控制方法，下面学习四位数字显示计时器、计数器、电子时钟的编程方法。

2.33.1　实验描述

四位数字显示器可应用于计时器、计数器、电子时钟。

（1）99 分 59 秒计时器。接通电源，数码管显示 00:00，按一下计时键，开始计时，前两位为分钟数，后两位为秒数，再按一下计时键，停止计时，再按一下计时键，继续计时，如果按一下复位键，数码管显示 00:00，最多可计时 99 分 59 秒。

（2）9999 计数器。接通电源，数码管显示 0000，按一下按键，数字加 1，直到 9999。

（3）电子时钟。接通电源，数码管显示 00:00，第 1 次按下按键，进入分钟数自动加 1 模式，第 2 次按下按键，进入小时数自动加 1 模式，第 3 次按下按键，进入正常时钟模式。如此循环。

AU33 的电路原理图、电路板图和实物图如图 2.38 所示。

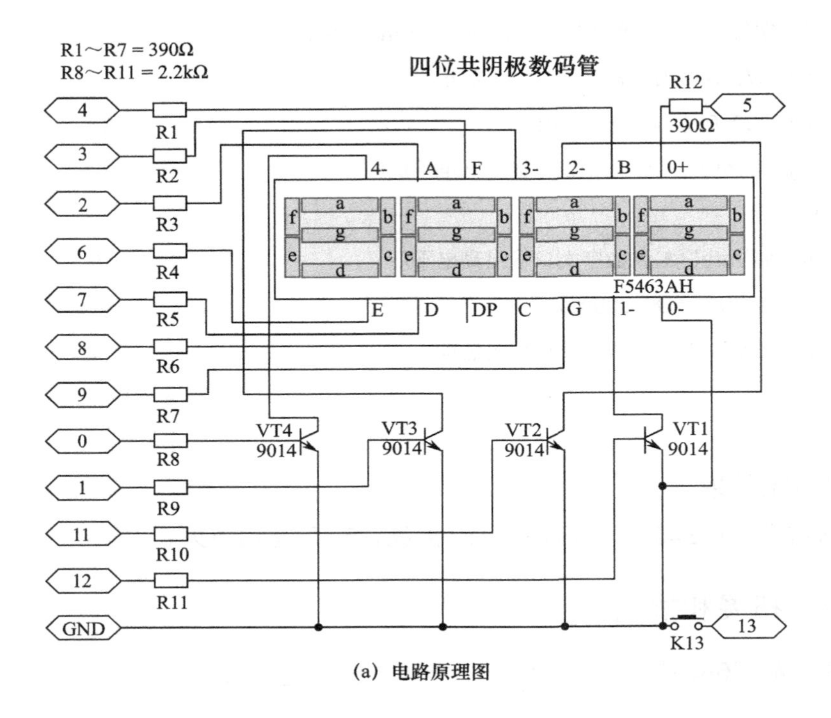

(a) 电路原理图

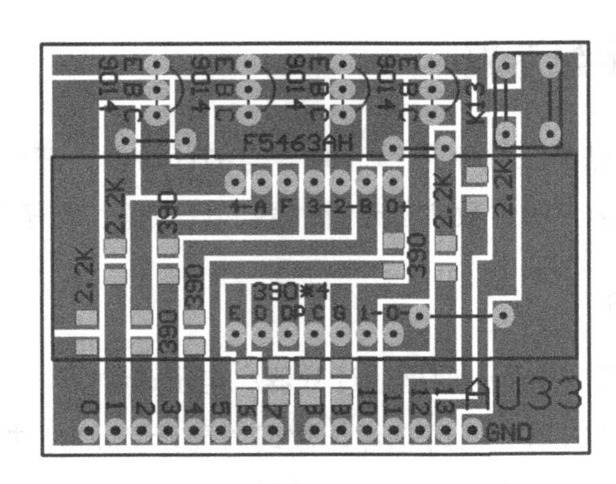

(b) 电路板图

图 2.38　AU33 的电路原理图、电路板图和实物图

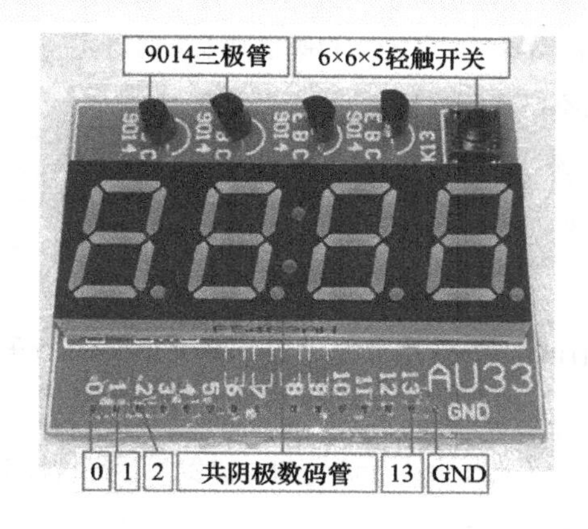

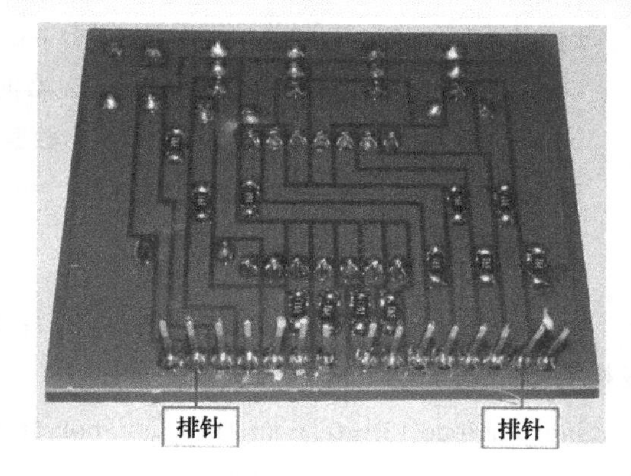

(c) 实物图

图 2.38　AU33 的电路原理图、电路板图和实物图（续）

2.33.2　知识要点

数字时钟是以数字显示取代模拟表盘的钟表，它能同时显示时、分、秒，并能通过按键校准时间。

本实验涉及逐位显示、消除数码管余辉效应、多种运行模式按键切换技术。

2.33.3　编程要点

1. 语句#include "SevSeg.h"

该语句用于定义头文件，SevSeg.h 为数码管函数库，使用前需要安装。安装方法如下：单击 Arduino 软件界面菜单栏中的“项目”→“加载库”→“管理库”命令，在打开的库管理器中输入 SevSeg.h，按回车键，开始搜索 SevSeg.h 的相关链接，选择安装文件后进行安装，重启软件即可使用。

```
byte numDigits=4;// 数码管位数为 4 位。
byte digitPins[]={0,1,11,12};// 数码管公共极引脚连接数字端口。
byte segmentPins[]={2,4,8,7,6,3,9};// 设置数码管引脚 a、b、c、d、e、f、g 连接数字端口。
```

```
byte hardwareConfig=2;// 共阴极数码管公共极接高电平时导通，引脚接高电平时点亮。
sevseg.setNumber(val,-1);// 设置要显示的数据不显示小数点。
sevseg.refreshDisplay();// 数码管刷新显示数据，程序中如有延时将影响显示。
buttonpress=true;// 按键状态为已按下。
```

2．语句runtime=millis();

该语句用于记录当前机器的运行时间，millis 函数用于返回从 Arduino Uno 开发板开始运行到当前的毫秒数。

```
if(digitalRead(13)!=0 and(millis()-runtime)>100 and buttonpress){ 语句 1;}// 如果曾经被按下的按键已抬起的时间距离上次按键时间大于 100ms，那么执行语句 1。
```

2.33.4 程序设计

1．代码一

（1）程序参考

```
int secs=0;// 定义整型变量 secs（秒数）。
int s1=0;// 定义整型变量 s1(秒数的个位)。
int s2=0;// 定义整型变量 s2(秒数的十位)。
int mins=0;// 定义整型变量 mins（分钟数）。
int m1=0;// 定义整型变量 m1(分钟数的个位)。
int m2=0;// 定义整型变量 m2(分钟数的十位)。
bool flag;// 定义布尔变量 flag（模式数）。
char ledpin[]={2,4,8,7,6,3,9};// 设置数码管引脚对应的数字端口。
unsigned char num[10]={// 设置数字 0 ～ 9 对应的段码值。
  0x3f,0x06,0x5b,0x4f,0x66,0x6d,0x7d,0x07,0x7f,0x6f
};
void setup(){
  for(int i=0;i<14;i++){// 循环执行，从 i=0 开始，到 i=13 结束。
    pinMode(i,OUTPUT);// 设置数字端口 0 ～ 13 为输出模式。
  }
  pinMode(13,INPUT);// 设置数字端口 13 为输入模式。
  digitalWrite(5,1);// 点亮分隔符。
}
void loop(){
  scan();// 逐位显示程序。
  if(flag==1){// 如果布尔变量 flag==1，开始计时。
```

```
      secs=(secs+1)%60;// 秒数加 1。
      s1=secs%10;//s1= 秒数的个位。
      s2=secs/10;//s2= 秒数的十位。
      m1=mins%10;//m1= 分钟数的个位。
      m2=mins/10;//m2= 分钟数的十位。
      if(secs==59){// 如果秒数到 59，
        mins=(mins+1)%100;// 分钟数加 1。
      }
    }
}
void disp(unsigned char value){
  for(int i=0;i<7;i++)
    digitalWrite(ledpin[i],bitRead(value,i));
  // 将变量 value 的第 i 位数据传输给数组 ledpin 对应的第 i 个数字端口。
  // 共阳极数码管使用 !bitRead(value,i)。
}
void disp0(){// 显示子程序 disp0，消除数码管余辉效应。
  for(int i=0;i<7;i++)
    digitalWrite(ledpin[i],0);
}
void scan(){// 逐位显示程序。
  for(int j=0;j<49;j++){// 循环执行 49 次。
    digitalWrite(13,1);// 数字端口 13 输出高电平。
    if(digitalRead(13)==0){// 如果数字端口 13 为低电平，
      flag=!flag;// 那么布尔变量取反。
      delay(250);// 延时 250ms。
    }
    digitalWrite(12,1);// 设置数字端口 12 为高电平，打开秒数的个位。
    digitalWrite(11,0);// 设置数字端口 11 为低电平。
    digitalWrite(1,0);// 设置数字端口 1 为低电平。
    digitalWrite(0,0);// 设置数字端口 0 为低电平。
    disp(num[s1]);// 显示秒数的个位。
    delay(5);// 延时 5ms。
    disp0();// 消除数码管余辉效应。
    digitalWrite(12,0);// 设置数字端口 12 为低电平。
```

```
    digitalWrite(11,1);// 设置数字端口 11 为高电平，打开秒数的十位。
    digitalWrite(1,0);// 设置数字端口 1 为低电平。
    digitalWrite(0,0);// 设置数字端口 0 为低电平。
    disp(num[s2]);// 显示秒数的十位。
    delay(5);// 延时 5ms。
    disp0();// 消除数码管余辉效应。
    digitalWrite(12,0);// 设置数字端口 12 为低电平。
    digitalWrite(11,0);// 设置数字端口 11 为低电平。
    digitalWrite(1,1);// 设置数字端口 1 为高电平，打开分钟数的个位。
    digitalWrite(0,0);// 设置数字端口 0 为低电平。
    disp(num[m1]);// 显示分钟数的个位。
    delay(5);// 延时 5ms。
    disp0();// 消除数码管余辉效应。
    digitalWrite(12,0);// 设置数字端口 12 为低电平。
    digitalWrite(11,0);// 设置数字端口 11 为低电平。
    digitalWrite(1,0);// 设置数字端口 1 为低电平。
    digitalWrite(0,1);// 设置数字端口 0 为高电平，打开分钟数的十位。
    disp(num[m2]);// 显示分钟数的十位。
    delay(5);// 延时 5ms。
    disp0();// 消除数码管余辉效应。
  }
}
```

（2）实验结果

此代码运行结果为 99 分 59 秒计时器。接通电源，数码管显示 00:00，按一下计时键，开始计时，前两位为分钟数，后两位为秒数，再按一下计时键，停止计时，再按一下计时按键，继续计时，如果按一下复位键，数码管显示 00:00，最多可计时 99 分 59 秒。

2. 代码二

（1）程序参考

```
#include "SevSeg.h"// 定义头文件 SevSeg.h。
SevSeg sevseg;
byte numDigits=4;// 数码管位数为 4 位。
byte digitPins[]={0,1,11,12};// 数码管公共极引脚连接数字端口。
byte segmentPins[]={2,4,8,7,6,3,9};
// 数码管引脚 a、b、c、d、e、f、g 连接数字端口。
```

```
byte hardwareConfig=2;// 共阴极数码管公共极接高电平时导通，数码管点亮。
int val=0;// 定义整型变量 val=0，用于记录计数值。
bool buttonpress=false;// 定义布尔变量 buttonpress=false，记录按键按下否。
unsigned long runtime;// 定义长整型变量 runtime，记录机器运行时间。
void setup(){
  sevseg.begin(hardwareConfig,numDigits,digitPins,segmentPins);
  // 数码管初始化。
  pinMode(13,OUTPUT);// 设置数字端口 13 为输出模式。
  digitalWrite(13,1);// 数字端口 13 输出高电平。
}
void loop(){
  sevseg.setNumber(val,-1);// 设置要显示的数据不显示小数点。
  sevseg.refreshDisplay();// 数码管刷新显示数据，程序中如有延时将影响显示。
  if(digitalRead(13)==0){// 如果数字端口 13 为低电平，表示按键状态为已按下。
    buttonpress=true;// 按键状态为已按下。
    runtime=millis();// 记录当前机器的运行时间。
    //millis 函数用于返回从 Arduino Uno 开发板开始运行到当前的毫秒数。
  }
  if(digitalRead(13)!=0 and(millis()-runtime)>100 and buttonpress){
    // 如果曾经被按下的按键已抬起的时间距离上次按键时间大于 100ms,
    val=(val+1)%10000;// 整型变量 val 加 1，除以 10000 取余数。
    buttonpress=false;// 恢复按键状态为抬起。
  }
}
```

（2）实验结果

代码运行结果为 9999 计数器。接通电源，数码管显示 0000，按一下按键，计数器示数增加 1，再按一下按键，计数器示数又增加 1。此计数器最多可计数到 9999。

3．代码三

（1）程序参考

```
#include "TimerOne.h"// 定义头文件 TimerOne.h。
int secs=0;// 定义整型变量 secs（秒数）。
int mins=0;// 定义整型变量 mins（分钟数）。
int m1=0;// 定义整型变量 m1( 分钟数的个位 )。
int m2=0;// 定义整型变量 m2( 分钟数的十位 )。
```

```
int hours=0;// 定义整型变量 hours（小时数）。
int h1=0;// 定义整型变量 h1(小时数的个位)。
int h2=0;// 定义整型变量 h2(小时数的十位)。
int flag=0;// 定义整型变量 flag（模式数），初始化赋值为 0。
int mod;// 定义整型变量 mod（扫描显示屏次数）。
unsigned long runtime;// 定义长整型变量 runtime，记录机器运行时间。
char ledpin[]={2,4,8,7,6,3,9};// 设置数码管引脚对应的数字端口。
unsigned char num[10]={// 设置数字 0 ~ 9 对应的段码值。
  0x3f,0x06,0x5b,0x4f,0x66,0x6d,0x7d,0x07,0x7f,0x6f
};
void setup(){
  for(int i=0;i<14;i++){// 循环执行，从 i=0 开始，到 i=13 结束。
    pinMode(i,OUTPUT);// 设置数字端口 0 ~ 13 为输出模式。
  }
  pinMode(13,INPUT);// 设置数字端口 13 为输入模式。
  digitalWrite(5,1);// 点亮分隔符。
  Timer1.initialize(1000000);// 设置定时器中断时间为 1000000μs 即 1s。
  Timer1.attachInterrupt(callback);
// 设置定时器中断服务函数，每发生一次定时器中断，都会执行一次该函数。
}
void callback(){// 中断函数每秒执行一次。
  secs=(secs+1)%60;// 秒数加 1。
  if(secs==00){// 如果秒数到 00，
    mins=(mins+1)%60;// 分钟数加 1。
    if(mins==00){// 如果分钟数到 00，
      hours=(hours+1)%24;// 小时数加 1。
    }
  }
}
void loop(){
  if(flag==0){// 如果运行模式为 0，正常计时。
    mod=50;// 显示小时数和分钟数。
    scan();// 逐位显示程序。
    m1=mins%10;//m1= 分钟数的个位。
    m2=mins/10;//m2= 分钟数的十位。
```

```
        h1=hours%10;//h1= 小时数的个位。
        h2=hours/10;//h2= 小时数的十位。
    }
    if(flag==1){// 如果运行模式为 1，调整分钟数。
        mins=(mins+1)%60;// 分钟数加 1。
        m1=mins%10;//m1= 分钟数的个位。
        m2=mins/10;//m2= 分钟数的十位。
        mod=30;// 显示分钟数每 0.5s 自动加 1。
        scan();// 逐位显示程序。
    }
    if(flag==2){// 如果运行模式为 2，调整小时数。
        hours=(hours+1)%24;// 小时数加 1。
        h1=hours%10;//h1= 小时数的个位。
        h2=hours/10;//h2= 小时数的十位。
        mod=30;// 显示小时数每 0.5s 自动加 1。
        scan();// 逐位显示程序。
    }
}
void disp(unsigned char value){// 显示子程序 disp。
    for(int i=0;i<7;i++)
        digitalWrite(ledpin[i],bitRead(value,i));
    // 将变量 value 的第 i 位数据传输给数组 ledpin 对应的第 i 个数字端口。
    // 共阳极数码管使用 !bitRead(value,i)。
}
void disp0(){// 显示子程序 disp0。
    for(int i=0;i<7;i++)
        digitalWrite(ledpin[i],0);
}
void scan(){// 逐位显示程序。
    for(int j=0;j<mod;j++){// 循环执行 49 次。
        digitalWrite(13,1);// 数字端口 13 输出高电平。
        if(digitalRead(13)==0){// 如果数字端口 13 为低电平，
            delay(250);// 延时 250ms。
            flag=(flag+1)%3;// 运行模式加 1。
            break;// 退出循环。
```

```
    }
    contro(0,0,0,1);// 设置数字端口 12 为高电平，显示分钟数的个位。
    disp(num[m1]);// 显示分钟数的个位。
    delay(5);// 延时 5ms。
    disp0();
    contro(0,0,1,0);// 设置数字端口 11 为高电平，显示分钟数的十位。
    disp(num[m2]);// 显示分钟数的十位。
    delay(5);// 延时 5ms。
    disp0();
    contro(0,1,0,0);// 设置数字端口 1 为高电平，显示小时数的个位。
    disp(num[h1]);// 显示小时数的个位。
    delay(5);// 延时 5ms。
    disp0();
    contro(1,0,0,0);// 设置数字端口 0 为高电平，显示小时数的十位。
    disp(num[h2]);// 显示小时数的十位。
    delay(5);// 延时 5ms。
    disp0();
  }
}
void contro(int pin0,int pin1,int pin11,int pin12){
  // 定义控制位引脚函数。
  digitalWrite(0,pin0);
  digitalWrite(1,pin1);
  digitalWrite(11,pin11);
  digitalWrite(12,pin12);
}
```

（2）实验结果

代码运行结果为电子时钟。接通电源，数码管显示 00:00，第 1 次按下按键，进入分钟数自动加 1 模式，第 2 次按下按键，进入小时数自动加 1 模式，第 3 次按下按键，进入正常时钟模式。如此循环。比如，设置时间 20:35，第 1 次按下按键，让分钟数自动加到 35，第 2 次按下按键，让小时数自动加到 20，第 3 次按下按键，进入正常时钟状态，即当前时间是 20:35。

2.33.5 拓展和挑战

将光电传感器（型号为 E18-D80NK）的 3 条引线连接到 Arduino Uno 开发板上，光电传感器的 VCC 引线连接 Arduino Uno 开发板的端口 5V，光电传感器

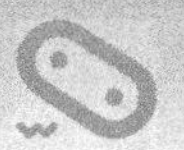

的 OUT 引线连接 Arduino Uno 开发板的端口 13，光电传感器的 GND 引线连接 Arduino Uno 开发板的端口 GND，如图 2.39 所示。

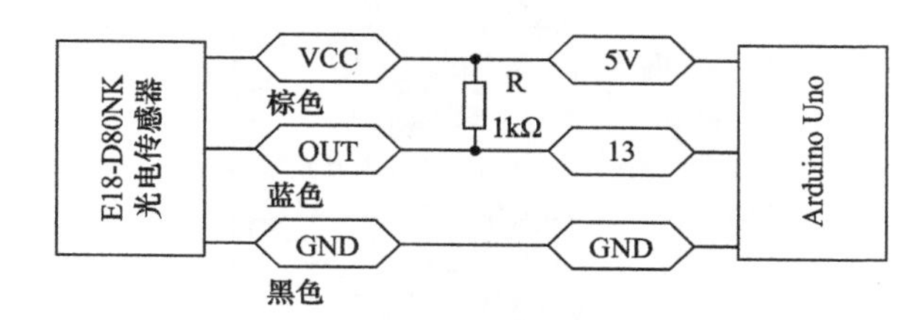

图 2.39　光电传感器

输入 2.33.4 节的代码二，可用于非接触类计数场合。

2.34　六位数字显示时钟

我们学习了四位数字显示计时器、计数器、电子时钟的编程方法，下面学习六位数字显示时钟的编程方法。

2.34.1　实验描述

运用六位数码管显示时、分、秒，通过按键设置并校准时间。

AU34 的电路原理图、电路板图和实物图如图 2.40 所示。

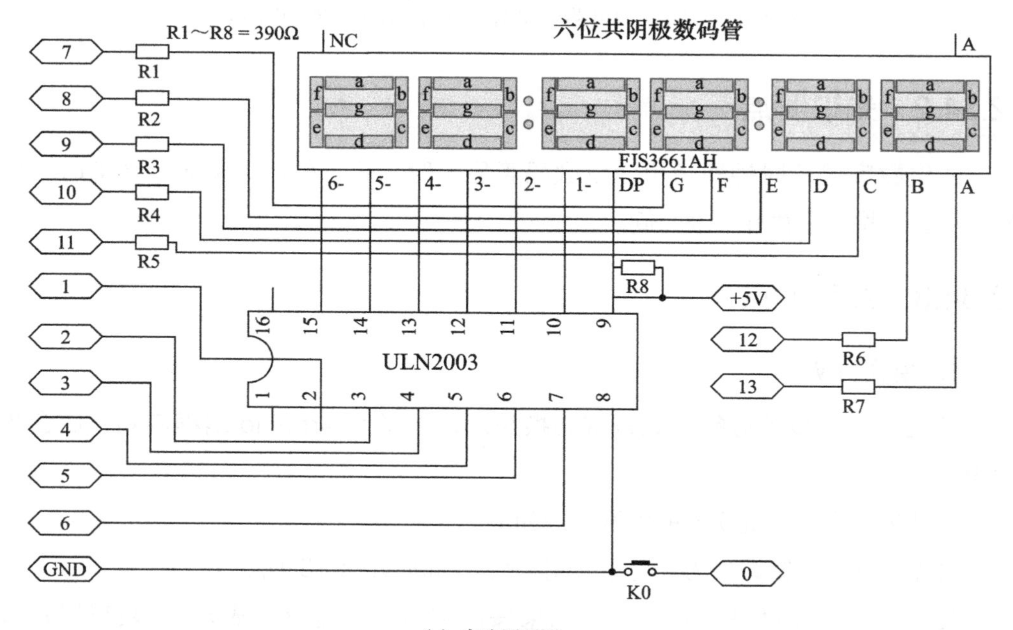

(a) 电路原理图

图 2.40　AU34 的电路原理图、电路板图和实物图

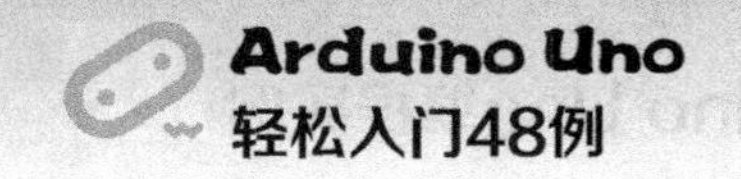

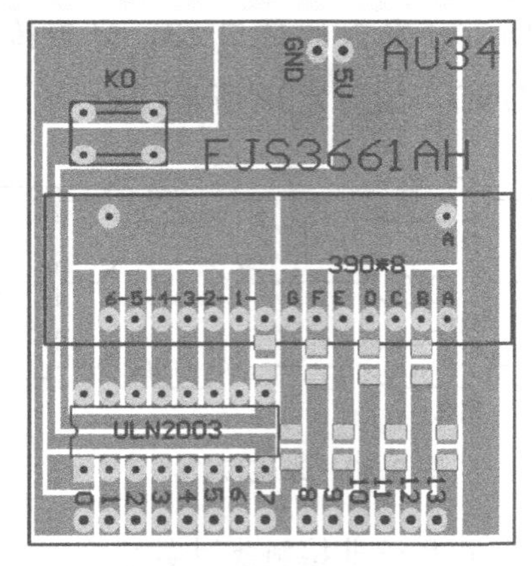

(b) 电路板图

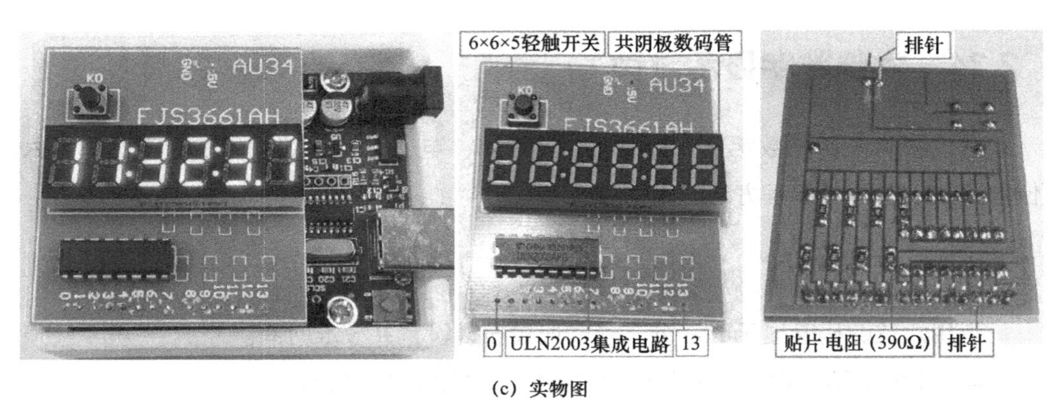

(c) 实物图

图 2.40　AU34 的电路原理图、电路板图和实物图（续）

2.34.2　知识要点

六位数字显示时钟即运用六位数码管显示时、分、秒，用于显示当前时间信息，可通过按键设置并校准时间。

2.34.3　编程要点

1. 模式切换

模式切换即多种运行模式按键切换技术，是学习 Arduino 编程应知、应会的知识。

多种运行模式按键切换的编程方法如下。

首先，设置按键端口为高电平，用语句 digitalWrite(13,1);。

其次，判断按键是否被按下，如果按键端口为低电平，表示按键已被按下，那么运行模式加 1，为避免切换速度过快，延时 250ms，最后退出循环，用语句

if(digitalRead(0)==0){delay(250);flag=(flag+1)%3;break;}。

本实验为六位数字显示时钟，运行模式 1 为分钟数自动加 1 模式，运行模式 2 为小时数自动加 1 模式，运行模式 3 为正常时钟模式。

2．消除共阴极数码管余辉效应

void disp0(){for(int i=0;i<7;i++)digitalWrite(ledpin[i],0);}// 显示子程序 disp0，让数码管各引脚清零，对于共阴极数码管，将不显示任何数字，即消除数码管余辉效应。

3．定时器与中断函数

Arduino 定时器包含定时器 / 计数器 0（8 位，计数范围为 0 ~ 255）、定时器 / 计数器 1（16 位，计数范围为 0 ~ 65535）、定时器 / 计数器 2（8 位）共 3 个。中断即暂时停止当前事件 1，去执行或处理事件 2(中断响应和中断服务)，将事件 2 处理完毕，再回到原来的事件 1 继续执行（中断返回）。定时器中断是指运用定时器来让中断定时发生，用于精确控制时间。

Timer1.initialize(1000000);// 设置定时器中断时间为 1000000 μs 即 1s。

Timer1.attachInterrupt(callback);// 设置定时器中断服务函数，每发生一次定时器中断，都会执行一次该函数。

void callback(){secs0=(secs0+1)%60;}// 中断函数每秒执行一次，执行后秒数加 1。

2.34.4　程序设计

（1）程序参考

```
#include "TimerOne.h"// 加载的头文件。
int secs=0;// 定义整型变量 secs（秒数）。
int s1=0;// 定义整型变量 s1(秒数的个位)。
int s2=0;// 定义整型变量 s2(秒数的十位)。
int mins=0;// 定义整型变量 mins（分钟数）。
int m1=0;// 定义整型变量 m1(分钟数的个位)。
int m2=0;// 定义整型变量 m2(分钟数的十位)。
int hours=0;// 定义整型变量 hours（小时数）。
int h1=0;// 定义整型变量 h1(小时数的个位)。
int h2=0;// 定义整型变量 h2(小时数的十位)。
int flag=0;// 定义整型变量 flag（模式），初始化赋值为 0。
int mod;// 定义整型变量 mod（扫描显示屏次数）。
char ledpin[]={13,12,11,10,9,8,7};// 设置数码管引脚对应的数字端口。
unsigned char num[10]={// 设置数字 0 ~ 9 对应的段码值。
  0x3f,0x06,0x5b,0x4f,0x66,0x6d,0x7d,0x07,0x7f,0x6f
```

```
};
void setup(){
  for(int i=0;i<14;i++){// 循环执行，从 i=0 开始，到 i=13 结束。
    pinMode(i,OUTPUT);// 设置数字端口 0 ~ 13 为输出模式。
  }
  pinMode(0,INPUT);// 设置数字端口 0 为输入模式。
  Timer1.initialize(1000000);// 设置定时器中断时间为 1000000 μs 即 1s。
  Timer1.attachInterrupt(callback);// 设置定时器中断服务函数，每发生一次定时器中断，都
会执行一次该函数。
}
void callback(){// 中断函数每秒执行一次。
  secs=(secs+1)%60;// 秒钟数加 1。
  if(secs==0){// 如果秒数和毫秒数到 00，
    mins=(mins+1)%60;// 分钟数加 1。
    if(mins==0){// 如果分钟数、秒钟数和毫秒数到 00，
      hours=(hours+1)%24;// 小时数加 1。
    }
  }
}
void loop(){
  if(flag==0){// 如果运行模式为 0，正常计时。
    mod=50;// 显示小时数和分钟数。
    scan();// 逐位显示程序。
    s1=secs%10;//s1= 秒数的个位。
    s2=secs/10;//s2= 秒数的十位。
    m1=mins%10;//m1= 分钟数的个位。
    m2=mins/10;//m2= 分钟数的十位。
    h1=hours%10;//h1= 小时数的个位。
    h2=hours/10;//h2= 小时数的十位。
  }
  if(flag==1){// 如果运行模式为 1，调整分钟数。
    mins=(mins+1)%60;// 分钟数加 1。
    m1=mins%10;//m1= 分钟数的个位。
    m2=mins/10;//m2= 分钟数的十位。
```

```
        mod=30;// 显示分钟数每 0.5s 自动加 1。
        scan();// 逐位显示程序。
    }
    if(flag==2){// 如果运行模式为 2，调整小时数。
        hours=(hours+1)%24;// 小时数加 1。
        h1=hours%10;//h1= 小时数的个位。
        h2=hours/10;//h2= 小时数的十位。
        mod=30;// 显示小时数每 0.5s 自动加 1。
        scan();// 逐位显示程序。
    }
}
void disp(unsigned char value){// 显示子程序 disp。
    for(int i=0;i<7;i++)
        digitalWrite(ledpin[i],bitRead(value,i));
    // 将变量 value 的第 i 位数据传输给数组 ledpin 对应的第 i 个数字端口。
    // 共阳极数码管使用 !bitRead(value,i)。
}
void disp0(){// 显示子程序 disp0，消除数码管余辉效应。
    for(int i=0;i<7;i++)
        digitalWrite(ledpin[i],0);
}
void scan(){
    for(int j=0;j<mod;j++){// 循环执行 49 次。
        digitalWrite(0,1);// 数字端口 0 输出高电平。
        if(digitalRead(0)==0){// 如果数字端口 0 为低电平，
            delay(250);// 延时 250ms，避免切换速度过快。
            flag=(flag+1)%3;// 运行模式加 1。
            break;// 退出循环。
        }
        contro(0,0,0,0,0,1);// 设置数字端口 6 为高电平，显示秒数的个位。
        disp(num[s1]);// 显示秒数的个位。
        delay(3);// 延时 3ms。
        disp0();
        contro(0,0,0,0,1,0);// 设置数字端口 5 为高电平，显示秒数的十位。
```

```
        disp(num[s2]);// 显示秒数的十位。
        delay(3);// 延时 3ms。
        disp0();
        contro(0,0,0,1,0,0);// 设置数字端口 4 为高电平，显示分钟数的个位。
        disp(num[m1]);// 显示分钟数的个位。
        delay(3);// 延时 3ms。
        disp0();
        contro(0,0,1,0,0,0);// 设置数字端口 3 为高电平，显示分钟数的十位。
        disp(num[m2]);// 显示分钟数的十位。
        delay(3);// 延时 3ms。
        disp0();
        contro(0,1,0,0,0,0);// 设置数字端口 2 为高电平，显示小时数的个位。
        disp(num[h1]);// 显示小时数的个位。
        delay(4);// 延时 4ms。
        disp0();
        contro(1,0,0,0,0,0);// 设置数字端口 1 为高电平，显示小时数的十位。
        disp(num[h2]);// 显示小时数的十位。
        delay(4);// 延时 4ms。
        disp0();
    }
}
void contro(int pin1,int pin2,int pin3,int pin4,int pin5,int pin6){
    // 定义控制位引脚函数。
    digitalWrite(1,pin1);
    digitalWrite(2,pin2);
    digitalWrite(3,pin3);
    digitalWrite(4,pin4);
    digitalWrite(5,pin5);
    digitalWrite(6,pin6);
}
```

（2）实验结果

组装并焊接 AU34 电路板，将电路板的排针插入 Arduino Uno 开发板对应的插槽内，接通电源，数码管显示 00:00:00，左侧两位是小时数，中间两位是分钟数，右侧两位是秒数。第 1 次按下按键，进入分钟数自动加 1 模式，第 2 次按下按键，

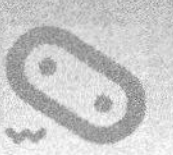

进入小时数自动加 1 模式，第 3 次按下按键，进入正常时钟模式。

2.34.5　拓展和挑战

（1）编写计时器程序，按一下按键，开始计时，再按一下按键，暂停计时，再按一下按键，继续计时，按一下复位键，重新开始。

（2）编写计数器程序，接通电源，数码管显示 0，按一下按键，数码管示数加 1，再按一下按键，数码管示数再加 1，直到 999999。

2.35　液晶显示测温仪

前面我们学习了一位数字显示测光仪与测温仪，下面学习通过 DS18B20 温度传感器检测温度、通过液晶显示屏测温仪（温度计）显示温度的编程方法。

2.35.1　实验描述

运用 DS18B20 温度传感器、LCD1602A 液晶显示模块测试环境温度。

AU35 的电路原理图、电路板图和实物图如图 2.41 所示。

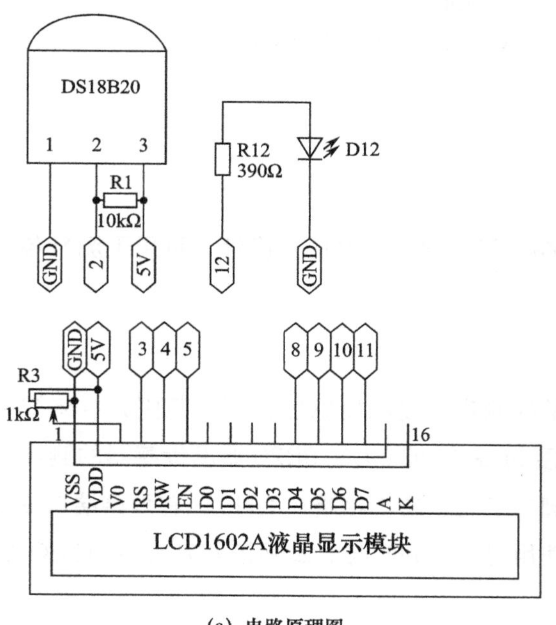

(a) 电路原理图

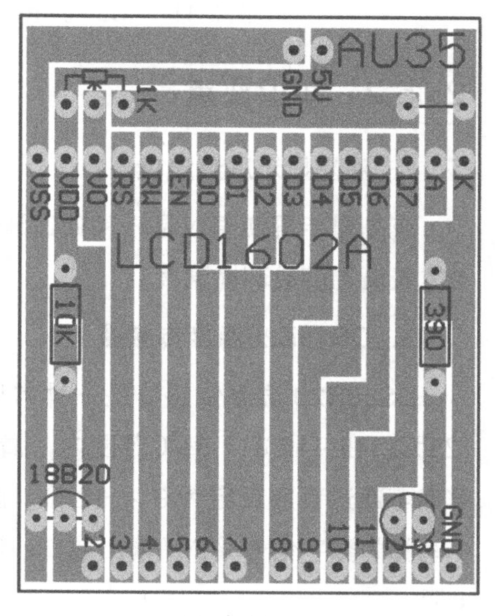

(b) 电路板图

图 2.41　AU35 的电路原理图、电路板图和实物图

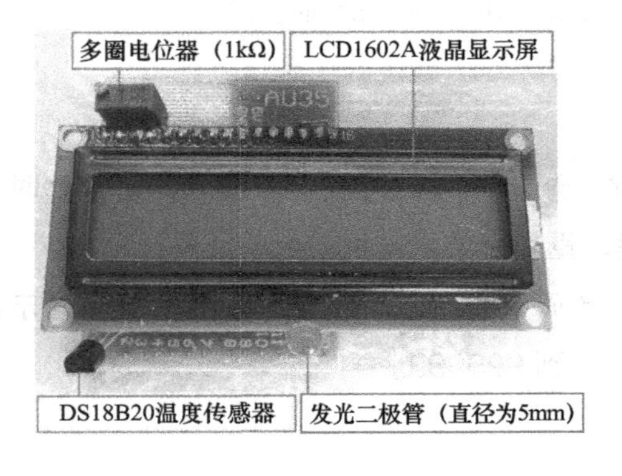

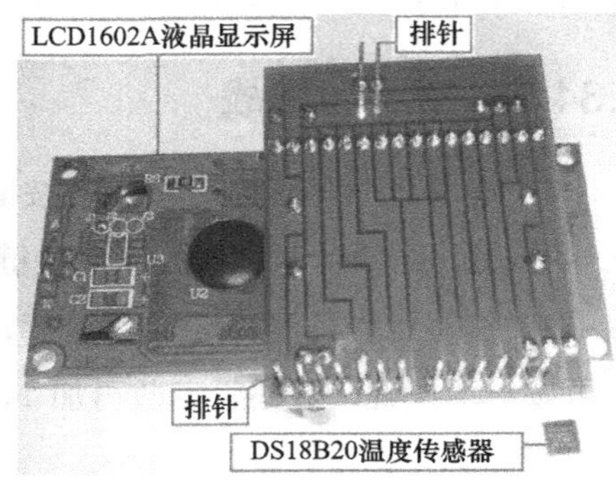

(c) 实物图

图 2.41　AU35 的电路原理图、电路板图和实物图（续）

2.35.2　知识要点

1. 液晶显示屏测温仪

液晶显示屏测温仪是一种通过液晶显示屏显示温度的温度计，可用于测量各种物体表面温度或环境温度。

2. DS18B20温度传感器

DS18B20 温度传感器是一种常见的测量温度的传感器，测量范围为 –55℃ ~ 125℃。在 –10℃ ~ 85℃范围内，精度为 ±0.5℃。DS18B20 温度传感器的测量分辨率可通过程序设定为 9 ~ 12 位。脚向下时，左脚接端口 GND，右脚接端口 5V，中间脚为数字信号输入 / 输出端口，使用时，中间脚与右脚间接 4.7kΩ ~ 10kΩ 的电阻。

2.35.3　编程要点

1. 语句#include <DallasTemperature.h>

该语句用来定义头文件 DallasTemperature.h，这是 DS18B20 温度传感器头

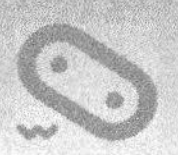

文件。

```
DallasTemperature sensors(&onewire);// 构造函数，声明总线。
sensors.begin();// 初始化总线。
sensors.requestTemperatures();// 向总线上的所有设备发送温度转换请求，获取温度值。
Serial.print(sensors.getTempCByIndex(0));// 串口监视器显示温度值。
float temp=sensors.getTempCByIndex(0);// 定义 float 单精度浮点变量（用于存放带小数点的数值，占 4 字节）temp，存放温度值（摄氏温度）。
```

2．语句#include <OneWire.h>

该语句用来定义头文件 OneWire.h，这是单总线的库文件。OneWire 是一种单总线技术，它利用一根信号线实现数据的双向传输，具有节省 I/O 口资源、结构简单、便于扩展和维护等优点。OneWire 适用于单个主机的系统，能够控制一个或多个从机设备。OneWire 总线对通信时间有要求，在读 / 写过程中很多时候是阻塞的。

```
#define BUS 2// 定义温度传感器所在的引脚 2。
OneWire onewire(BUS);// 建立变量 oneWire 对应的引脚。
```

2.35.4　程序设计

1．代码一

（1）程序参考

```
#include <OneWire.h>// 定义头文件 OneWire.h，这是单总线的库。
//OneWire 总线利用一根线实现双向通信，既传输时钟，又传输数据。
#include <DallasTemperature.h>// 定义 DS18B20 温度传感器头文件。
#define BUS 2// 定义温度传感器所在的引脚 2。
OneWire onewire(BUS);// 建立变量 OneWire 对应的引脚。
DallasTemperature sensors(&onewire);// 构造函数，声明总线。
void setup(){
  Serial.begin(9600);// 打开串口，设置数据传输速率为 9600bps。
  sensors.begin();// 初始化总线。
}
void loop(){
  sensors.requestTemperatures();// 向总线上的所有设备发送温度转换请求，获取温度值。
  Serial.write(" 当前温度是：");// 串口监视器显示字符 “当前温度是：”。
  Serial.print(sensors.getTempCByIndex(0));// 串口监视器显示温度值。
```

```
  Serial.println("℃ ");// 串口监视器显示字符 "℃" 并换行。
  delay(1000);// 延时 1000ms。
}
```

（2）实验结果

代码上传成功后，单击编译器界面工具栏中的“工具”→“串口监视器”命令，串口监视器将显示“当前温度是：24.75℃”，每秒刷新一次。

2. 代码二

（1）程序参考

```
#include <OneWire.h>// 定义头文件 OneWire.h，这是单总线的库。
//OneWire 总线利用一根线实现双向通信，既传输时钟，又传输数据。
#include <DallasTemperature.h>// 定义 DS18B20 温度传感器头文件。
#define BUS 2// 定义温度传感器所在的引脚 2。
OneWire onewire(BUS);// 建立变量 OneWire 对应的引脚。
DallasTemperature sensors(&onewire);// 构造函数，声明总线。
void setup(){
  Serial.begin(9600);// 打开串口，设置数据传输速率为 9600bps。
  sensors.begin();// 初始化总线。
  pinMode(12,OUTPUT);// 设置数字端口 12 为输出模式。
  sensors.setWaitForConversion(false);// 设置为非阻塞模式。
}
void loop(){
  sensors.requestTemperatures();// 向总线上的所有设备发送温度转换请求，获取温度值。
  Serial.write(" 当前温度是：");// 串口监视器显示字符 "当前温度是："。
  float temp=sensors.getTempCByIndex(0);
  Serial.print(temp);// 串口监视器显示温度值。
  Serial.println("℃ ");// 串口监视器显示字符 "℃" 并换行。
  if(temp>28.00){// 如果温度高于 28℃，
    digitalWrite(12,1);// 设置数字端口 12 为高电平，LED 灯点亮。
  }
  if(temp<26.00){// 如果温度低于 26℃，
    digitalWrite(12,0);// 设置数字端口 12 为低电平，LED 灯熄灭。
  }
  delay(1000);// 延时 1000ms。
}
```

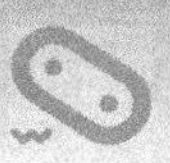

（2）实验结果

当温度高于 28℃时，LED 灯 D12 点亮；当温度低于 26℃时，LED 灯 D12 熄灭。

3．代码三

（1）程序参考

```
#include <LiquidCrystal.h>// 定义 LCD1602A 液晶显示屏头文件。
#include <DallasTemperature.h>// 定义 DS18B20 温度传感器头文件。
#include <OneWire.h>// 定义头文件，这是单总线的库文件。
#define BUS 2// 定义温度传感器所在的引脚 2。
OneWire onewire(BUS);// 建立变量 OneWire 对应的引脚。
DallasTemperature sensors(&onewire);// 构造函数，声明总线。
LiquidCrystal lcd(3,4,5,8,9,10,11);// 设置液晶显示屏引脚接口。
void setup(void){
  lcd.begin(16,2);// 设置液晶显示屏尺寸。
  delay(1000);// 延时 1000ms。
  sensors.begin();// 初始化总线。
}
void loop(void){
  sensors.requestTemperatures();
  // 向总线上的所有设备发送温度转换请求，获取温度值。
  lcd.clear();// 清屏。
  lcd.setCursor(0,0);// 设置光标位置为第 1 行第 0 个字符。
  lcd.print("Local Tempera-");// 显示字符“Local Tempera-”。
  lcd.setCursor(0,1);// 设置光标位置为第 2 行第 1 个字符。
  lcd.print("ture is");// 显示字符“ture is”。
  lcd.setCursor(8,1);// 设置光标位置为第 2 行第 8 个字符。
  lcd.print(sensors.getTempCByIndex(0));// 获取温度。
  lcd.print((char)223);// 显示字符“°”。
  lcd.print("C");// 显示字符“C”。
  delay(1000);// 延时 1000ms。
}
```

（2）实验结果

代码上传成功后，液晶显示屏显示“Local Tempera-”“ture is 23.00℃”。

2.35.5 拓展和挑战

当温度高于 30℃时，LED 灯 D12 点亮；当温度低于 25℃时，LED 灯 D12 熄灭。

2.36 8×8 点阵屏

将若干只 LED 灯按矩阵阵列排列可构成面积超大的显示屏，这种显示屏显示亮度超强，可长时间连续不断地工作，具有防风、防雨、防水功能，通过编程控制可显示各种字符与图形。下面，让我们学习 8×8 点阵屏显示字符实验。

2.36.1 实验描述

（1）让与模拟端口 A0 ~ A2 连接的 3 只发光二极管轮流点亮 1s，然后熄灭 1s。

（2）通过 8×8 点阵屏显示“无线电 OK”字样。

AU02、AU36 的电路原理图、电路板图和实物图如图 2.42 所示。

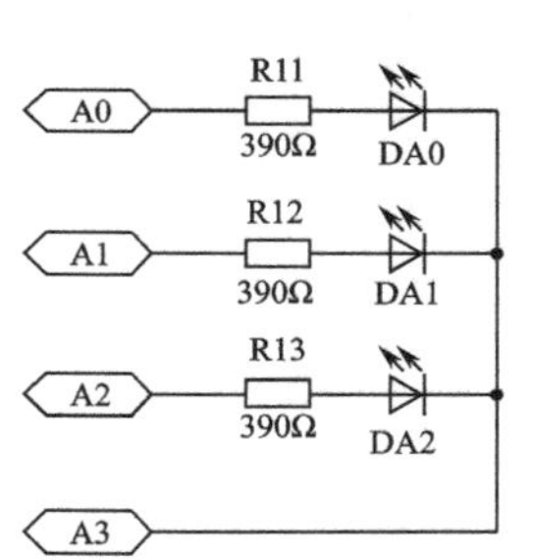

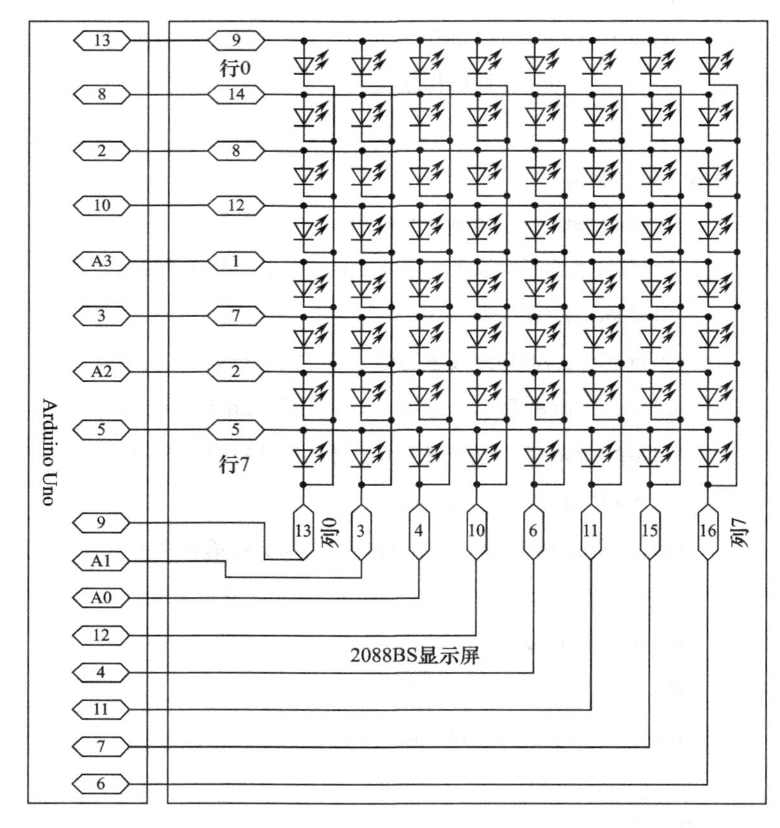

(a) 电路原理图（左图为AU02、右图为AU36）

图 2.42　AU02、AU36 的电路原理图、电路板图和实物图

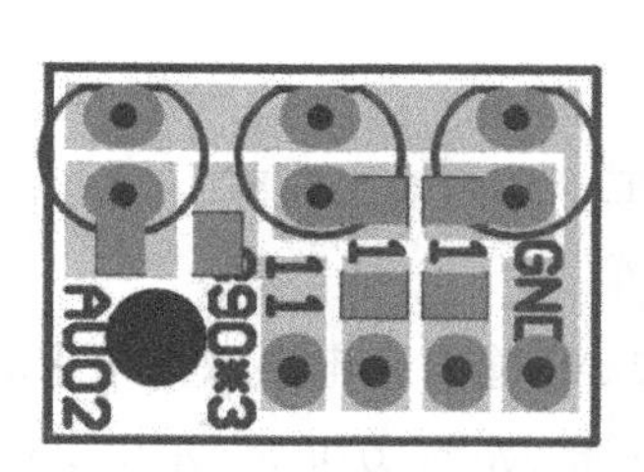

(b) 电路板图（左图为AU02、右图为AU36）

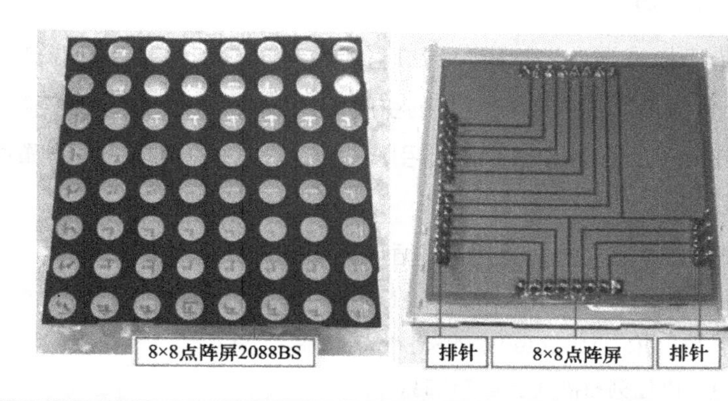

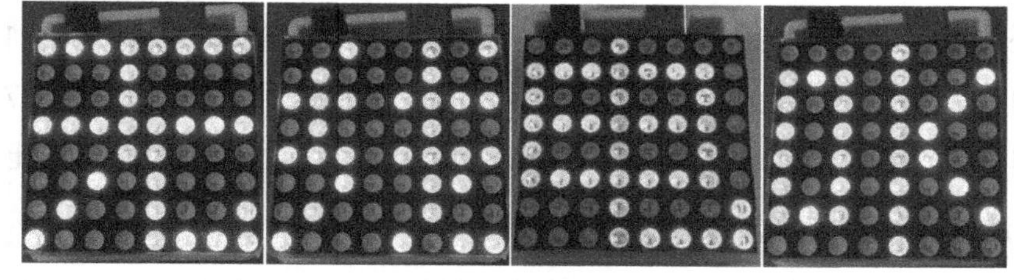

(c) 实物图（AU36）

图 2.42　AU02、AU36 的电路原理图、电路板图和实物图（续）

2.36.2　知识要点

8×8 点阵屏是由 8 行 8 列共 64 个 LED 灯组成的显示屏，多用于显示滚动的字符。

本实验为 8×8 点阵屏显示实验。8×8 点阵屏显示字符时，需要 16 个数字端口，而 Arduino Uno 开发板只有 14 个数字端口，不过还有 6 个模拟端口，解决办法是将模拟端口当数字端口使用。本实验涉及模拟端口的数字输出、逐列扫描显示、消除点阵屏余辉效应技术。

2.36.3　编程要点

1．模拟端口的数字输出

在 Arduino Uno 开发板上，A0 ~ A5 为 6 个模拟输入端口（Analog In），10 位

的分辨率，默认输入信号为 0 ～ 5V 电压。A0 ～ A5 也可作为普通数字输入 / 输出端口使用。

编程方法如下。

第一步，在 setup 函数中设置模拟端口 A0 为输出模式。

```
void setup(){pinMode(A0,OUTPUT);}
```

第二步，在 loop 函数中设置模拟端口 A0 输出高电平或低电平。

```
void loop(){digitalWrite(A0,1);delay(1000);digitalWrite(A0,0);delay(1000);}
```

2．8×8点阵屏显示

第一步，借用模拟端口，把模拟端口当成数字端口，凑够 8 行端口、8 列端口，共 16 个端口，设置行引脚连接端口与列引脚连接端口，设置显示字符数组数据。

第二步，在 setup 函数中，设置行引脚连接端口为输出模式，设置列引脚连接端口为输出模式。

第三步，在 loop 函数中，运用 for 循环语句逐列扫描显示。

```
for(int c=0;c<8;c++){digitalWrite(COLS[c],LOW);
for(int r=0;r<8;r++){digitalWrite(ROWS[r],dat[r][c]);}
delay(1);Clear();}// 逐列扫描显示程序代码。
```

当 c=0 时，列 COLS[0]=0，将数据 dat[r][0] 写入行 ROWS[r]；当 c=1 时，列 COLS[1]=0，将数据 dat[r][1] 写入行 ROWS[r]。按照这种方法，直到 c=7 时，列 COLS[7]=0，将数据 dat[r][7] 写入行 ROWS[r]，从而完成逐列扫描显示功能。

3．消除8×8点阵屏余辉效应

语句 digitalWrite(ROWS[i],LOW);digitalWrite(COLS[i],HIGH); 表示设置行引脚为低电平，列引脚为高电平时，点阵屏内的 LED 灯将不发光。这就是消除点阵屏余辉效应。

2.36.4　程序设计

1．代码一

（1）程序参考

```
void setup(){
  pinMode(A0,OUTPUT);// 设置模拟端口 A0 为输出模式。
  pinMode(A1,OUTPUT);// 设置模拟端口 A1 为输出模式。
  pinMode(A2,OUTPUT);// 设置模拟端口 A2 为输出模式。
  pinMode(A3,OUTPUT);// 设置模拟端口 A3 为输出模式。
  digitalWrite(A3,0);// 模拟端口 A3 输出低电平。
```

```
}
void loop(){
  digitalWrite(A0,1);// 模拟端口 A0 输出高电平。
  delay(1000);// 延时 1000ms。
  digitalWrite(A0,0);// 模拟端口 A0 输出低电平。
  delay(1000);// 延时 1000ms。
  digitalWrite(A1,1);// 模拟端口 A1 输出高电平。
  delay(1000);// 延时 1000ms
  digitalWrite(A1,0);// 模拟端口 A1 输出低电平。
  delay(1000);// 延时 1000ms。
  digitalWrite(A2,1);// 模拟端口 A2 输出高电平。
  delay(1000);// 延时 1000ms。
  digitalWrite(A2,0);// 模拟端口 A2 输出低电平。
  delay(1000);// 延时 1000ms。
}
```

（2）实验结果

组装并焊接 AU02 电路板，将电路板的排针插入 Arduino Uno 开发板对应的插槽内，接通电源，与模拟端口 A0 ~ A2 连接的 3 只发光二极管轮流点亮 1s，然后熄灭 1s。

2. 代码二

（1）程序参考

```
int ROWS[]={13,8,2,10,A3,3,A2,5};// 设置行引脚连接端口。
int COLS[]={9,A1,A0,12,4,11,7,6};// 设置列引脚连接端口。
unsigned char wu[8][8]={// 无。
  1,1,1,1,1,1,1,1,
  0,0,0,1,0,0,0,0,
  0,0,0,1,0,0,0,0,
  1,1,1,1,1,1,1,1,
  0,0,0,1,1,0,0,0,
  0,0,1,0,1,0,0,0,
  0,1,0,0,1,0,0,1,
  1,0,0,0,1,1,1,1,
};
unsigned char xian[8][8]={// 线。
```

```
    0,0,1,0,0,1,0,1,
    0,1,0,0,0,1,0,0,
    1,1,1,0,1,1,1,1,
    0,1,0,0,0,1,0,0,
    1,1,1,0,1,1,1,1,
    0,0,1,0,0,1,1,0,
    0,1,0,0,0,1,0,0,
    1,0,0,0,1,0,1,1,
};
unsigned char dian[8][8]={// 电。
    0,0,0,1,0,0,0,0,
    1,1,1,1,1,1,1,0,
    1,0,0,1,0,0,1,0,
    1,1,1,1,1,1,1,0,
    1,0,0,1,0,0,1,0,
    1,1,1,1,1,1,1,0,
    0,0,0,1,0,0,0,1,
    0,0,0,1,1,1,1,1,
};
unsigned char ok[8][8]={//OK。
    0,0,0,0,1,0,0,0,
    1,1,1,0,1,0,0,1,
    1,0,1,0,1,0,1,0,
    1,0,1,0,1,1,0,0,
    1,0,1,0,1,1,0,0,
    1,0,1,0,1,0,1,0,
    1,1,1,0,1,0,0,1,
    0,0,0,0,1,0,0,0,
};
void setup(){
  for(int i=0;i<8;i++){
    pinMode(ROWS[i],OUTPUT);// 设置行引脚连接端口为输出模式。
    pinMode(COLS[i],OUTPUT);// 设置列引脚连接端口为输出模式。
  }
```

```
}
void loop(){
  for(int i=0;i<250;i++){// 循环显示 250 次。
    Display(wu);// 调用显示“无”子程序。
  }
  for(int i=0;i<250;i++){// 循环显示 250 次。
    Display(xian);// 调用显示“线”子程序。
  }
  for(int i=0;i<250;i++){// 循环显示 250 次。
    Display(dian);// 调用显示“电”子程序。
  }
  for(int i=0;i<250;i++){// 循环显示 250 次。
    Display(ok);// 调用显示“OK”子程序。
  }
}
void Display(unsigned char dat[8][8]){// 显示子程序。
  for(int c=0;c<8;c++){
    digitalWrite(COLS[c],LOW);// 设置第 c 列为低电平。
    for(int r=0;r<8;r++){
      digitalWrite(ROWS[r],dat[r][c]);
      // 将数据 dat[r][c] 写入行 ROWS[r]。
    }
    delay(1);// 延时 1ms。
    Clear();// 调用消除点阵屏余辉效应子程序。
  }
}
void Clear(){// 设置行引脚为低电平，列引脚为高电平时，点阵屏内的 LED 灯将不发光。这就是消除点阵屏余辉效应。
  for(int i=0;i<8;i++){
    digitalWrite(ROWS[i],LOW);
    digitalWrite(COLS[i],HIGH);
  }
}
```

（2）实验结果

组装并焊接 AU36 电路板，将电路板的排针插入 Arduino Uno 开发板对应的插槽内，接通电源，8×8 点阵屏将显示“无线电 OK”字样。

2.36.5 拓展和挑战

编程显示“新年快乐”“生日快乐”字样，或其他汉字、字符、图形。

2.37 液晶显示电子时钟

学习了运用液晶显示模块显示时间、计算时间、定时提醒、显示温度等编程控制方法，下面学习运用高精度时钟模块和液晶显示模块编程显示电子时钟等信息。

2.37.1 实验描述

运用 DS3231 高精度时钟模块和 LCD1602A 液晶显示模块，编程显示当前日期、星期、时钟、温度等信息。

AU37 的电路原理图、电路板图和实物图如图 2.43 所示。

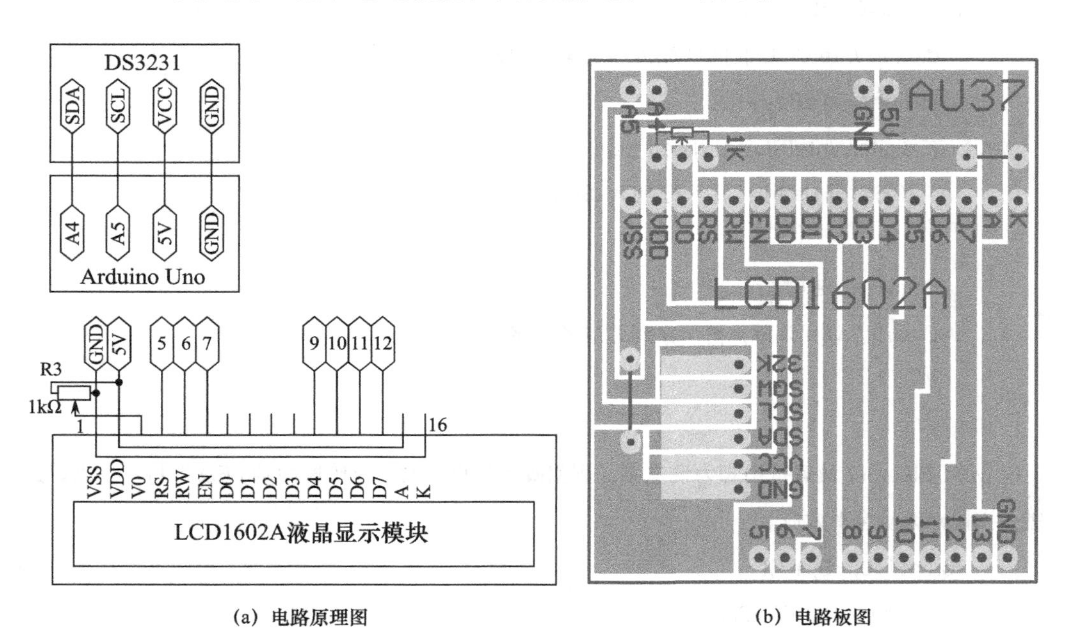

(a) 电路原理图　　(b) 电路板图

图 2.43　AU37 的电路原理图、电路板图和实物图

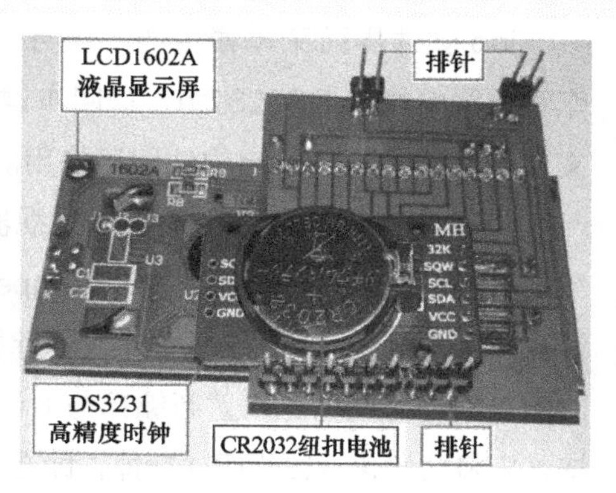

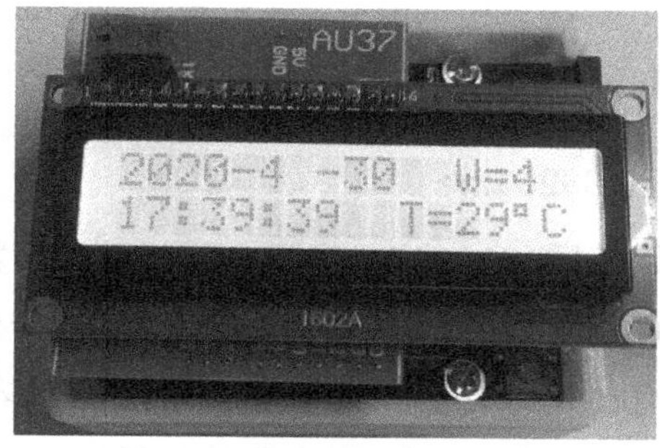

（c）实物图

图 2.43　AU37 的电路原理图、电路板图和实物图（续）

2.37.2　知识要点

1．DS3231高精度时钟模块

DS3231 高精度时钟模块是一款低成本、高精度的实时时钟 (RTC)。模块内包含 3V 纽扣电池 CR2032 为模块供电，断开主电源时仍可显示超过一年的精确计时信息，包括年、月、日、星期、时、分、秒等信息。时钟的工作格式可以是 24 小时制或带 /AM/PM 指示的 12 小时制。模块提供两个可设置的日历闹钟和一个可设置的方波输出，内部还集成了一个数字温度传感器，精度为 ±3℃。

DS3231 高精度时钟模块的工作电压为 3.3 ~ 5.5V，工作环境为 0℃ ~ 40℃，年误差约为 1 分钟，带 2 个日历闹钟，可产生秒、分、时、星期、日、月和年计时，并提供有效期到 2100 年的闰年补偿。

DS3231 高精度时钟模块使用 I2C 通信协议，通过 I2C 双向总线串行传输地址与数据，这使得模块与 Arduino Uno 开发板的连接变得非常容易，模块与 Arduino Uno 开发板连接时，GND 接 GND，VCC 接 5V，SDA 接 A4，SCL 接 A5。

2．设置日期与时间信息的方法

本实验在编译前，必须首先安装库文件 DS3231.h，安装方法如下：单击

Arduino 软件界面菜单栏中的“项目”→“加载库”→“管理库”命令，在打开的库管理器中输入 DS3231.h，按回车键，开始搜索 SevSeg.h 的相关链接，选择安装文件后进行安装，重启软件即可使用。

代码上传成功后，打开串口监视器，设置数据传输速率为 115200bps，将显示“200-1-1 week=1 00:00:10 Temperature=25℃”，很显然日期与时间信息不对。设置日期与时间信息的方法如下：解除初始化设置前的注释，即删除 /* 和 */，设置实验时的日期与时间信息，重新编译与上传，结果将显示正确的日期与时间信息。设置完毕，应将初始化设置代码注释掉，即在删除 /* 和 */ 的地方，重新输入字符 /* 和 */。

2.37.3 编程要点

1. 语句#include <DS3231.h>

该语句用来定义头文件 DS3231.h，这是时钟模块库函数。

语句 /* 和 */ 之间的内容为注释。注释是对程序代码功能含义的解释与说明，作用是增强代码的可读性，有时用于阻止注释内容参与执行。注释内容本身不参与程序运行。

本实验的参考代码中，语句 /* 和 */ 之间的代码用于设置日期与时间信息，设置时务必删除 /* 和 */，然后设置实验时的日期与时间，设置完成后在原来的位置添加 /* 和 */，否则程序显示的日期与时间永远都是设置时的日期与时间。

2. 语句#include <Wire.h>和Wire.begin();

语句 #include <Wire.h> 表示定义头文件 Wire.h，这是 I2C 通信库函数。

语句 Wire.begin(); 表示启动 I2C(IIC) 接口。

3. 同时声明多个类型相同的变量

```
byte ADay,AHour,AMinute,ASecond,ABits;// 定义字节型变量。
bool ADy,A12h,Apm;// 定义布尔型变量。
byte year,month,date,DoW,hour,minute,second;// 定义字节型变量。
```

4. byte（无符号字节数据）

byte 是无符号字节数据类型，占用 1 字节的内存，存储 8 位无符号数，取值范围为 0 ~ 255。

2.37.4 程序设计

1. 代码一

（1）程序参考

```
#include <DS3231.h>// 定义头文件 DS3231.h，这是时钟模块库函数。
```

```
#include <Wire.h>// 定义头文件 Wire.h，这是 I2C 通信库函数。
DS3231 Clock;
bool Century=false;// 定义布尔型变量。
bool h12;// 定义布尔型变量。
bool PM;// 定义布尔型变量。
void setup(){
  Wire.begin();// 启动 I2C(IIC) 接口。
  /* // 以下部分是初始化设置，用于设置年、月、日、星期、时、分、秒，设置完成后必须注释掉。
    Clock.setSecond(50);// 设置秒。
    Clock.setMinute(25);// 设置分钟。
    Clock.setHour(9); // 设置小时。
    Clock.setDoW(6); // 设置星期。
    Clock.setDate(14);// 设置日期。
    Clock.setMonth(3);// 设置月份。
    Clock.setYear(20);// 设置年份后两位数。
  */
  Serial.begin(115200);// 打开串口，设置数据传输速率为 115200bps。
}
void ReadDS3231(){// 时钟子程序。
  int second,minute,hour,DoW,date,month,year,temperature;
  second=Clock.getSecond();// 读取秒。
  minute=Clock.getMinute();// 读取分钟。
  hour=Clock.getHour(h12,PM);// 读取小时。
  DoW=Clock.getDoW();// 读取星期。
  date=Clock.getDate();// 读取日。
  month=Clock.getMonth(Century);// 读取月份。
  year=Clock.getYear();// 读取年份。
  temperature=Clock.getTemperature();// 读取温度值。
  Serial.print("20");// 显示字符 "20"。
  Serial.print(year,DEC);// 显示年份。
  Serial.print('-');// 显示字符 "-"。
  Serial.print(month,DEC);// 显示月份。
  Serial.print('-');// 显示字符 "-"。
  Serial.print(date,DEC);// 显示日期。
  Serial.print(' ');// 显示空格。
  Serial.print("week");// 显示字符 "week"。
```

```
    Serial.print('=');// 显示字符 "="。
    Serial.print(DoW,DEC);// 显示星期。
    Serial.print(' ');// 显示空格。
    Serial.print(hour,DEC);// 显示小时。
    Serial.print(':');// 显示字符 ":"。
    Serial.print(minute,DEC);// 显示分钟。
    Serial.print(':');// 显示字符 ":"。
    Serial.print(second,DEC);// 显示秒。
    Serial.print('\n');// 换行。
    Serial.print("Temperature=");// 显示字符 "Temperature="。
    Serial.print(temperature);// 显示温度值。
    Serial.print("℃ ");// 显示字符 "℃"。
    Serial.print('\n');// 换行。
  }
  void loop(){
    ReadDS3231();// 调用时钟子程序。
    delay(1000);// 延时 1000ms。
  }
```

（2）实验结果

代码上传成功后，打开串口监视器，设置数据传输速率为 115200bps，将显示“2020–3–14 week=6 09:25:50 Temperature=25℃”字样。通过初始化设置程序，可校准当前日期、星期、时间信息。

2. 代码二

（1）程序参考

```
#include <LiquidCrystal.h>// 定义 LCD1602A 液晶显示屏头文件。
#include <DS3231.h>// 定义头文件 DS3231.h，这是时钟模块库函数。
#include <Wire.h>// 定义头文件 Wire.h，这是 I2C 通信库函数。
DS3231 Clock;
bool Century=false;// 定义布尔型变量。
bool h12;// 定义布尔型变量。
bool PM;// 定义布尔型变量。
LiquidCrystal lcd(5,6,7,9,10,11,12);// 设置液晶显示屏引脚接口。
void setup(){
  Wire.begin();// 启动 I2C(IIC) 接口。
  lcd.begin(16,2);// 设置液晶显示屏尺寸。
}
```

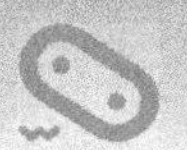

```
void ReadDS3231(){// 时钟子程序。
  int second,minute,hour,DoW,date,month,year,temperature;
  second=Clock.getSecond();// 读取秒。
  minute=Clock.getMinute();// 读取分钟。
  hour=Clock.getHour(h12,PM);// 读取小时。
  DoW=Clock.getDoW();// 读取星期。
  date=Clock.getDate();// 读取日。
  month=Clock.getMonth(Century);// 读取月份。
  year=Clock.getYear();// 读取年份。
  temperature=Clock.getTemperature();// 读取温度值。
  lcd.clear();// 清屏。
  lcd.setCursor(0,0);// 设置光标位置为第 1 行第 1 个字符。
  lcd.print("20");// 显示字符 "20"。
  lcd.setCursor(2,0);// 设置光标位置为第 1 行第 3 个字符。
  lcd.print(year,DEC);// 显示年份。
  lcd.setCursor(4,0);// 设置光标位置为第 1 行第 5 个字符。
  lcd.print('-');// 显示字符 "-"。
  lcd.setCursor(5,0);// 设置光标位置为第 1 行第 6 个字符。
  lcd.print(month,DEC);// 显示月份。
  lcd.setCursor(7,0);// 设置光标位置为第 1 行第 8 个字符。
  lcd.print('-');// 显示字符 "-"。
  lcd.setCursor(8,0);// 设置光标位置为第 1 行第 9 个字符。
  lcd.print(date,DEC);// 显示日期。
  lcd.setCursor(11,0);// 设置光标位置为第 1 行第 12 个字符。
  lcd.print(' ');// 显示空格。
  lcd.setCursor(12,0);// 设置光标位置为第 1 行第 13 个字符。
  lcd.print("W=");// 显示字符 "W="。
  lcd.setCursor(14,0);// 设置光标位置为第 1 行第 15 个字符。
  lcd.print(DoW,DEC);// 显示星期。
  lcd.setCursor(0,1);// 设置光标位置为第 2 行第 1 个字符。
  lcd.print(hour,DEC);// 显示小时。
  lcd.setCursor(2,1);// 设置光标位置为第 2 行第 3 个字符。
  lcd.print(':');// 显示字符 ":"。
  lcd.setCursor(3,1);// 设置光标位置为第 2 行第 4 个字符。
  lcd.print(minute,DEC);// 显示分钟。
  lcd.setCursor(5,1);// 设置光标位置为第 2 行第 6 个字符。
  lcd.print(':');// 显示字符 ":"。
```

```
    lcd.setCursor(6,1);// 设置光标位置为第 2 行第 7 个字符。
    lcd.print(second,DEC);// 显示秒。
    lcd.setCursor(9,1);// 设置光标位置为第 2 行第 10 个字符。
    lcd.print(" ");// 显示空格。
    lcd.setCursor(10,1);// 设置光标位置为第 2 行第 11 个字符。
    lcd.print("T=");// 显示字符 "T="。
    lcd.setCursor(12,1);// 设置光标位置为第 2 行第 13 个字符。
    lcd.print(temperature);// 显示温度值。
    lcd.setCursor(14,1);// 设置光标位置为第 2 行第 15 个字符。
    lcd.print((char)223);// 显示字符 "°"。
    lcd.setCursor(15,1);// 设置光标位置为第 2 行第 16 个字符。
    lcd.print("C");// 显示字符 "C"。
}
void loop(){
    ReadDS3231();// 调用时钟子程序。
    delay(1000);// 延时 1000ms。
}
```

（2）实验结果

代码上传成功后，LCD1602A 液晶显示屏将显示“2020-3-14 W=6 10:00:10 T=25℃”字样。通过初始化设置程序，可校准当前日期、星期、时间信息。

2.37.5 拓展和挑战

每到整点时，设置 1 个蜂鸣器响一声。

提示：

```
pinMode(13,OUTPUT);// 设置数字端口 13 为输出状态。
if(minute==0){
    digitalWrite(13,1);
}
if(minute>0){
    digitalWrite(13,0);
}
```

2.38 数码显示电子时钟

我们学习运用高精度时钟模块和液晶显示模块显示年、月、日、星期、时、分、秒、温度信息，不仅显示的信息丰富、精确，而且断开主电源后仍能保持精确计时，具有极好的实用价值，下面学习运用 DS3231 高精度时钟模块和

FJS3661AH 数码管显示模块显示电子时钟信息。

2.38.1 实验描述

运用 DS3231 高精度时钟模块和 FJS3661AH 六位共阴极数码管编程显示当前时钟信息。

AU38 的电路原理图、电路板图和实物图如图 2.44 所示。

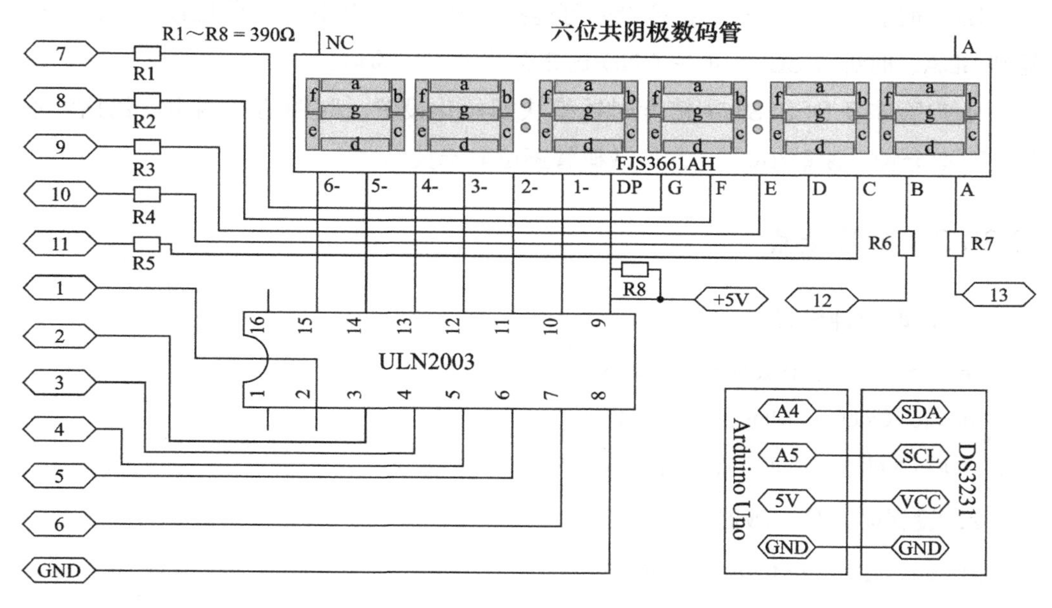

(a) 电路原理图

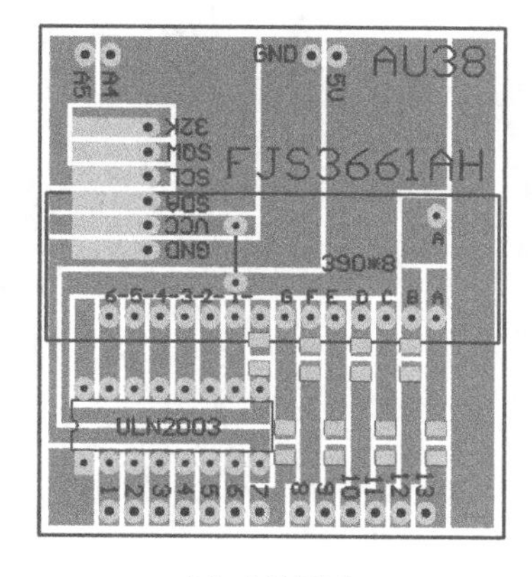

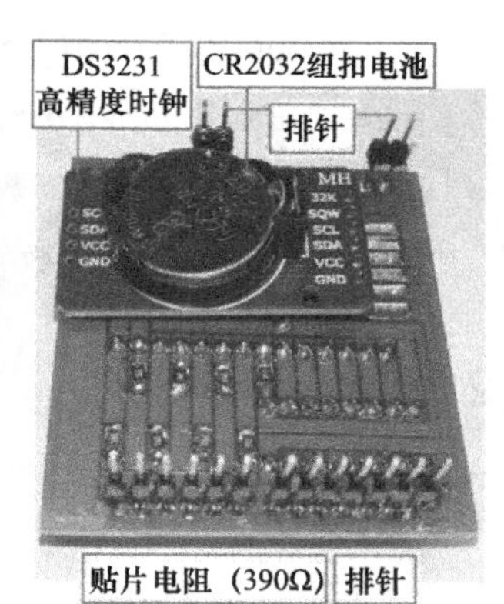

(b) 电路板图

(c) 实物图

图 2.44 AU38 的电路原理图、电路板图和实物图

2.38.2 知识要点

I2C 是英文 Inter Integrated Circuit 的缩写，是一种由 PHILIPS（飞利浦）公司

开发的由数据线 SDA 和时钟线 SCL 构成的串行总线，可发送和接收数据。DS3231 高精度时钟模块与 Arduino Uno 开发板之间通过 I2C 双向总线串行传输地址与数据，最高传输速率为 100kbps。

I2C 通信的特点：整个线路上只有一个主控设备，其他都是受控设备，主控设备可以主动向受控设备发送资料或提出请求，受控设备只能回应主控设备的请求回传资料，不可以主动发送资料给主控设备或其他受控设备。

I2C 通信的好处：一个主控设备可连接多个（1 ~ 255 个）受控设备，只需数据线 SDA、时钟线 SCL、地线 GND 这 3 条线就可以通信。

本实验涉及 DS3231 高精度时钟模块初始化设置、时钟信息调用（包括读取秒、读取分钟、读取小时）、六位数码管逐位显示技术。

2.38.3 编程要点

1. 读取时钟信息

```
second=Clock.getSecond();// 读取秒。
minute=Clock.getMinute();// 读取分钟。
hour=Clock.getHour(h12,PM);// 读取小时。
```

2. 设置时、分、秒信息

```
s1=second%10;//s1= 秒数的个位。
s2=second/10;//s2= 秒数的十位。
m1=minute%10;//m1= 分钟数的个位。
m2=minute/10;//m2= 分钟数的十位。
h1=hour%10;//h1= 小时数的个位。
h2=hour/10;//h2= 小时数的十位。
```

2.38.4 程序设计

1. 代码一

（1）程序参考

```
#include <DS3231.h>// 定义头文件 DS3231.h，这是时钟模块库函数。
#include <Wire.h>// 定义头文件 Wire.h，这是 I2C 通信库函数。
DS3231 Clock;
bool Century=false;// 定义布尔型变量。
bool h12;// 定义布尔型变量。
```

```
bool PM;// 定义布尔型变量。
void setup(){
  Wire.begin();// 启动 I2C(IIC) 接口。
  /* // 以下部分是初始化设置，用于设置年、月、日、星期、时、分、秒，设置完成后必须注释掉。
      Clock.setSecond(50);// 设置秒。
      Clock.setMinute(38);// 设置分。
      Clock.setHour(21); // 设置小时。
  */
  Serial.begin(115200);// 打开串口，设置数据传输速率为 115200bps。
}
void ReadDS3231(){// 时钟子程序。
  int second,minute,hour;
  second=Clock.getSecond();// 读取秒。
  minute=Clock.getMinute();// 读取分钟。
  hour=Clock.getHour(h12,PM);// 读取小时。
  Serial.print(hour,DEC);// 显示小时。
  Serial.print(':');// 显示字符 “:”。
  Serial.print(minute,DEC);// 显示分钟。
  Serial.print(':');// 显示字符 “:”。
  Serial.print(second,DEC);// 显示秒。
  Serial.print('\n');// 换行。
}
void loop(){
  ReadDS3231();// 调用时钟子程序。
  delay(1000);// 延时 1000ms。
}
```

（2）实验结果

代码上传成功后，打开串口监视器，设置数据传输速率为 115200bps，将显示“12:14:15”字样，左侧两位是小时，中间两位是分钟，右侧两位是秒。通过初始化设置程序，可校准当前时间。

2. 代码二

（1）程序参考

```
#include <DS3231.h>// 定义头文件 DS3231.h，这是高精度时钟库函数。
#include <Wire.h>// 定义头文件 Wire.h，这是 I2C 通信库函数。
```

```
DS3231 Clock;
bool Century=false;// 定义布尔型变量。
bool h12;// 定义布尔型变量。
bool PM;// 定义布尔型变量。
int s1=0;// 定义整型变量 s1（秒数的个位）。
int s2=0;// 定义整型变量 s2（秒数的十位）。
int m1=0;// 定义整型变量 m1（分钟数的个位）。
int m2=0;// 定义整型变量 m2（分钟数的十位）。
int h1=0;// 定义整型变量 h1（小时数的个位）。
int h2=0;// 定义整型变量 h2（小时数的十位）。
int mod;// 定义整型变量 mod。
char ledpin[]={13,12,11,10,9,8,7};// 设置数码管引脚对应的数字端口。
unsigned char num[10]={// 设置数字 0 ~ 9 对应的段码值。
  0x3f,0x06,0x5b,0x4f,0x66,0x6d,0x7d,0x07,0x7f,0x6f
};
void setup(){
  Wire.begin();// 启动 I2C(IIC) 接口。
  /* // 以下部分是初始化设置，用于设置年、月、日、星期、时、分、秒，设置完成后必须
注释掉。
     Clock.setSecond(50);// 设置秒。
     Clock.setMinute(7);// 设置分钟。
     Clock.setHour(5);// 设置小时。
 */
  for(int i=0;i<14;i++){// 循环执行，从 i=0 开始，到 i=13 结束。
    pinMode(i,OUTPUT);// 设置数字端口 0 ~ 13 为输出模式。
  }
}
void loop(){
  ReadDS3231();// 调用时钟子程序。
  mod=50;
  scan();// 逐位显示程序。
}
void disp(unsigned char value){// 显示子程序 disp。
  for(int i=0;i<7;i++)
    digitalWrite(ledpin[i],bitRead(value,i));
  // 将变量 value 的第 i 位数据传输给数组 ledpin 对应的第 i 个数字端口。
  // 共阳极数码管使用 !bitRead(value,i)。
}
```

```
void disp0(){// 显示子程序 disp0，消除数码管余辉效应。
  for(int i=0;i<7;i++)
    digitalWrite(ledpin[i],0);
}
void scan(){// 逐位显示子程序。
  for(int j=0;j<mod;j++){// 循环执行 49 次。
    contro(0,0,0,0,0,1);// 设置数字端口 6 为高电平，显示秒数的个位。
    disp(num[s1]);// 显示秒数的个位。
    delay(3);// 延时 3ms。
    disp0();
    contro(0,0,0,0,1,0);// 设置数字端口 5 为高电平，显示秒数的十位。
    disp(num[s2]);// 显示秒数的十位。
    delay(3);// 延时 3ms。
    disp0();
    contro(0,0,0,1,0,0);// 设置数字端口 4 为高电平，显示分钟数的个位。
    disp(num[m1]);// 显示分钟数的个位。
    delay(3);// 延时 3ms。
    disp0();
    contro(0,0,1,0,0,0);// 设置数字端口 3 为高电平，显示分钟数的十位。
    disp(num[m2]);// 显示分钟数的十位。
    delay(3);// 延时 3ms。
    disp0();
    contro(0,1,0,0,0,0);// 设置数字端口 2 为高电平，显示小时数的个位。
    disp(num[h1]);// 显示小时数的个位。
    delay(4);// 延时 4ms。
    disp0();
    contro(1,0,0,0,0,0);// 设置数字端口 1 为高电平，显示小时数的十位。
    disp(num[h2]);// 显示小时数的十位。
    delay(4);// 延时 4ms。
    disp0();
  }
}
void contro(int pin1,int pin2,int pin3,int pin4,int pin5,int pin6){
  // 定义控制位引脚函数。
  digitalWrite(1,pin1);
  digitalWrite(2,pin2);
  digitalWrite(3,pin3);
  digitalWrite(4,pin4);
```

```
    digitalWrite(5,pin5);
    digitalWrite(6,pin6);
}
void ReadDS3231(){// 时钟子程序。
    int second,minute,hour;
    second=Clock.getSecond();// 读取秒。
    minute=Clock.getMinute();// 读取分钟。
    hour=Clock.getHour(h12,PM);// 读取小时。
    s1=second%10;//s1= 秒数的个位。
    s2=second/10;//s2= 秒数的十位。
    m1=minute%10;//m1= 分钟数的个位。
    m2=minute/10;//m2= 分钟数的十位。
    h1=hour%10;//h1= 小时数的个位。
    h2=hour/10;//h2= 小时数的十位。
}
```

（2）实验结果

代码上传成功后，将数码显示时钟电路板插接到 Arduino Uno 开发板上，然后通电，数码管将显示“12:14:15”字样，左侧两位是小时，中间两位是分钟，右侧两位是秒。通过初始化设置程序，可校准当前时间。

2.38.5 拓展和挑战

每到整点时，设置 1 个蜂鸣器响一声。

提示：

```
pinMode(13,OUTPUT);// 设置数字端口 13 为输出状态。
if(minute==0){
    digitalWrite(13,1);
}
if(minute>0){
    digitalWrite(13,0);
}
```

2.39 超声波测距仪

此前，我们曾学习过运用 DS3231 高精度时钟模块和液晶显示模块显示电子时钟等信息，下面我们学习运用 US-015 超声波测距模块和 LCD1602A 液晶显示模块检测障碍物的距离。

2.39.1　实验描述

运用 US-015 超声波测距模块、LCD1602A 液晶显示模块编程检测障碍物的距离。AU 39 的电路原理图、电路板图和实物图如图 2.45 所示。

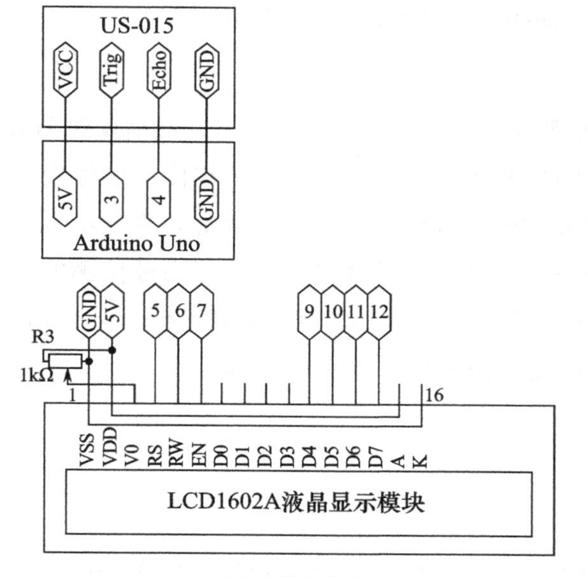

(a) 电路原理图

(b) 电路板图

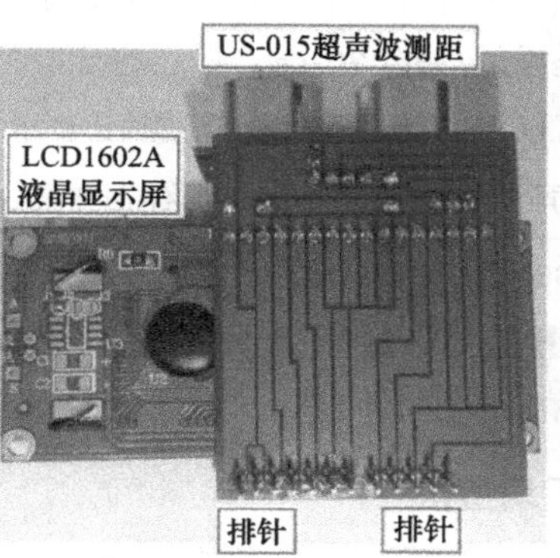

(c) 实物图

图 2.45　AU39 的电路原理图、电路板图和实物图

2.39.2　知识要点

1. 超声波测距

超声波测距是指用超声波发射器向某一方向发射超声波，超声波在传播过程中遇到障碍物返回，再用超声波接收器接收反射波，根据距离等于超声波往返的路程的一半，以此检测障碍物的距离。进行超声波测距时，不需要与被测量物体直接接

触，测量距离能达百米，广泛应用于倒车提醒、建筑工地测量、工业现场测量、智能导盲系统、移动机器人测距等。

2．US-015超声波测距模块V2.0

该模块的工作电压为5V，工作电流为2.2mA，支持GPIO（通用输入/输出）通信模式，测距范围为2cm ～ 4m，测距精度为1mm（理论值）。

3．超声波测距模块的工作原理

超声波测距模块的发射器Trig引脚输出20μs的高电平信号，然后设置Trig引脚输出低电平，系统发出8个40kHz的超声波脉冲，超声波在传播过程中遇到障碍物返回，超声波测距模块的接收器接收到反射波后，测量超声波从发射到接收所用的时间，根据距离等于超声波往返的路程的一半，得出被检测的障碍物的距离distance_cm=时间×声速/2=(检测时间EchoTime_us×344m/s×100/1000000)/2=检测时间EchoTime_us/58.14（单位为cm）。

2.39.3 编程要点

1．超声波测距的编程方法

第一步，设置超声波Trig引脚输出高电平，延时20μs，然后输出低电平。

```
digitalWrite(TrigPin,HIGH);// 超声波 Trig 引脚输出高电平。
delayMicroseconds(20);// 延时 20μs。
digitalWrite(TrigPin,LOW);// 超声波 Trig 引脚输出低电平。
```

第二步，测量超声波从发射到接收所经过的时间。

```
EchoTime_us=pulseIn(EchoPin,HIGH);
```

第三步，计算测量距离，距离等于时间×声速/2。

```
distance_cm=EchoTime_us/58.14;
```

2．多次测量取平均值法

```
distance_cm=EchoTime_us/58.14;// 距离 = 时间 × 声速 /2。
total=total+distance_cm;// 累加距离 = 原来的距离 + 新测量的距离。
num=num+1;//num 加 1。
if(num>=5){// 如果大于或等于 5，
average=total/5;// 计算数组的平均数。
num=0;//num 清零。
total=0;//total 清零
```

这是采用了5次检测取平均值的方法，优点是使测试结果的前后一致性变好。

3．&&（逻辑与）

&&（逻辑与）是一种布尔运算符，就是同时的意思。类似的有 ||（逻辑或，就是至少有一个为真的意思）、！（逻辑非，就是相反的意思）。

```
if((EchoTime_us<60000)&&(EchoTime_us>1)){ 语 句 1;}// 如 果 时 间 大 于 1μs 并 且 小 于
60000μs，那么执行语句 1。
```

2.39.4　程序设计

1．代码一

（1）程序参考

```
unsigned int TrigPin=3;// 超声波 Trig 引脚连接端口 3。
unsigned int EchoPin=4;// 超声波 Echo 引脚连接端口 4。
unsigned long EchoTime_us=0;// 定义无符号长整型变量。
unsigned long distance_cm=0;// 定义无符号长整型变量。
unsigned int num=0;// 定义整型变量次数。
unsigned long total=0;// 定义长整型变量总数。
unsigned long average=0;// 定义长整型变量平均数。
void setup(){
  Serial.begin(9600);// 打开串口，设置数据传输速率为 9600bps。
  pinMode(EchoPin,INPUT);// 设置超声波 Echo 引脚为输入模式。
  pinMode(TrigPin,OUTPUT);// 设置超声波 Trig 引脚为输出模式。
  pinMode(13,OUTPUT);// 设置数字端口 13 为输出模式。
}
void loop(){
  digitalWrite(TrigPin,HIGH);// 超声波 Trig 引脚输出高电平。
  delayMicroseconds(20);// 延时 20μs。
  digitalWrite(TrigPin,LOW);// 超声波 Trig 引脚输出低电平。
  EchoTime_us=pulseIn(EchoPin,HIGH);// 测量超声波从发射到接收所经过的时间。
  if((EchoTime_us<60000)&&(EchoTime_us>1)){// 如果时间大于 1μs 并且小于 60000μs，
    distance_cm=EchoTime_us/58.14;// 距离 = 时间 × 声速 /2。
    total=total+distance_cm;// 累加距离 = 原来的距离 + 新测量的距离。
    num=num+1;//num 加 1。
    if(num>=5){// 如果大于或等于 5，
      average=total/5;// 计算数组的平均数。
```

```
            num=0;//num 清零。
            total=0;//total 清零。
            Serial.print(" 当前检测距离是 : ");// 打印字符。
            Serial.print(average,DEC);// 打印平均距离。
            Serial.println("cm");// 打印字符 "cm,"。
            if(average<20){
              digitalWrite(13,HIGH);// 如果平均距离小于 20cm，数字端口 13 输出高电平。
              Serial.println(" 小心！ 当前检测距离小于安全距离 20cm");// 打印字符。
            }
            if(average>20){
              digitalWrite(13,LOW);// 如果平均距离大于 20cm，数字端口 13 输出低电平。
              Serial.println(" 正常！ 当前检测距离大于安全距离 20cm");// 打印字符。
            }
          }
      }
  delay(200);// 延时 200ms。
}
```

（2）实验结果

代码上传成功后，单击编译器界面工具栏中的“工具”→“串口监视器”命令串口监视器将显示“当前检测距离是 ： 80cm, 正常！ 当前检测距离大于安全距离 20cm”或者“当前检测距离是 ： 12cm, 小心！ 当前检测距离小于安全距离 20cm”字样，每秒刷新一次。

2. 代码二

（1）程序参考

```
#include <LiquidCrystal.h>// 定义 LCD1602A 液晶显示屏头文件。
unsigned int TrigPin=3;// 超声波 Trig 引脚连接端口 3。
unsigned int EchoPin=4;// 超声波 Echo 引脚连接端口 4。
unsigned long EchoTime_us=0;// 定义无符号长整型变量。
unsigned long distance_cm=0;// 定义无符号长整型变量。
unsigned int num=0;// 定义变量次数。
unsigned long total=0;// 定义变量总数。
unsigned long average=0;// 定义变量平均数。
LiquidCrystal lcd(5,6,7,9,10,11,12);// 设置液晶显示屏引脚接口。
void setup(){
  lcd.begin(16,2);// 设置液晶显示屏尺寸。
```

```
    pinMode(EchoPin,INPUT);// 设置超声波 Echo 引脚为输入模式。
    pinMode(TrigPin,OUTPUT);// 设置超声波 Trig 引脚为输出模式。
    pinMode(13,OUTPUT);// 设置数字端口 13 引脚为输出模式。
}
void loop(){
    digitalWrite(TrigPin,HIGH);// 超声波 Trig 引脚输出高电平。
    delayMicroseconds(20);// 延时 20 μ s。
    digitalWrite(TrigPin,LOW);// 超声波 Trig 引脚输出低电平。
    EchoTime_us=pulseIn(EchoPin,HIGH);// 测量超声波从发射到接收所经过的时间。
    if((EchoTime_us<60000)&&(EchoTime_us>1)){// 如果时间大于 1 μ s 并且小于 60000 μ s，
      distance_cm=EchoTime_us/58.14;// 距离 = 时间 × 声速 /2。
      total=total+distance_cm;// 累加距离 = 原来的距离 + 新测量的距离。
      num=num+1;//num 加 1。
      if(num>=5){// 如果大于或等于 5，
        average=total/5;// 计算数组的平均数。
        num=0;//num 清零。
        total=0;//total 清零。
        lcd.clear();// 清屏。
        lcd.setCursor(0,0);// 设置光标位置为第 1 行第 1 个字符。
        lcd.print("Local distance:");// 显示字符“Local distance:”。
        lcd.setCursor(0,1);// 设置光标位置为第 2 行第 1 个字符。
        lcd.print(average,DEC);// 显示平均距离。
        lcd.setCursor(3,1);// 设置光标位置为第 2 行第 4 个字符。
        lcd.print("cm,");// 显示字符“cm,”。
      }
      if(average<20){// 如果距离小于 20cm，
        digitalWrite(13,HIGH);// 端口 13 输出高电平。
        lcd.setCursor(7,1);// 设置光标位置为第 2 行第 8 个字符。
        lcd.print("Danger");// 显示字符“Danger”。
      }
      if(average>20){// 如果距离大于 20cm，
        digitalWrite(13,LOW);// 端口 13 输出低电平。
        lcd.setCursor(7,1);// 设置光标位置为第 2 行第 8 个字符。
        lcd.print("OK");// 显示字符“OK”。
      }
```

```
    delay(50);// 延时 50ms。
  }
}
```

（2）实验结果

代码上传成功后，LCD1602A 液晶显示屏将显示“Local distance:80cm,OK”或“Local distance:7cm,Danger”字样，每秒刷新 4 次。

2.39.5 拓展和挑战

实现危险距离报警器，采用多次检测方法，若超声波测距模块检测到距离小于 200cm 的范围内有物体，那么 LED 灯 D13 闪亮；反之，LED 灯 D13 熄灭。

2.40 双电机正反转

玩玩具符合儿童的心理爱好和能力水平，可以满足儿童活动的需要，调动儿童活动的积极性。玩具直观形象，变化多端，组装玩具时，既要动手，又要动脑，还要克服困难、坚持不懈，因此说，玩玩具是一种寓教于乐的活动。其中，能前进、后退、左转、右转的电动小车是一款老少皆宜的玩具。

2.40.1 实验描述

编程控制双电机玩具小车，实现待机、前进、后退、左转、右转、刹车功能。

AU46 的电路原理图、电路板图和实物图如图 2.46 所示。

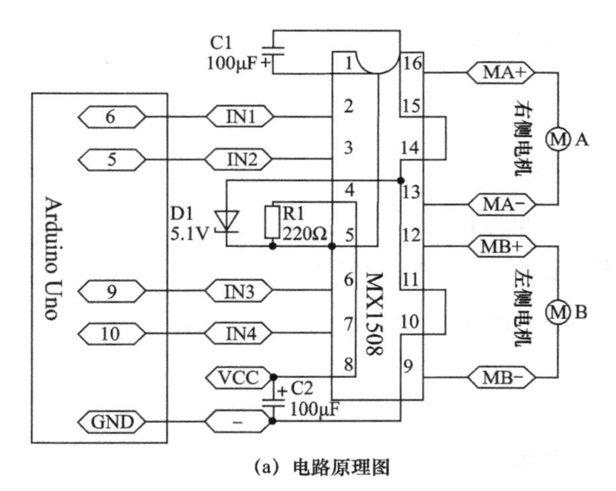

(a) 电路原理图

(b) 电路板图

图 2.46　AU46 的电路原理图、电路板图和实物图

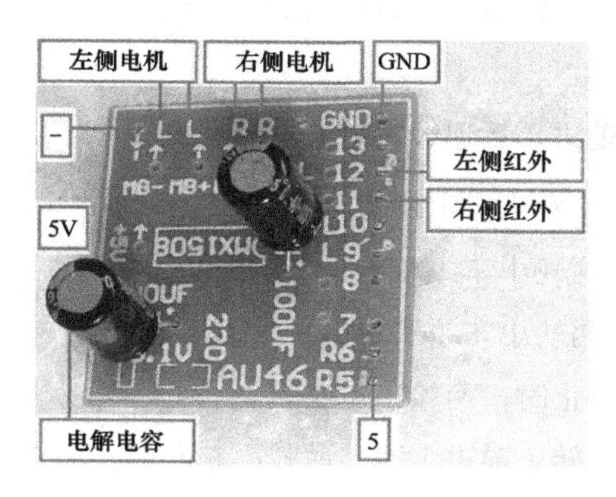

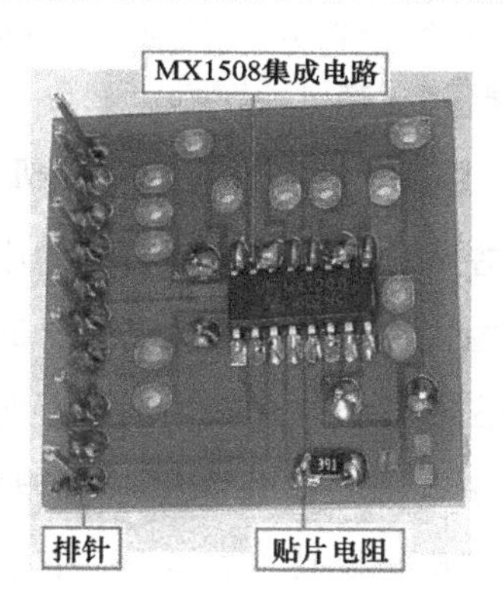

(c) 实物图

图 2.46 AU46 的电路原理图、电路板图和实物图（续）

2.40.2 知识要点

1. 双电机正反转

双电机正反转是能控制两只小型直流电机单独沿顺时针正转与沿逆时针反转的电路，如 MX1508 集成电路，常用于两轮小车的双电机驱动。

2. MX1508集成电路

MX1508 集成电路是一款二路直流电机驱动芯片，供电电压为 2 ~ 10V，可同时驱动两只小型直流电机，实现直流电机的正反转和调速功能，每路直流电机的工作电流为 1.5A，峰值电流可达 2.5A，并具有热保护功能，信号端输入电压为 1.8 ~ 7V。注：供电电压超过 10V、峰值电流大于 2.5A、电源正极与负极反接均会造成 MX1508 集成电路损坏。

根据电路原理图，MA+ 和 MA- 接右侧电机的正极和负极，MB+ 和 MB- 接左侧电机的正极和负极，如果小车运动方向与设定方向不一致，可根据实际情况交换电机的正极和负极。

2.40.3 编程要点

1. 电机正转、反转、停止、刹车

```
digitalWrite(pinleft1,0);digitalWrite(pinleft2,1);// 左侧电机（MB）正转（前进）。
digitalWrite(pinleft1,1);digitalWrite(pinleft2,0);// 左侧电机（MB）反转（后退）。
digitalWrite(pinleft1,0);digitalWrite(pinleft2,0);// 左侧电机（MB）停止。注：停止仅仅为无动力驱动，如果有外力推动，电机仍能转动。
```

digitalWrite(pinleft1,1);digitalWrite(pinleft2,1);// 左侧电机（MB）刹车。注：刹车为制动状态，即便有外力推动，电机也不转动。

2. 两轮小车（双电机）待机、前进、后退、左转、右转、刹车

当左右电机均停止时，两轮小车（双电机）待机。

当左右电机均正转（前进）时，两轮小车（双电机）前进。

当左右电机均反转（后退）时，两轮小车（双电机）后退。

当左电机反转（后退）、右电机停止时，两轮小车左转。

当左电机反转（后退）、右电机正转（前进）时，两轮小车左转。

当左电机停止、右电机正转（前进）时，两轮小车左转。

当左电机正转（前进）、右电机停止时，两轮小车右转。

当左电机正转（前进）、右电机反转（后退）时，两轮小车右转。

当左电机停止、右电机反转（后退）时，两轮小车右转。

当左右电机均刹车时，两轮小车（双电机）刹车。

2.40.4 程序设计

（1）程序参考

```
#define pinleft1 10// 左侧电机引脚 1 接数字端口 10。
#define pinleft2 9// 左侧电机引脚 2 接数字端口 9。
/* // 使用下面的两条语句可改变左侧电机的转动方向。
  #define pinleft1 9// 左侧电机引脚 1 接数字端口 9。
  #define pinleft2 10// 左侧电机引脚 2 接数字端口 10。
*/
#define pinright1 5// 右侧电机引脚 1 接数字端口 5。
#define pinright2 6// 右侧电机引脚 2 接数字端口 6。
/* // 使用下面的两条语句可改变右侧电机的转动方向。
  #define pinright1 6// 右侧电机引脚 1 接数字端口 6。
  #define pinright2 5// 右侧电机引脚 2 接数字端口 5。
*/
void setup(){
  pinMode(pinleft1,OUTPUT);
  pinMode(pinleft2,OUTPUT);
  pinMode(pinright1,OUTPUT);
  pinMode(pinright2,OUTPUT);
}
void loop(){
```

```
    wait();// 待机。
    forward();// 前进。
    back();// 后退。
    left();// 左转。
    right();// 右转。
    brake();// 刹车。
}
void wait(){// 待机。
    digitalWrite(pinleft1,0);
    digitalWrite(pinleft2,0);
    digitalWrite(pinright1,0);
    digitalWrite(pinright2,0);
    delay(1000);// 延时 1000ms。
}
void brake(){// 刹车。
    digitalWrite(pinleft1,1);
    digitalWrite(pinleft2,1);
    digitalWrite(pinright1,1);
    digitalWrite(pinright2,1);
    delay(1000);// 延时 1000ms。
}
void forward(){// 前进。
    digitalWrite(pinleft1,0);
    digitalWrite(pinleft2,1);// 左侧电机（MB）前进。
    digitalWrite(pinright1,0);
    digitalWrite(pinright2,1);// 右侧电机（MA）前进。
    delay(1000);// 延时 1000ms。
    digitalWrite(pinleft2,0);
    digitalWrite(pinright2,0);
    delay(1000);// 延时 1000ms。
}
void back(){// 后退。
    digitalWrite(pinleft1,1);
    digitalWrite(pinleft2,0);// 左侧电机（MB）后退。
    digitalWrite(pinright1,1);
    digitalWrite(pinright2,0);// 右侧电机（MA）后退。
    delay(1000);// 延时 1000ms。
    digitalWrite(pinleft1,0);
    digitalWrite(pinright1,0);
```

```
    delay(1000);// 延时 1000ms。
}
void left(){// 左转。
    digitalWrite(pinleft1,1);
    digitalWrite(pinleft2,0);// 左侧电机（MB）后退。
    digitalWrite(pinright1,0);
    digitalWrite(pinright2,1);// 右侧电机（MA）前进。
    delay(1000);// 延时 1000ms。
    digitalWrite(pinleft1,0);
    digitalWrite(pinright2,0);
    delay(1000);// 延时 1000ms。
}
void right(){// 右转。
    digitalWrite(pinleft1,0);
    digitalWrite(pinleft2,1);// 左侧电机（MB）前进。
    digitalWrite(pinright1,1);
    digitalWrite(pinright2,0);// 右侧电机（MA）后退。
    delay(1000);// 延时 1000ms。
    digitalWrite(pinleft2,0);
    digitalWrite(pinright1,0);
    delay(1000);// 延时 1000ms。
}
```

（2）实验结果

将两只小型直流电机安装在小车上，接通电源，小车在程序的控制下，可实现待机、前进、后退、左转、右转、刹车功能。

2.40.5 拓展和挑战

让小车前进 3s，左转 90°，前进 3s，右转 90°，后退 3s，右转 90°，前进 3s，左转 90°，待机。

2.41 步进电机

步进电机在不超载的情况下，能以固定的角度一步步旋转，可以通过控制脉冲个数来控制角位移量，实现精确定位；通过控制脉冲频率来控制转速，实现精确调速；通过改变绕组通电的顺序，实现电机正反转。步进电机适用于低转速、高精度控制场合，具有定位精确、控制相对简单等突出优点。下面，我们学习步进电机编程控制实验。

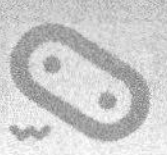

2.41.1　实验描述

编程控制 ULN2003 集成电路，使 28BYJ-48 步进电机慢速正转、快速反转。

AU41 的电路原理图、电路板图和实物图如图 2.47 所示。

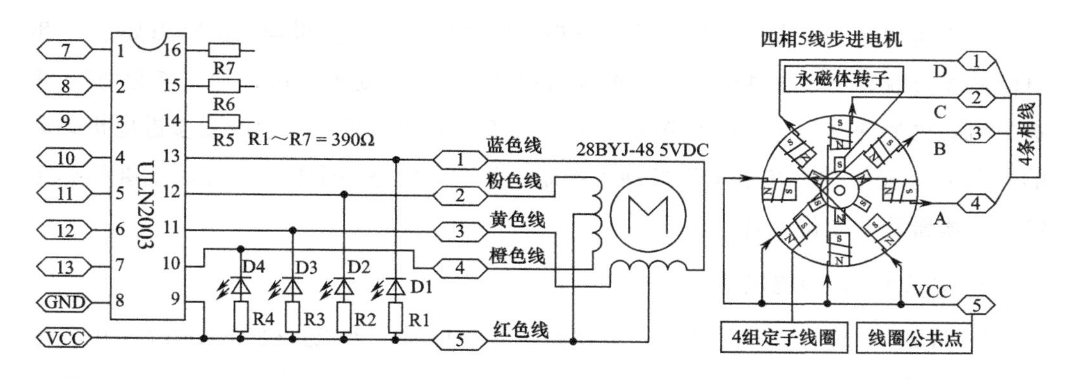

（a）电路原理图

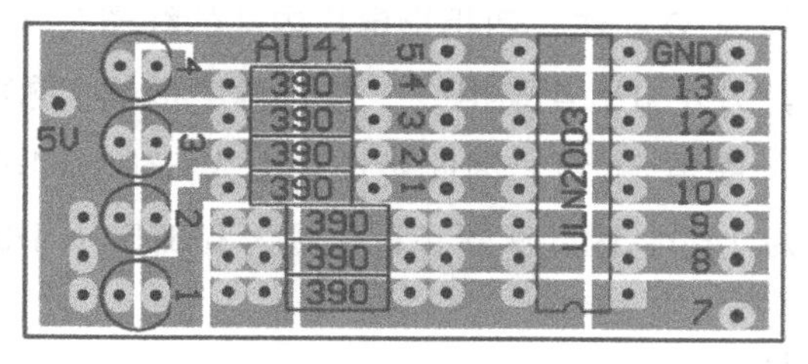

（b）电路板图

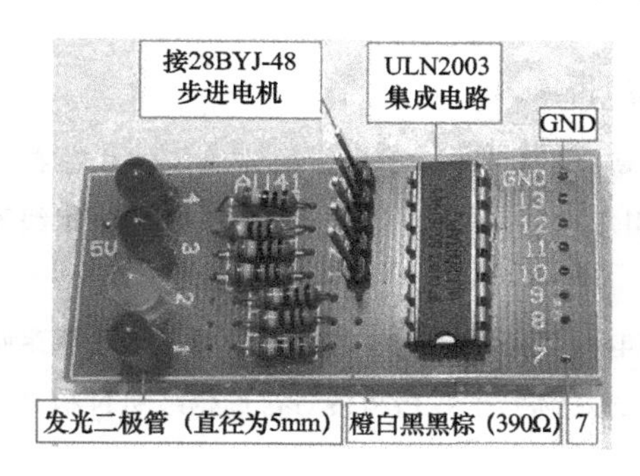

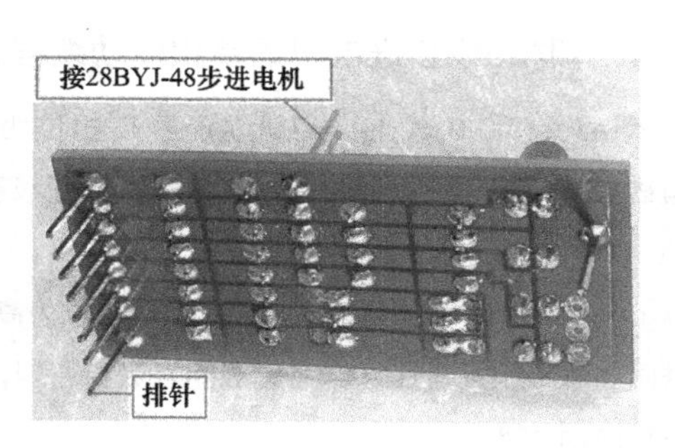

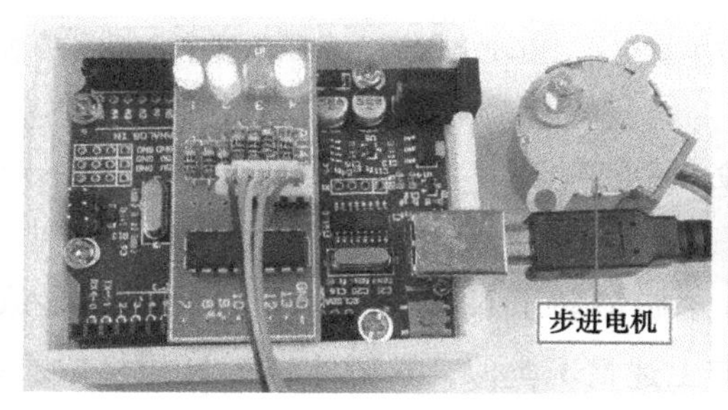

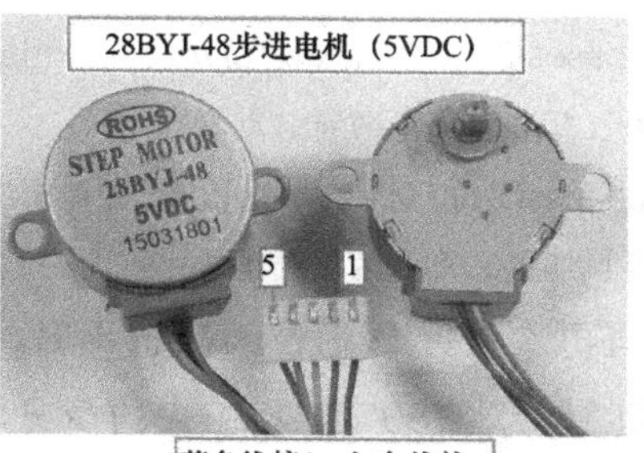

（c）实物图

图 2.47　AU41 的电路原理图、电路板图和实物图

2.41.2 知识要点

1. 步进电机

步进电机是一种通过多相时序控制电流驱动的电机。步进电机的特点如下：步进驱动器接收到一个脉冲信号，步进电机就转动一个固定的角度，即“步距角”；步进电机转动的速度和脉冲的频率成正比；改变脉冲的顺序，可以改变步进电机转动的方向；没有脉冲，步进电机将静止不动。步进电机适用于数控车床、需要精确定位的机器臂等自动化设备上。

2. 28BYJ-48步进电机

28BYJ–48 是一只 5VDC 四相 5 线减速步进电机，电机直径为 28mm，供电电压为 5V，步进角度为 5.625° ×1/64，减速比为 1/64，驱动芯片为 ULN2003，频率为 100Hz，直流电阻为 50Ω。注：四相指电机内部的线圈有 4 组，5 线指 4 组线圈公共点连接成 1 条线，另外引出 4 条相线；步进角度指单个脉冲信号使电机转动的角度，该步进电机转一圈需 64 步，因此步进角度为 360° /64=5.625° ，由于使用的减速齿轮的减速比为 1/64，因此实际步进角度为 5.625° ×1/64。

2.41.3 编程要点

1. 四相5线步进电机的单相驱动编程原理

phases(0,0,0,1);delay(10);// 设置 D 相位为高电平，延时 10ms，根据通电螺线管右手定则与磁铁同名磁极相互排斥、异名磁极相互吸引原理，永磁体转子 S 极将转动到 D 相线圈 N 极处。

phases(0,0,1,0);delay(10);// 设置 C 相位为高电平，延时 10ms，根据通电螺线管右手定则与磁铁同名磁极相互排斥、异名磁极相互吸引原理，永磁体转子 S 极将转动到 C 相线圈 N 极处，即顺时针转动 45° 。

phases(0,1,0,0);delay(10);// 设置 B 相位为高电平，延时 10ms，永磁体转子 S 极将转动到 B 相线圈 N 极处，即顺时针转动 90° 。

phases(1,0,0,0);delay(10);// 设置 A 相位为高电平，延时 10ms，永磁体转子 S 极将转动到 A 相线圈 N 极处，即顺时针转动 135° 。

当再次设置 D 相位为高电平时，永磁体转子 N 极将转动到 D 相线圈 S 极处，即顺时针转动 180° 。接下来的情况与上述情况类似，永磁体转子 N 极将依次转动到 C、B、A 相线圈 S 极处，即依次顺时针转动至 225° 、270° 、315° 。

2．四相5线步进电机的双相驱动编程原理

phases(0,0,1,1);delay(10);// 设置 C、D 相位为高电平，延时 10ms，永磁体转子 S 极将转动到 C、D 相线圈 N 极中间处。

phases(0,1,1,0);delay(10);// 设置 B、C 相位为高电平，延时 10ms，永磁体转子 S 极将转动到 B、C 相线圈 N 极中间处，即顺时针转动 90°。

接下来的情况与上述情况类似。

2.41.4　程序设计

本实验代码一为单相驱动，该驱动方式耗电量较小，输出扭矩较小，振动较大；代码二为两相驱动，该驱动方式耗电量较大，输出扭矩较大，振动较小。

1．代码一

（1）程序参考

```
void setup(){// 设置数字端口 10 ～ 13 为输出模式。
  pinMode(10,OUTPUT);
  pinMode(11,OUTPUT);
  pinMode(12,OUTPUT);
  pinMode(13,OUTPUT);
}
void loop(){
  for(int i=0;i<512;i++){// 顺时针慢速转动 360°。
    phases(0,0,0,1);// 设置 D 相位为高电平。
    delay(10);// 延时 10ms。
    phases(0,0,1,0);// 设置 C 相位为高电平。
    delay(10);// 延时 10ms。
    phases(0,1,0,0);// 设置 B 相位为高电平。
    delay(10);// 延时 10ms。
    phases(1,0,0,0);// 设置 A 相位为高电平。
    delay(10);// 延时 10ms。
  }
  delay(1000);// 延时 1000ms。
  for(int i=0;i<1024;i++){// 逆时针快速转动 720°。
    phases(1,0,0,0);// 设置 A 相位为高电平。
    delay(2);// 延时 2ms。
    phases(0,1,0,0);// 设置 B 相位为高电平。
```

```
      delay(2);// 延时 2ms。
      phases(0,0,1,0);// 设置 C 相位为高电平。
      delay(2);// 延时 2ms。
      phases(0,0,0,1);// 设置 D 相位为高电平。
      delay(2);// 延时 2ms。
    }
  delay(1000);// 延时 1000ms。
}
void phases(int pin10,int pin11,int pin12,int pin13){// 定义相线引脚。
  digitalWrite(10,pin10);
  digitalWrite(11,pin11);
  digitalWrite(12,pin12);
  digitalWrite(13,pin13);
}
```

（2）实验结果

将电路板的排针插入Arduino Uno开发板对应的插槽内，将步进电机的红线接排针5，蓝线接排针1，接通电源，步进电机顺时针慢速转动360°，暂停1000ms，然后逆时针快速转动720°，暂停1000ms。如此循环。

2．代码二

（1）程序参考

```
void setup(){
  pinMode(10,OUTPUT); // 设置数字端口 10 ~ 13 为输出模式。
  pinMode(11,OUTPUT);
  pinMode(12,OUTPUT);
  pinMode(13,OUTPUT);
}
void loop(){
  for(int i=0;i<512;i++){// 顺时针慢速转动 360°
    phases(0,0,1,1);// 设置 C、D 相位为高电平。
    delay(10);// 延时 10ms。
    phases(0,1,1,0);// 设置 B、C 相位为高电平。
    delay(10);// 延时 10ms。
    phases(1,1,0,0);// 设置 A、B 相位为高电平。
    delay(10);// 延时 10ms。
```

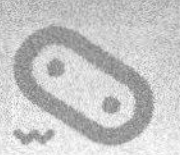

```
      phases(1,0,0,1);// 设置 D、A 相位为高电平。
      delay(10);// 延时 10ms。
    }
    delay(1000);// 延时 1000ms。
    for(int i=0;i<1024;i++){// 逆时针快速转动 720° 。
      phases(1,1,0,0);// 设置 A、B 相位为高电平。
      delay(2);// 延时 2ms。
      phases(0,1,1,0);// 设置 B、C 相位为高电平。
      delay(2);// 延时 2ms。
      phases(0,0,1,1);// 设置 C、D 相位为高电平。
      delay(2);// 延时 2ms。
      phases(1,0,0,1);// 设置 D、A 相位为高电平。
      delay(2);// 延时 2ms。
    }
    delay(1000);// 延时 1000ms。
  }
  void phases(int pin10,int pin11,int pin12,int pin13){// 定义相线引脚。
    digitalWrite(10,pin10);
    digitalWrite(11,pin11);
    digitalWrite(12,pin12);
    digitalWrite(13,pin13);
  }
```

（2）实验结果

接通电源，步进电机顺时针慢速转动 360° ，暂停 1000ms，然后逆时针快速转动 720° ，暂停 1000ms。如此循环。

2.41.5　拓展和挑战

编程控制步进电机，使步进电机顺时针较快速转动 2 圈，然后逆时针较慢速转动 1 圈。如此循环。

2.42　手柄摇杆与四脚三色 LED 灯

此前，我们曾学习过四脚三色 LED 灯的编程控制方法，让它发出红色光、绿色光、蓝色光，以及多种颜色组合的光线，下面，让我们进一步学习运用手柄摇杆让四脚三色 LED 灯产生多种颜色组合的光线。

2.42.1　实验描述

编程控制四脚三色 LED 灯随手柄摇杆的变动而变换颜色。

AU43 的电路原理图、电路板图和实物图如图 2.48 所示。

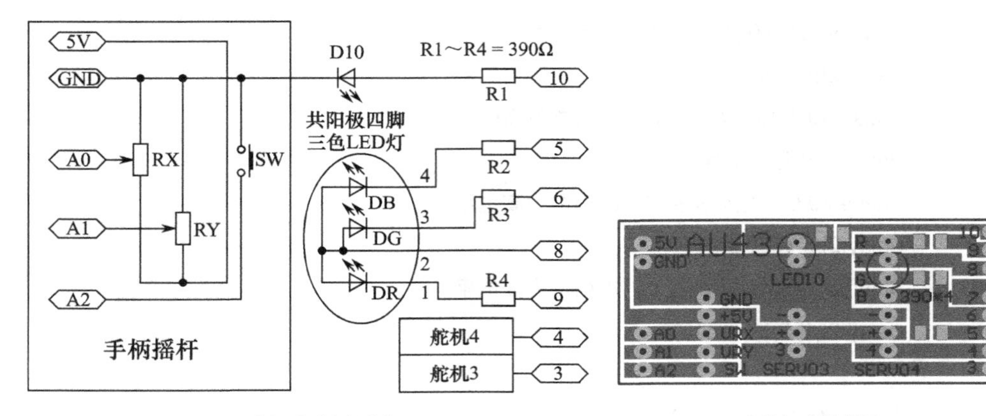

(a) 电路原理图　　(b) 电路板图

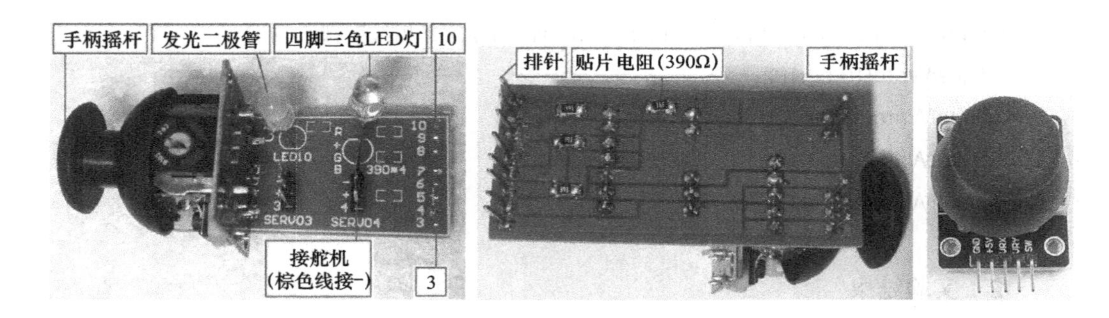

(c) 实物图

图 2.48　AU43 的电路原理图、电路板图和实物图

2.42.2　知识要点

手柄摇杆是一种可上下左右运行的操作手柄。手柄摇杆通过 X 轴、Y 轴的两个电位器和一只轻触开关可稳定输出两路模拟量、一路数字量，多用于游戏、玩具的运行方向控制、灯光参数调节与模式变换、两个自由度的舵机云台控制、二维空间运动或其他比例控制。

2.42.3　编程要点

1. 语句outvx=map(analogRead(vx),0,1023,0,255);

该语句表示将 vx 端口输入的模拟值 0 ~ 1023 转换为 0 ~ 255，将转换后的值

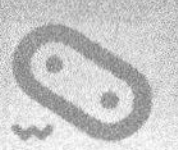

赋给变量 outvx。

语法：

y=map(x,xMIN,xMAX,yMIN,yMAX);// 将变量 x 的值按变化范围等比例转换后赋给变量 y，x 和 y 为同类型变量，xMIN 和 xMAX 为变量 x 的变化范围，yMIN 和 yMAX 为变量 y 的变化范围。

2．语句const int vx=A0;与int outvx;

语句 const int vx=A0; 表示定义整型常量 vx=A0，常量在整个程序执行期间其值固定不变。整型常量的取值范围为 0 ~ 32768×2。

语句 int outvx; 表示定义整型变量 outvx，变量在整个程序执行期间其值可以改变，整型变量的取值范围为 –32768 ~ 32767。

2.42.4　程序设计

1．代码一

（1）程序参考

```
const int vx=A0;// 定义整型常量 vx=A0。
const int vy=A1;// 定义整型常量 vy=A1。
const int sw=A2;// 定义整型常量 sw=A2。
int outvx;// 定义整型变量 outvx。
int outvy;// 定义整型变量 outvy。
int outsw;// 定义整型变量 outsw。
void setup(){// 设置串口通信数据传输速率为 9600bps。
  Serial.begin(9600);
}
void loop(){
  outvx=map(analogRead(vx),0,1023,0,255);
  // 表示将 vx 端口输入的模拟值 0 ~ 1023 转换为 0 ~ 255。
  outvy=map(analogRead(vy),0,1023,0,255);
  outsw=map(analogRead(sw),0,1023,0,255);
  Serial.print("vx = ");// 打印 "vx = "。
  Serial.print(outvy);// 串口监视器显示 outvy 的值。
  Serial.print("; ");
  Serial.print("vy = ");// 打印 "vy = "
  Serial.print(outvx);// 串口监视器显示 outvx 的值。
  Serial.print("; ");
  Serial.print("sw = ");// 打印 "sw = "。
  Serial.println(outsw);// 串口监视器显示 outsw 的值。
  delay(1000);// 延时 1000ms。
}
```

（2）实验结果

代码上传成功后，单击编译器界面工具栏中的“工具”→“串口监视器”命令，在打开的串口监视器中显示 vx=132;vy=125;sw=147，示数随摇杆的变动而变化。

2．代码二

（1）程序参考

```
const int vx=A0;// 定义整型常量 vx=A0。
const int vy=A1;// 定义整型常量 vy=A1。
const int sw=A2;// 定义整型常量 sw=A2。
int outvx;// 定义整型变量 outvx。
int outvy;// 定义整型变量 outvy。
int outsw;// 定义整型变量 outsw。
void setup(){
  pinMode(8,OUTPUT);// 设置数字端口 8 为输出模式。
  digitalWrite(8,HIGH);// 设置数字端口 8 输出高电平。
}
void loop(){
  outvx=map(analogRead(vx),0,1023,0,255);
  outvy=map(analogRead(vy),0,1023,0,255);
  outsw=map(analogRead(sw),0,1023,0,255);
  setColor(outvx,outvy,outsw);
  // 输出 RGB 值为 (outvx,outvy,outsw) 的颜色。
  delay(100);// 延时 100ms。
}
void setColor(int red,int green,int blue){
  analogWrite(9,255-red);// 数字端口 9 输出电压值为 255-red。
  analogWrite(6,255-green);// 数字端口 6 输出电压值为 255-green。
  analogWrite(5,255-blue);// 数字端口 5 输出电压值为 255-blue。
}
```

（2）实验结果

代码上传成功后，四脚三色 LED 灯的颜色随摇杆的变动而变化。

2.42.5　拓展和挑战

按一下 SW 键，执行语句 setColor(outvx,outvy,0)，输出 RGB 值为 (outvx,outvy,0) 的颜色；

再按一下 SW 键，执行语句 setColor(outvx,outvy,50)，输出 RGB 值为 (outvx,outvy,50) 的颜色；

再按一下 SW 键，执行语句 setColor(outvx,outvy,100)，输出 RGB 值为 (outvx,outvy,100) 的颜色；

再按一下 SW 键，执行语句 setColor(outvx,outvy,150)，输出 RGB 值为 (outvx,outvy,150) 的颜色；

再按一下 SW 键，执行语句 setColor(outvx,outvy,200)，输出 RGB 值为 (outvx,outvy,200) 的颜色；

再按一下 SW 键，执行语句 setColor(outvx,outvy,250)，输出 RGB 值为 (outvx,outvy,250) 的颜色。

然后，outsw 再按 0、50、100、150、200、250 循环。

提示：

```
int val=0;
void loop(){
  outvx=map(analogRead(vx),0,1023,0,255);
  outvy=map(analogRead(vy),0,1023,0,255);
  outsw=map(analogRead(sw),0,1023,0,255);
  setColor(outvx,outvy,val);
  // 输出 RGB 值为 (outvx,outvy,val) 的颜色。
  if(outsw==0){// 如果 outsw==0，
    val=val+50;// 那么 val=val+50。
    if(val>255){// 如果 val>255，那么 val=0。
      val=0;
    }
  }
  delay(100);// 延时 100ms。
}
```

2.43　手柄摇杆与两路舵机和一路 LED 灯

我们学习了运用手柄摇杆使四脚三色 LED 灯产生多种组合颜色的光线，下面，让我们学习运用手柄摇杆编程控制两路舵机和一路 LED 灯动态显示的方法。

2.43.1　实验描述

按一下手柄摇杆按钮，让 LED 灯 D10 点亮，再按一下手柄摇杆按钮，让 LED 灯 D10 熄灭，舵机 3 和舵机 4 随摇杆的变动而运行。

AU43 的电路原理图、电路板图和实物图如图 2.49 所示。

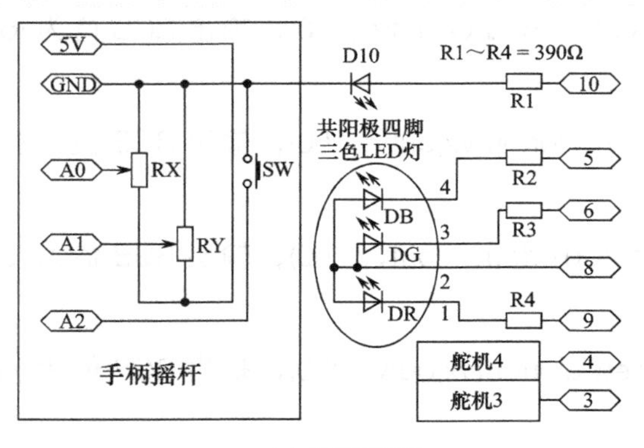

(a) 电路原理图

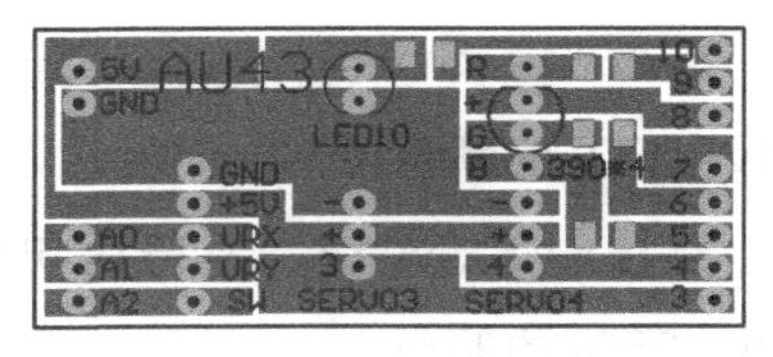

(b) 电路板图

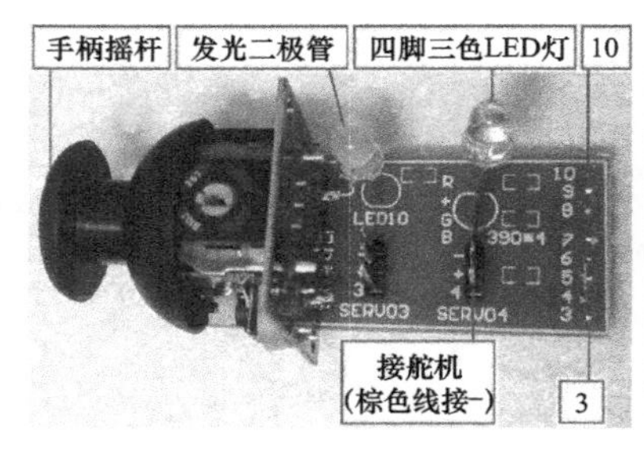

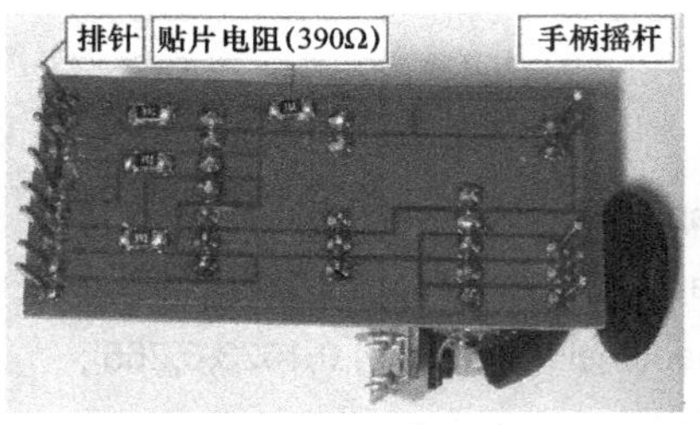

(c) 实物图

图 2.49　AU43 的电路原理图、电路板图和实物图

2.43.2　知识要点

两个自由度的舵机控制：本实验运用手柄摇杆同时驱动两路 SG90 舵机随摇杆的变动而运行。实际应用时，需要外接 7.5 ~ 9V 的 2A 直流电源到 Arduino Uno 开发板的电源插座上，否则舵机有可能因供电不足而无法正常工作，由于电源电压和机械阻力等方面的原因，舵机的反应可能不灵敏、不精确。

2.43.3　编程要点

1. Arduino语言中的单等号与双等号

单等号 “=” 表示赋值运算，是算术运算符（注：赋值就是将等号右边的数值赋给等号左边的变量，赋值时必须确保等号左边的变量能储存右边的数值，如不能把小数赋给整数变量），同类型的有 +（加）、–（减）、*（乘）、/（除）、%（模）。

双等号 “==” 表示等于，是比较运算符，同类型的有 !=（不等于）、<（小于）、>（大于）、<=（小于等于）、>=（大于等于）。

2. if（条件判断语句）和==、!=、<、>（比较运算符）

比较运算符用于条件判断语句中，表示检测某个条件是否达成，只要 if 后面括

号里的结果（称之为测试表达式）为真，则执行大括号中的语句（称之为执行语句块）；若为假，则跳过大括号中的语句。

```
if(val==1){
  digitalWrite(10,1);
}else{
  digitalWrite(10,0);
}// 如果 val==1，那么数字端口 10 输出高电平，否则输出低电平。
```

3．几种常见的if（条件判断）语句

第一种：

```
if(val==1)digitalWrite(10,1);// 无大括号，以分号结尾。
```

第二种：

```
if(val==1){digitalWrite(10,1);}// 有大括号，结尾无分号。
```

第三种：

```
if(!digitalRead(12))tone(3,D3,20)// 如果按下 K12 键，数字端口 3 输出低音 3 对应的 330Hz 的声音，持续时间为 20ms。按下 K12 键，digitalRead(12)=0，!digitalRead(12)=1，括号里的测试表达式值为 1 即条件为真，如果条件为真，那么执行语句 tone(3,D3,20)。
```

第四种：

```
if(val==1){
  digitalWrite(10,1);
}else{
  digitalWrite(10,0);
}
```

另外，还有 if 嵌套用法。

2.43.4　程序设计

（1）程序参考

```
#include <Servo.h>// 定义头文件 Servo.h。
Servo servo3;// 定义舵机变量名 servo3。
Servo servo4;// 定义舵机变量名 servo4。
const int vx=A0;// 定义整型常量 vx=A0。
const int vy=A1;// 定义整型常量 vy=A1。
const int sw=A2;// 定义整型常量 sw=A2。
int outvx;// 定义整型变量 outvx。
int outvy;// 定义整型变量 outvy。
int outsw;// 定义整型变量 outsw。
bool val=0;// 定义布尔变量 val，初始化赋值为 0。
void setup(){
  pinMode(10,OUTPUT);// 设置数字端口 10 为输出模式。
  servo3.attach(3);// 定义舵机 3 的接口为数字端口 3。
```

```
    servo4.attach(4);// 定义舵机 4 的接口为数字端口 4。
  }
  void loop(){// 将 vx、vy、sw 端口输入的模拟值 0 ~ 1023 转换为 0 ~ 255。
    outvx=map(analogRead(vx),0,1023,0,180);
    outvy=map(analogRead(vy),1023,0,0,180);
    outsw=map(analogRead(sw),0,1023,0,255);
    servo3.write(outvx);// 设置舵机 3 旋转的角度为 outvx。
    servo4.write(outvy);// 设置舵机 4 旋转的角度为 outvy。
    if(val==1){// 如果 val 的值为 1，
      digitalWrite(10,1);// 数字端口 10 输出高电平。
    }else{// 否则，
      digitalWrite(10,0);// 数字端口 10 输出低电平。
    }
    if(outsw==0){// 如果 outsw 的值为 0，
      delay(100);// 延时 100ms。
      if(outsw==0){// 如果 outsw 的值为 0，
        val=!val;// 将 val 值取反，val=0，!val=1。
      }
    }
    delay(100);// 延时 100ms。
  }
```

（2）实验结果

代码上传成功后，将电路板的排针插入 Arduino Uno 开发板对应的插槽内，将舵机 3 和舵机 4 安装在 AU43 电路板上，舵机棕色线接 –，红色线接 +5V，橙色线接舵机控制信号。接通电源，按一下按钮，LED 灯 D10 点亮，再按一下按钮，LED 灯 D10 熄灭，舵机 3 和舵机 4 随摇杆的变动而运行。

2.43.5 拓展和挑战

编写程序，通过手柄摇杆控制舵机 3 和舵机 4。

2.44 红外发射与红外接收

此前，我们学习过运用红外遥控器开关灯与控制多个 LED 灯，那么能否模拟红外遥控器发射红外遥控指令开关灯、控制多个 LED 灯呢？下面让我们运用红外发射管与红外接收管，编程模拟红外遥控器发射与接收的控制过程。

2.44.1 实验描述

本实验需要两套 Arduino Uno 开发板，一套用于发射红外信号，通过红外发射

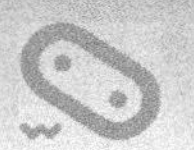

管发射十六进制代码值为 0xFF30CF 的红外信号，另一套用于接收红外信号，通过红外接收管接收红外信号，控制 LED 灯 D3 的点亮与熄灭。

AU44A、AU11 的电路原理图、电路板图和实物图如图 2.50 所示。

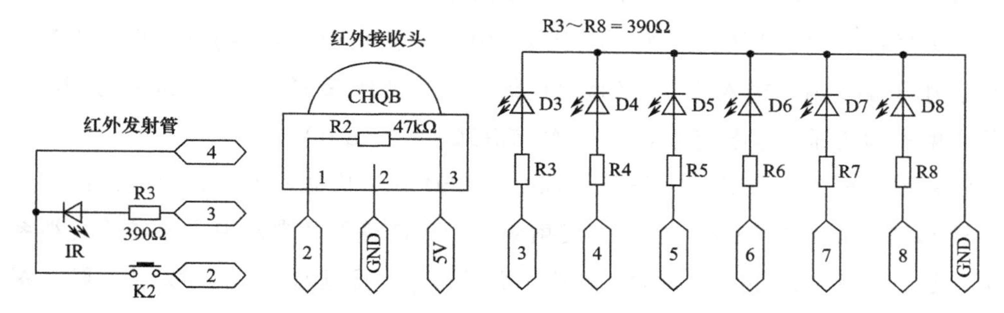

(a) 电路原理图（左图为AU44A、中图和右图为AU11）

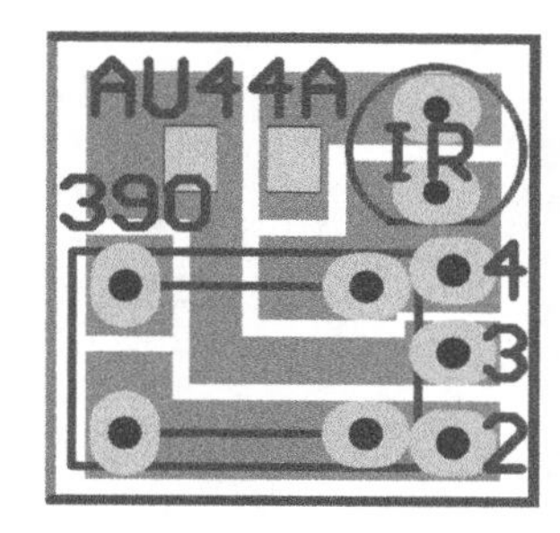

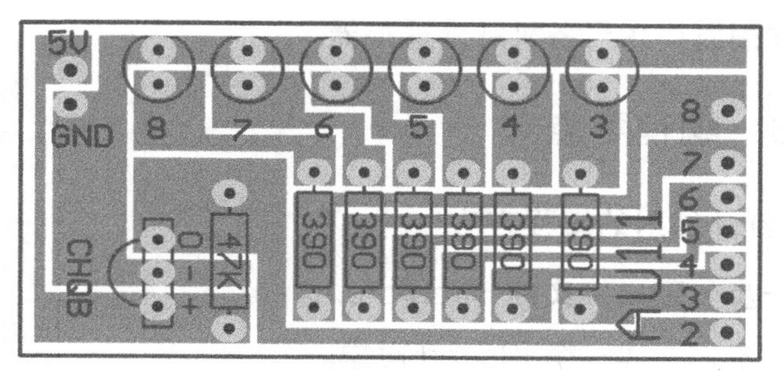

(b) 电路板图（左图为AU44A、右图为AU11）

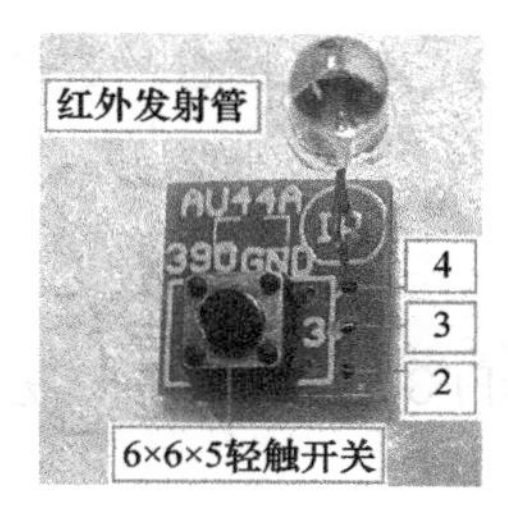

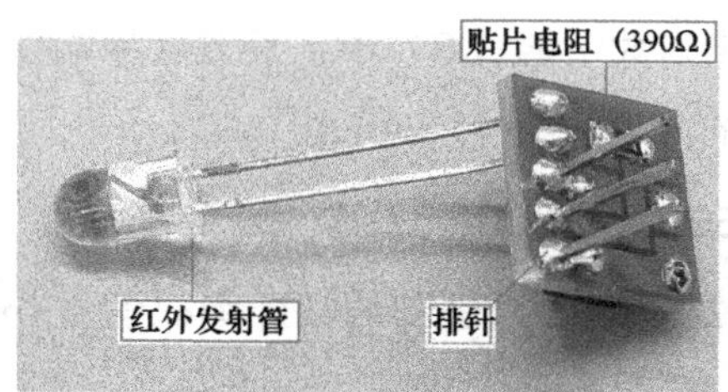

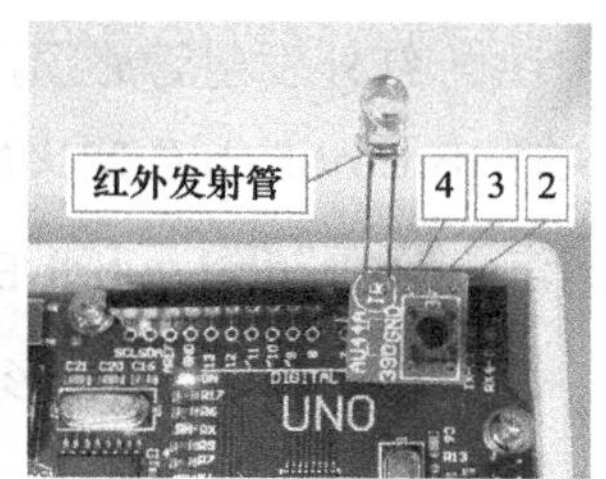

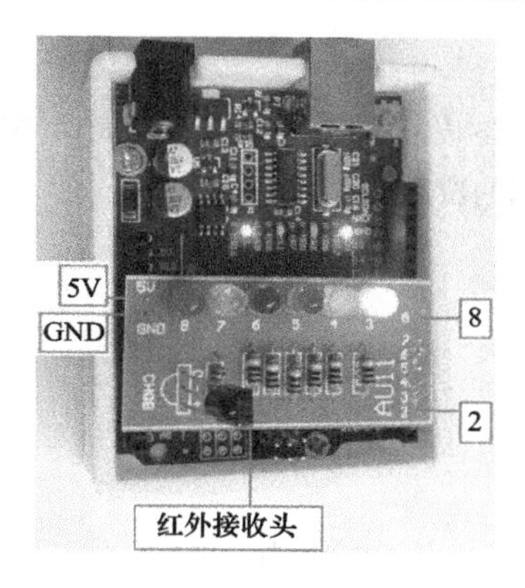

(c) 实物图（上图为AU44A、下图为AU11）

图 2.50　AU44A、AU11 的电路原理图、电路板图和实物图

2.44.2　知识要点

红外发射管即红外线发射二极管，它可以把电能直接转换成近红外光（不可见光）辐射出去，主要应用于各种光电开关及遥控发射电路中。

红外发射管的长引脚为正极、短引脚为负极，正常工作电压约为 1.4V，正常工作电流小于 20mA，接入 3 ~ 6V 直流电源上时，必须串联一只约 390Ω 的电阻。红外发射管的实际工作电流为（6V−1.4V)/390Ω ≈ 11.8mA。

红外发射管发射的红外光波长为 830 ~ 950nm，肉眼看不见，可通过红外接收管检测到。波长为 830nm 的红外发射管适用于高速路的自动刷卡系统（夜视系统）；波长为 850nm 的红外发射管适用于数码摄影、视频监控、楼宇对讲、防盗报警；波长为 870nm 的红外发射管适用于商场、十字路口的摄像头；波长为 940nm 的红外发射管适用于各种红外遥控器。

2.44.3　编程要点

1．红外发射的编程方法

第一步，定义头文件 IRremote.h。

第二步，新建一个 IRsend 对象。

第三步，在 loop 函数中设置红外发射信号。

注：红外发射管必须接到数字端口 3，不用设置数字端口 3 的输出状态，这是头文件 IRremote.h 中定义的。

2．语句irsend.sendNEC(0xFF30CF,32)

该语句表示以 32 位形式发射十六进制的红外编码信号 0xFF30CF。32 位二进制 =8 位十六进制。

语法：

irsend.sendNEC(IRcode,numBits);// 以 NEC 协议格式发射一组红外编码。IRcode 表示十六进制的红外编码，numBits 表示编码的位数。

2.44.4　程序设计

1．代码一

（1）程序参考

```
#include "IRremote.h"// 定义头文件 IRremote.h。
IRsend irsend;// 新建一个 IRsend 对象。
void setup(){
```

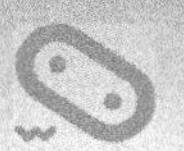

```
    pinMode(4,OUTPUT);// 设置数字端口 4 为输出模式。
    digitalWrite(4,0);// 设置数字端口 4 输出低电平。
}
void loop(){
    irsend.sendNEC(0xFF30CF,32);// 发射 0xFF30CF 信号。
    delay(500);// 延时 500ms。
}
```

（2）实验结果

这是红外发射程序代码，使用 AU44A 电路板，电路板上安装有红外发射管。代码上传成功后，红外发射管每隔 500ms 发射一次十六进制代码值为 0xFF30CF 的红外信号。

2. 代码二

（1）程序参考

```
#include "IRremote.h"// 定义头文件 IRremote.h。
IRsend irsend;// 新建一个 IRsend 对象。
void setup(){
    pinMode(2,OUTPUT);// 设置数字端口 2 为输出模式。
    pinMode(2,INPUT);// 设置数字端口 2 为输入模式。
    digitalWrite(2,1);// 设置数字端口 2 为高电平。
    pinMode(4,OUTPUT);// 设置数字端口 4 为输出模式。
    digitalWrite(4,0);// 设置数字端口 4 输出低电平。
}
void loop(){
    digitalWrite(2,1);// 设置数字端口 2 为高电平。
    if(digitalRead(2)==0){// 如果数字端口 2 为低电平，
        irsend.sendNEC(0xFF30CF,32);// 发射 0xFF30CF 信号。
        delay(500);// 延时 500ms。
    }
}
```

（2）实验结果

这是红外发射程序代码，使用 AU44A 电路板，电路板上安装有红外发射管。代码上传成功后，按一下轻触开关，红外发射管发射一次十六进制代码值为 0xFF30CF 的红外信号。

3. 代码三

（1）程序参考

```
#include <IRremote.h>// 定义头文件 IRremote.h。
```

```
IRrecv irrecv(2);//IRrecv 类构造函数，红外接收头输出引脚接数字端口 2。
decode_results results;// 新建一个 decode_results 类的对象。
void setup(){
  pinMode(3,OUTPUT);// 设置数字端口 3 为输出模式。
  digitalWrite(3,0);// 数字端口 3 输出低电平。
  irrecv.enableIRIn();// 初始化红外通信。
  Serial.begin(9600);// 打开串口，设置数据传输速率为 9600bps。
}
void loop(){
  if(irrecv.decode(&results)){// 如果接收到编码，
    Serial.println(results.value,HEX);// 串口监视器显示十六进制代码并换行。
    Serial.println();// 串口监视器显示一个空行
    digitalWrite(3,!digitalRead(3));// 数字端口 3 输出电平取反。
    delay(200);// 延时 200ms。
    irrecv.resume();// 接收下一个编码。
  }
}
```

（2）实验结果

这是红外接收程序代码，将红外接收头输出引脚接 Arduino Uno 开发板的数字端口 2，当红外接收头接收到红外信号后，LED 灯 D3 的点亮状态取反。

4．代码四

（1）程序参考

```
#include <IRremote.h>// 定义头文件 IRremote.h。
IRrecv irrecv(2);//IRrecv 类构造函数，红外接收头输出引脚接数字端口 2。
decode_results results;// 新建一个 decode_results 类的对象。
void setup(){
  pinMode(3,OUTPUT);// 设置数字端口 3 为输出模式。
  digitalWrite(3,0);// 数字端口 3 输出低电平。
  irrecv.enableIRIn();// 初始化红外通信。
  Serial.begin(9600);// 打开串口，设置数据传输速率为 9600bps。
}
void loop(){
  if(irrecv.decode(&results)){// 如果接收到编码，
    Serial.println(results.value,HEX);// 串口监视器显示十六进制代码并换行。
    Serial.println();// 串口监视器显示一个空行。
    if(results.value==0xFF30CF){// 如果接收到按键 1 的编码，
      digitalWrite(3,!digitalRead(3));// 数字端口 3 输出电平取反。
```

```
            delay(200);// 延时 200ms。
        }
        irrecv.resume();// 接收下一个编码。
    }
}
```

（2）实验结果

这是红外接收程序代码，将红外接收头输出引脚接 Arduino Uno 开发板的数字端口 2，当红外接收头接收到按键 1 的编码的红外信号后，LED 灯 D3 的点亮状态取反。

2.44.5　拓展和挑战

本实验需要两套 Arduino Uno 开发板，一套用于发射红外信号 0xFF18E7，另一套用于接收红外信号，控制 LED 灯 D3 ~ D8 的点亮与熄灭。

2.45　红外遥控小车

此前，我们学习过运用红外遥控器开关灯与控制多个 LED 灯，那么能否运用红外遥控器控制小车前进、后退、左转、右转，实现无线遥控功能呢？当然能！下面让我们运用红外接收头与双电机正反转电路，编程控制小车前进、后退、左转、右转，以实现无线遥控功能。

2.45.1　实验描述

按下红外遥控器上的 2、5、8、4、6 键，小车可以实现刹车、前进、后退、左转、右转功能。

AU45 的电路原理图、电路板图和实物图如图 2.51 所示。

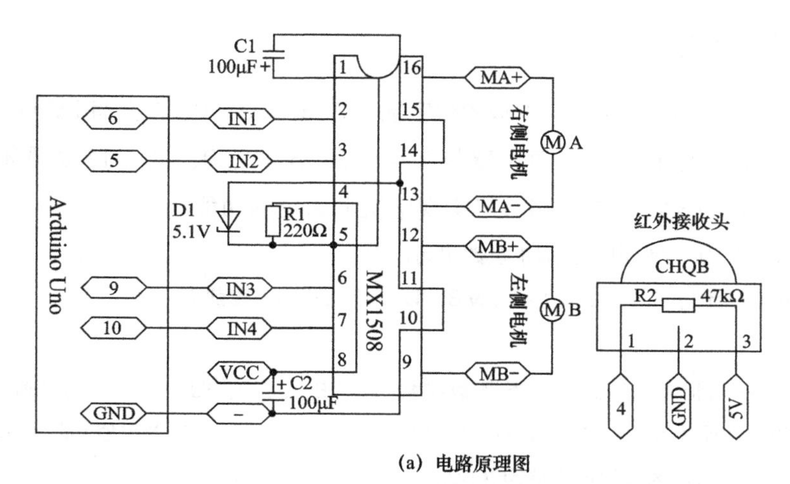

(a) 电路原理图

图 2.51　AU45 的电路原理图、电路板图和实物图

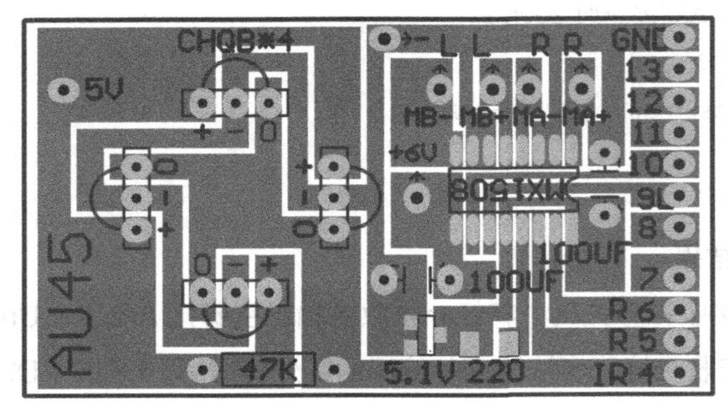

(b) 电路板图

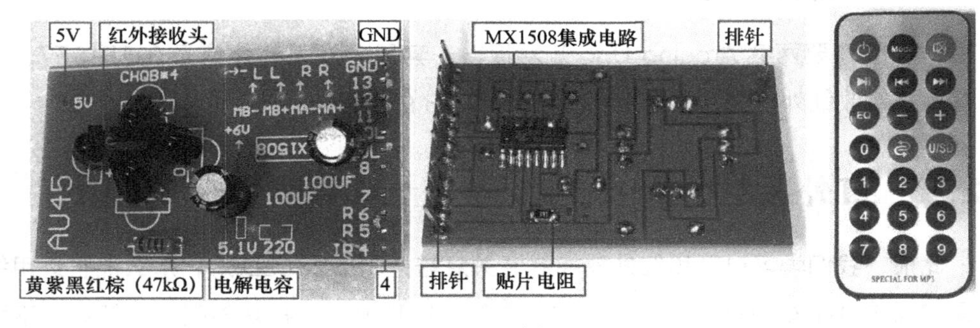

(c) 实物图

图 2.51　AU45 的电路原理图、电路板图和实物图（续）

2.45.2　知识要点

红外发射与红外接收具有一定的方向性，本实验在 4 个方向安装有 4 只 CHQB 红外接收头，每只红外接收头的接收角度为 ±45°，4 只红外接收头正好为 360°，即全方位接收。

2.45.3　编程要点

电机调速控制：Arduino Uno 开发板的数字端口 3、5、6、9、10、11 具有 PWM 功能，运用语句 analogWrite(pin,value) 可设置数字端口 3、5、6、9、10、11 实现输出近似模拟值，通过 MX1508 集成电路，可实现电机调速控制功能。

```
#define pinleft1 10// 左侧电机引脚 1 接数字端口 10。
analogWrite(pinleft1,100);// 左侧电机（MB）以 100/255 的速度前进。
```

语法：

```
analogWrite(pin,value);// 引脚 pin（特指数字端口 3、5、6、9、10、11）的输出值 value=
0 ~ 255，对应的占空比为 0% ~ 100%，对应的模拟电压值为 0 ~ 5V。当输出值 value=127 时，
对应的占空比为 50%，对应的模拟电压值为 2.5V。
```

使用语句 analogWrite（ ）; 输出模拟电压值时，不需要通过语句 pinMode（ ）; 设置端口为输出模式。

2.45.4　程序设计

（1）程序参考

```
#include <IRremote.h>// 定义头文件 IRremote.h。
IRrecv irrecv(4);//IRrecv 类构造函数，红外接收头输出引脚连接数字端口 4。
decode_results results;// 新建一个 decode_results 类的对象。
#define pinleft1 10// 左侧电机引脚 1 接数字端口 10。
#define pinleft2 9// 左侧电机引脚 2 接数字端口 9。
/* // 使用下面的两条语句可改变左侧电机的转动方向。
  #define pinleft1 9// 左侧电机引脚 1 接数字端口 9。
  #define pinleft2 10// 左侧电机引脚 2 接数字端口 10。
*/
#define pinright1 5// 右侧电机引脚 1 接数字端口 5。
#define pinright2 6// 右侧电机引脚 2 接数字端口 6。
/* // 使用下面的两条语句可改变右侧电机的转动方向。
  #define pinright1 6// 右侧电机引脚 1 接数字端口 6。
  #define pinright2 5// 右侧电机引脚 2 接数字端口 5。
*/
void setup(){// 设置电机引脚端口为输出模式。
  pinMode(pinleft1,OUTPUT);
  pinMode(pinleft2,OUTPUT);
  pinMode(pinright1,OUTPUT);
  pinMode(pinright2,OUTPUT);
  irrecv.enableIRIn();// 初始化红外通信。
}
void loop(){
  if(irrecv.decode(&results)){// 如果接收到编码，
    disp(results.value);// 调用显示子程序。
    irrecv.resume();// 接收下一个编码。
  }
}
void disp(unsigned long value){// 显示子程序。
  switch(value){
    case 0xFF18E7:// 如果接收到编码 0xFF18E7（按键 2），
      brake();// 刹车。
      break;// 退出选择。
```

```
      case 0xFF38C7:// 如果接收到编码 0xFF38C7（按键 5），
        forward();// 前进。
        break;// 退出选择。
      case 0xFF4AB5:// 如果接收到编码 0xFF4AB5（按键 8），
        back();// 后退。
        break;// 退出选择。
      case 0xFF10EF:// 如果接收到编码 0xFF10EF（按键 4），
        left();// 左转。
        break;// 退出选择。
      case 0xFF5AA5:// 如果接收到编码 0xFF5AA5（按键 6），
        right();// 右转。
        break;// 退出选择。
      default:
        wait();// 待机。
        break;// 退出选择。
    }
}
void wait(){// 待机。
  digitalWrite(pinleft1,0);
  digitalWrite(pinleft2,0);// 左侧电机（MB）待机。
  digitalWrite(pinright1,0);
  digitalWrite(pinright2,0);// 右侧电机（MA）待机。
  delay(100);// 延时 100ms。
}
void brake(){// 刹车。
  digitalWrite(pinleft1,1);
  digitalWrite(pinleft2,1);// 左侧电机（MB）刹车。
  digitalWrite(pinright1,1);
  digitalWrite(pinright2,1);// 右侧电机（MA）刹车。
  delay(100);// 延时 100ms。
}
void back(){// 后退。
  analogWrite(pinleft1,100);// 左侧电机（MB）以 100/255(占空比约为 39%）的速度后退。
  digitalWrite(pinleft2,0);
  analogWrite(pinright1,100);// 右侧电机（MB）以 100/255 的速度后退。
  digitalWrite(pinright2,0);
  delay(200);// 延时 200ms。
```

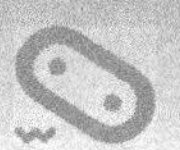

```
    digitalWrite(pinleft1,0);
    digitalWrite(pinright1,0);
  }
  void forward(){// 前进。
    digitalWrite(pinleft1,0);
    digitalWrite(pinleft2,1);// 左侧电机（MB）前进。
    digitalWrite(pinright1,0);
    digitalWrite(pinright2,1);// 右侧电机（MA）前进。
    delay(1000);// 延时 1000ms。
    digitalWrite(pinleft2,0);
    digitalWrite(pinright2,0);
  }
  void left(){// 左转。
    digitalWrite(pinleft1,1);
    digitalWrite(pinleft2,0);// 左侧电机（MB）后退。
    digitalWrite(pinright1,0);
    digitalWrite(pinright2,1);// 右侧电机（MA）前进。
    delay(100);// 延时 100ms。
    digitalWrite(pinleft1,0);
    digitalWrite(pinright2,0);
  }
  void right(){// 右转。
    digitalWrite(pinleft1,0);
    digitalWrite(pinleft2,1);// 左侧电机（MB）前进。
    digitalWrite(pinright1,1);
    digitalWrite(pinright2,0);// 右侧电机（MA）后退。
    delay(100);// 延时 100ms。
    digitalWrite(pinleft2,0);
    digitalWrite(pinright1,0);
  }
```

（2）实验结果

组装并焊接 AU45 电路板，将电路板的排针插入 Arduino Uno 开发板对应的插槽内。代码上传成功后，接通电源，按下红外遥控器上的 2、5、8、4、6 键，小车将刹车、前进、后退、左转、右转。

2.45.5　拓展和挑战

编程控制小车，按红外遥控器上的数字 2 键，小车前进；按数字 5 键，小车刹车；按数字 8 键，小车后退；按数字 4 键，小车左转；按数字 6 键，小车右转。

2.46 红外循迹小车

近年来，在一些机器人竞赛与展示中，常见红外循迹小车，在一些科技发明竞赛中，常见环保清洁小车、自动送餐小车、无人驾驶电车等，其核心技术均为通过红外发射管和红外接收管检测地面黑色引导线，引导小车前进、左转、右转。下面，让我们学习红外循迹小车编程控制实验。

2.46.1 实验描述

通过编程控制 2 只 TCRT5000 红外循迹传感器模块、MX1508 集成电路、2 只减速电机，让小车沿黑色引导线自动行走。

AU46 的电路原理图、电路板图和实物图如图 2.52 所示。

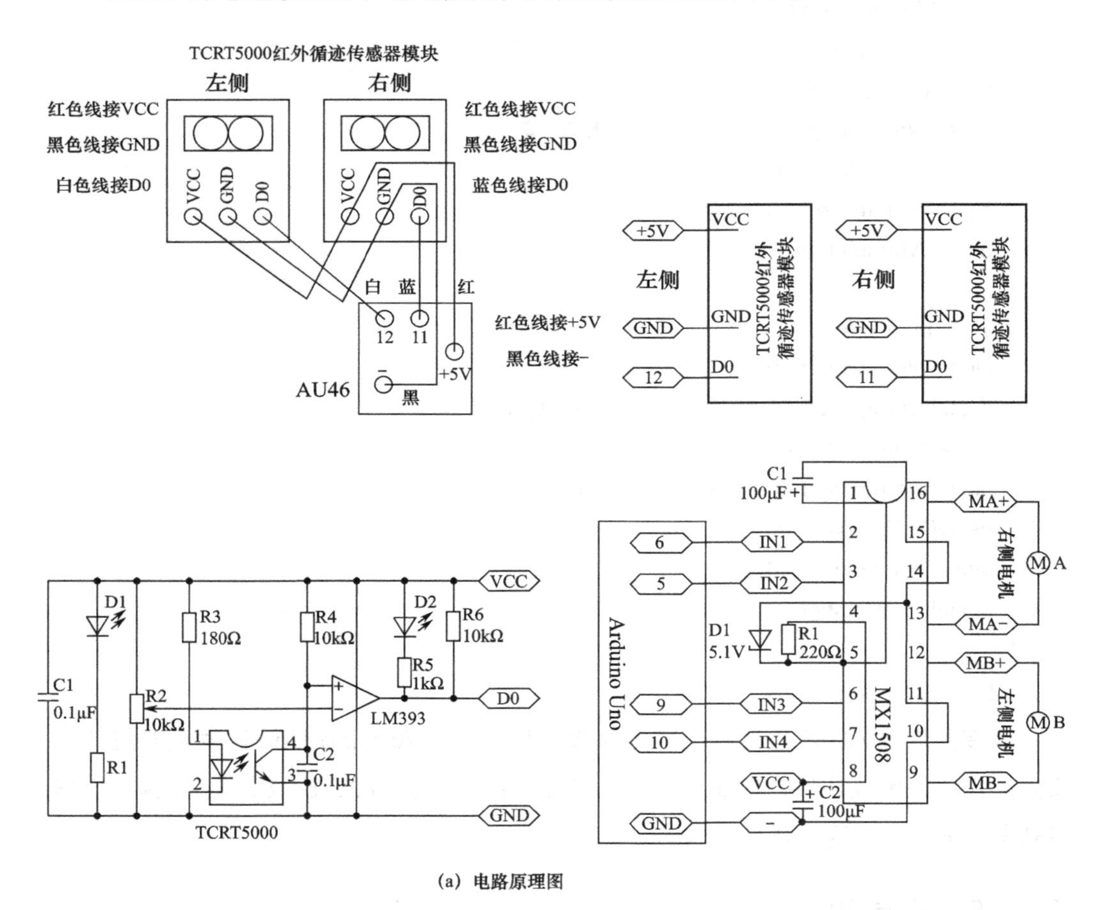

(a) 电路原理图

图 2.52　AU46 的电路原理图、电路板图和实物图

(b) 电路板图

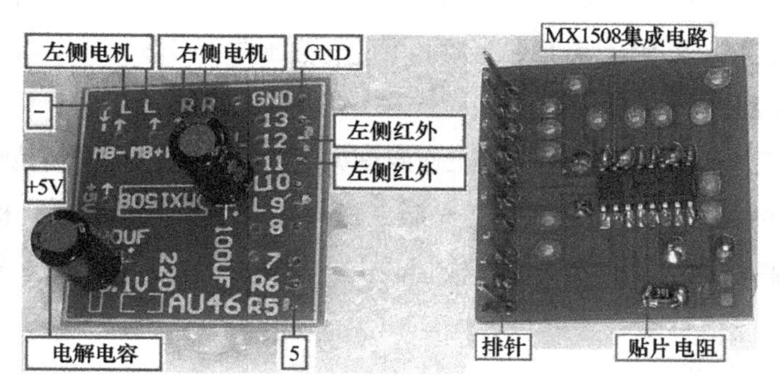

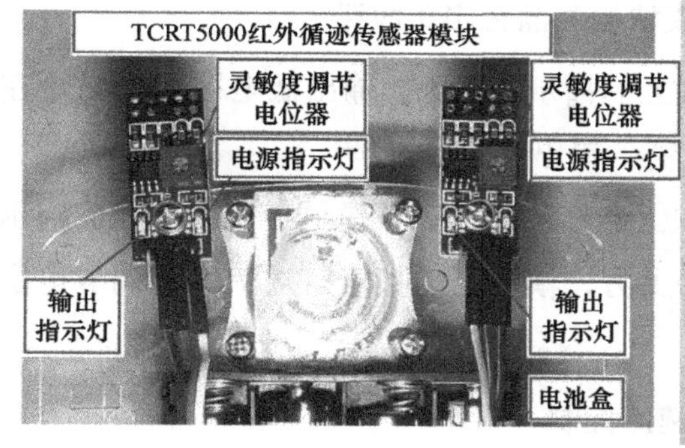

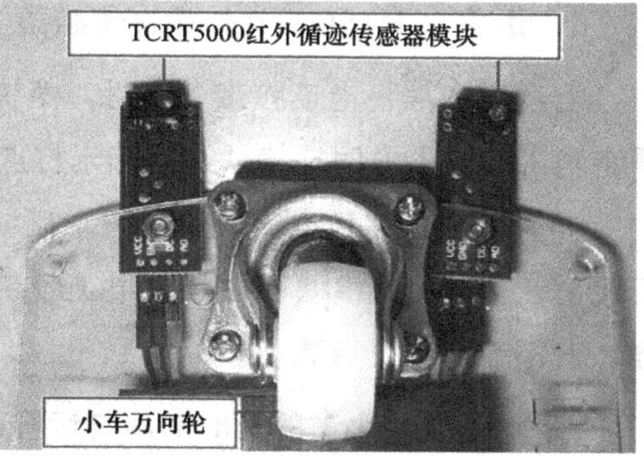

(c) 实物图

图 2.52　AU46 的电路原理图、电路板图和实物图（续）

2.46.2　知识要点

1．红外循迹小车

红外循迹小车是一种运用红外发射管和红外接收管检测地面黑色引导线，可沿黑色引导线行走的玩具小车。

2．红外接收管

红外接收管是将红外线光信号变成电信号的半导体器件，主要用于接收和感应红外发射管发出的红外光，常见的有红外光电二极管、红外光电三极管、红外接收头。红外光电二极管仅仅是将红外线光信号转换为电信号，红外光电三极管将红外线光信号转换为电信号的同时对电流进行放大。红外接收头内部集成了红外线接收二极管、放大器、限幅器、带通滤波器、比较器等的电路，能输出 TTL 电平信号。TTL 电平信号可直接与单片机输入端口连接，输出的高电平电压大于 2.4V，输出的低电平电压小于 0.4V。

3．TCRT5000红外循迹传感器模块

TCRT5000 红外循迹传感器模块是一款红外反射式光电开关，采用高功率红外发射二极管和高灵敏度光敏三极管组成，经施密特电路整形输出信号，具有稳定可靠的检测性能，可用于黑白线检测。工作电压为 DC 3 ~ 5.5V，检测距离为 1 ~ 8mm，焦点距离为 2.5mm。

TCRT5000 红外循迹传感器模块的工作原理如下：当有物体在检测范围内时，红外发射二极管发出的红外光被反射回来，光敏三极管接收到后饱和导通，模块上的指示灯将点亮，输出高电平；反之，光敏三极管截止，模块上的指示灯熄灭，输出低电平。

2.46.3 编程要点

1．运用TCRT5000红外循迹传感器模块检测黑色电工胶带

当模块在黑色电工胶带上方时，模块上的指示灯熄灭，输出低电平；模块不在黑色电工胶带上方时，模块上的指示灯点亮，输出高电平。

如果模块在黑色电工胶带上方，模块上的指示灯点亮，需调节电位器，使指示灯刚好熄灭；如果模块不在黑色电工胶带上方，模块上的指示灯熄灭，需调节电位器，使指示灯刚好点亮。

2．红外循迹小车的延时时间与运行速度控制

在前进、左转、右转代码中均使用了语句 delay(10); 表示延时 10ms。10ms 是经验值，延时时间越长，小车运动速度越慢，小车速度过慢，运动所需时间将过长；延时时间越短，小车运动速度越快，小车速度过快，极容易失去控制。

2.46.4 程序设计

（1）程序参考

```
#define pinleft1 10// 左侧电机引脚 1 接数字端口 10。
#define pinleft2 9// 左侧电机引脚 2 接数字端口 9。
/* // 使用下面的两条语句可改变左侧电机的转动方向。
  #define pinleft1 9// 左侧电机引脚 1 接数字端口 9。
```

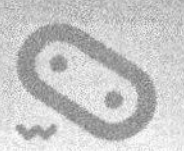

```
  #define pinleft2 10// 左侧电机引脚 2 接数字端口 10。
*/
#define pinright1 5// 右侧电机引脚 1 接数字端口 5。
#define pinright2 6// 右侧电机引脚 2 接数字端口 6。
/* // 使用下面的两条语句可改变右侧电机的转动方向。
  #define pinright1 6// 右侧电机引脚 1 接数字端口 6。
  #define pinright2 5// 右侧电机引脚 2 接数字端口 5。
*/
void setup(){// 设置电机引脚端口为输出模式。
  pinMode(pinleft1,OUTPUT);
  pinMode(pinleft2,OUTPUT);
  pinMode(pinright1,OUTPUT);
  pinMode(pinright2,OUTPUT);
}
void loop(){
  delay(50);// 延时 50ms。如将参数 50 修改为 40，小车运动速度将明显变快。
  if(digitalRead(12)==1 && digitalRead(11)==0){
    // 如果数字端口 12 为高电平，数字端口 11 为低电平，
    left();// 左转。
  }
  if(digitalRead(12)==0 && digitalRead(11)==1){
    // 如果数字端口 12 为低电平，数字端口 11 为高电平，
    right();// 右转。
  }
  if(digitalRead(12)==1 && digitalRead(11)==1){
    // 如果数字端口 12 和 11 均为高电平，
    wait();// 待机。
  }
  if(digitalRead(12)==0 && digitalRead(11)==0){
    // 如果数字端口 12 和 11 均为低电平，
    forward();// 前进。
  }
}
void forward(){// 前进。
  digitalWrite(pinleft1,0);
  digitalWrite(pinleft2,1);// 左侧电机（MB）前进。
  digitalWrite(pinright1,0);
  digitalWrite(pinright2,1);// 右侧电机（MA）前进。
  delay(10);// 延时 10ms。
```

```
    digitalWrite(pinleft2,0);
    digitalWrite(pinright2,0);
  }
  void wait(){// 待机。
    digitalWrite(pinleft1,0);
    digitalWrite(pinleft2,0);
    digitalWrite(pinright1,0);
    digitalWrite(pinright2,0);
    delay(10);// 延时 10ms。
  }
  void left(){// 左转。
    digitalWrite(pinleft1,1);
    digitalWrite(pinleft2,0);// 左侧电机（MB）后退。
    digitalWrite(pinright1,0);
    digitalWrite(pinright2,1);// 右侧电机（MA）前进。
    delay(10);// 延时 10ms。
    digitalWrite(pinleft1,0);
    digitalWrite(pinright2,0);
  }
  void right(){// 右转。
    digitalWrite(pinleft1,0);
    digitalWrite(pinleft2,1);// 左侧电机（MB）前进。
    digitalWrite(pinright1,1);
    digitalWrite(pinright2,0);// 右侧电机（MA）后退。
    delay(10);// 延时 10ms。
    digitalWrite(pinleft2,0);
    digitalWrite(pinright1,0);
  }
```

（2）实验结果

组装并焊接 AU46 电路板，将电路板的排针插入 Arduino Uno 开发板对应的插槽内。将 TCRT5000 红外循迹传感器模块的 VCC、GND 引脚接 Arduino Uno 开发板的 +5V、GND 端口，左侧 TCRT5000 红外循迹传感器模块的 D0 引脚接 Arduino Uno 开发板的数字端口 12，右侧 TCRT5000 红外循迹传感器模块的 D0 引脚接 Arduino Uno 开发板的数字端口 11。

代码上传成功后，给小车通电，正常情形如下。

情形一：左右两侧的红外传感器下方无白纸，两侧亮红灯，小车静止。

情形二：左侧的红外传感器下方有白纸，左侧亮绿灯，小车右转。

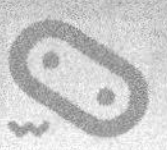

情形三：右侧的红外传感器下方有白纸，右侧亮绿灯，小车左转。

情形四：左右两侧的红外传感器下方有白纸，两侧亮绿灯，小车前进。

如果出现异常，需检查程序代码或调节 TCRT5000 红外循迹传感器模块上的电位器。调节电位器的方法如下：当模块在黑色电工胶带上方时，亮红灯；当模块不在黑色电工胶带上方、在白纸（或白色地板）上方时，亮绿灯。这一步很重要。

调试好后，用黑色电工胶带在地面上粘贴一条黑色引导线，小车将沿黑色引导线行走。

2.46.5　拓展和挑战

将参数调整至最佳值，使小车运行时间短，而且能始终沿黑色电工胶带的路线行走。

2.47　双超声波测距模块固定型避障小车

智能小车作为机器人的典型代表，具备自动避开障碍物行走的功能，相对于普通小车来说有巨大进步。下面，我们通过 2 只超声波测距模块与双电机正反转电路，编程控制小车，使之具备避障功能。

2.47.1　实验描述

编程控制 2 只 US-015 超声波测距模块、MX1508 集成电路、2 只减速电机，使小车可自动避开障碍物行走。

AU47 的电路原理图、电路板图和实物图如图 2.53 所示。

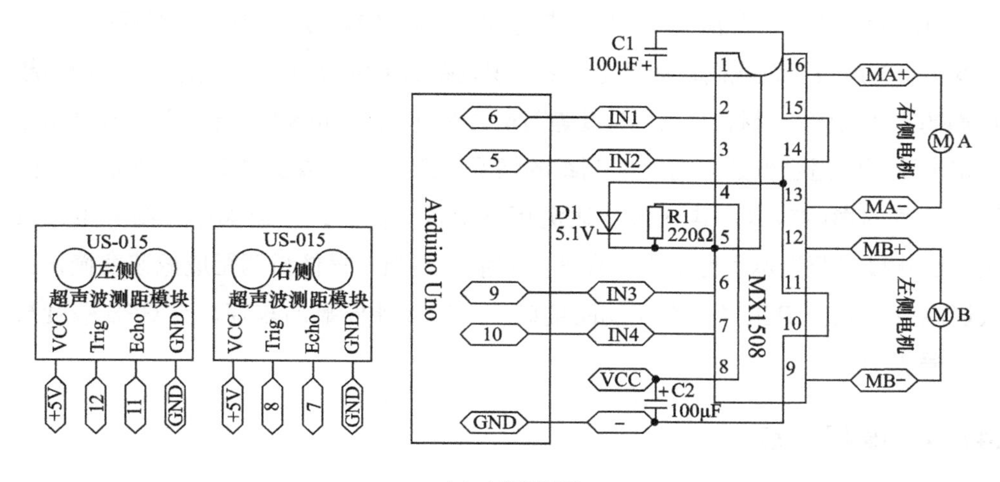

(a) 电路原理图

图 2.53　AU47 的电路原理图、电路板图和实物图

(b) 电路板图

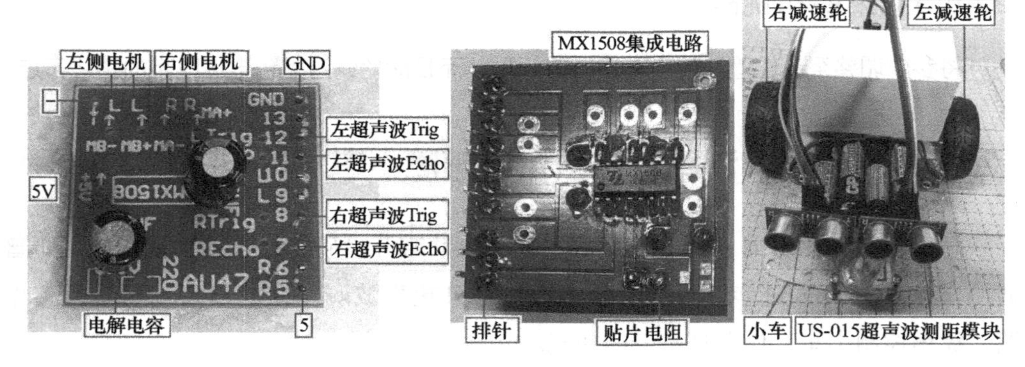

(c) 实物图

图 2.53 AU47 的电路原理图、电路板图和实物图（续）

2.47.2 知识要点

本实验涉及超声波测距、双电机正反转、编程控制技术。

超声波测距原理：距离 = 时间 × 声速 /2，即距离等于超声波往返路程的一半。

本实验超声波测距代码，从理论上讲，识别距离精度为 1cm，在实际应用中，超声波受障碍物的大小、材料、反射角度等因素的影响，识别距离精度有时远大于 1cm。

超声波测距适合低速、短距离测距的情况。激光测距精度很高，量程很大，受光源与天气的影响较大。毫米波雷达测距分辨很高，受天气影响小，易受电磁波干扰。红外线测距受温度影响大，穿透雾霾能力不强。摄像机测距成像速度慢，受天气影响会失效。卫星导航系统测距能感知 300m 外停靠的车辆，受 GPS 精度与 GPS 信号影响。

2.47.3 编程要点

1. 双超声波测距模块固定型避障小车的编程原理

如果左侧和右侧检测距离均大于 30cm，让小车前进。如果左侧和右侧检测距

离均小于 30cm，而且左侧检测距离小于右侧检测距离，让小车首先后退然后右转；如果左侧检测距离大于右侧检测距离，让小车首先后退然后左转。

调整左右电机前后左右运动的延时值，可优化小车的行走速度与避障性能。

2．双超声波测距模块固定型避障小车的编程方法

第一步，编写超声波测距程序。

```
digitalWrite(8,HIGH);// 超声波 Trig 引脚输出高电平。
delayMicroseconds(50);// 延时 50 μ s。
digitalWrite(8,LOW);// 超声波 Trig 引脚输出低电平。
EchoTime_us=pulseIn(7,HIGH);// 测量超声波从发射到接收所经过的时间。
distance_cm_right=EchoTime_us/58.14;// 距离 = 时间 × 声速 /2。
```

第二步，编写小车前进程序。

```
if(distance_cm_left>30 && distance_cm_right>30){forward();}
// 如果左侧和右侧检测距离均大于 30cm，那么小车前进。
```

第三步，编写小车右转程序。

```
if(distance_cm_left<30 && distance_cm_right<30 && distance_cm_left<distance_cm_right){back();right();}// 如果左侧和右侧检测距离均小于 30cm，而且左侧检测距离小于右侧检测距离，让小车首先后退然后右转。
```

第四步，编写小车左转程序。

```
if(distance_cm_left<30 && distance_cm_right<30 && distance_cm_left>distance_cm_right){back();left();}// 如果左侧和右侧检测距离均小于 30cm，而且左侧检测距离大于右侧检测距离，让小车首先后退然后左转。
```

2.47.4　程序设计

（1）程序参考

```
unsigned long EchoTime_us_left=0;// 定义无符号长整型变量。
unsigned long distance_cm_left=0;// 定义无符号长整型变量。
unsigned long EchoTime_us_right=0;// 定义无符号长整型变量。
unsigned long distance_cm_right=0;// 定义无符号长整型变量。
#define pinleft1 10// 左侧电机引脚 1 接数字端口 10。
#define pinleft2 9// 左侧电机引脚 2 接数字端口 9。
/* // 使用下面的两条语句可改变左侧电机的转动方向。
  #define pinleft1 9// 左侧电机引脚 1 接数字端口 9。
  #define pinleft2 10// 左侧电机引脚 2 接数字端口 10。
*/
```

```
#define pinright1 5// 右侧电机引脚 1 接数字端口 5。
#define pinright2 6// 右侧电机引脚 2 接数字端口 6。
/* // 使用下面的两条语句可改变右侧电机的转动方向。
  #define pinright1 6// 右侧电机引脚 1 接数字端口 6。
  #define pinright2 5// 右侧电机引脚 2 接数字端口 5。
*/
void setup(){
  Serial.begin(9600);// 打开串口，设置数据传输速率为 9600bps。
  pinMode(7,INPUT);// 右超声波 Echo 引脚连接端口 7 为输入模式。
  pinMode(8,OUTPUT);// 右超声波 Trig 引脚连接端口 8 为输出模式。
  pinMode(11,INPUT);// 左超声波 Echo 引脚连接端口 11 为输入模式。
  pinMode(12,OUTPUT);// 左超声波 Trig 引脚连接端口 12 为输出模式。
  pinMode(pinleft1,OUTPUT);
  pinMode(pinleft2,OUTPUT);
  pinMode(pinright1,OUTPUT);
  pinMode(pinright2,OUTPUT);
}
void loop(){
  digitalWrite(8,HIGH);// 右超声波 Trig 引脚输出高电平。
  delayMicroseconds(50);// 延时 50 μ s。
  digitalWrite(8,LOW);// 右超声波 Trig 引脚输出低电平。
  EchoTime_us_right=pulseIn(7,HIGH);// 测量超声波从发射到接收所经过的时间。
  distance_cm_right=EchoTime_us_right/58.14;// 距离 = 时间 × 声速 /2。
  Serial.print(" 右侧检测距离是 : ");// 打印字符。
  Serial.print(distance_cm_right,DEC);// 打印平均距离。
  Serial.println("cm");// 打印字符 "cm"。
  if(distance_cm_right<30){// 如果右侧检测距离小于 30cm，
    Serial.println(" 右侧小心！ 当前距离小于安全距离 30cm");// 打印字符。
  }
  delay(100);// 延时 100ms。
  digitalWrite(12,HIGH);// 左超声波 Trig 引脚输出高电平。
  delayMicroseconds(50);// 延时 50 μ s。
  digitalWrite(12,LOW);// 左超声波 Trig 引脚输出低电平。
  EchoTime_us_left=pulseIn(11,HIGH);// 测量超声波从发射到接收所经过的时间。
```

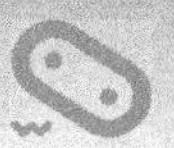

```
    distance_cm_left=EchoTime_us_left/58.14;// 距离 = 时间 × 声速 /2。
    Serial.print(" 左侧检测距离是 : ");// 打印字符。
    Serial.print(distance_cm_left,DEC);// 打印平均距离。
    Serial.println("cm");// 打印字符 “cm”。
    if(distance_cm_left<30){// 如果左侧检测距离小于 30cm，
      Serial.println(" 左侧小心！当前距离小于安全距离 30cm");// 打印字符。
    }
    delay(100);// 延时 100ms。
    if(distance_cm_left>30 && distance_cm_right>30){
      // 如果左侧和右侧检测距离均大于 30cm，
      forward();// 前进。
    }
    if(distance_cm_left<30 && distance_cm_right<30 && distance_cm_left>distance_cm_
right){
      // 如果左侧和右侧检测距离均小于 30cm，而且左侧检测距离大于右侧检测距离，
      back();// 后退。
      back();// 后退。
      back();// 后退。
      back();// 后退。
      left();// 左转。
      left();// 左转。
      left();// 左转。
      left();// 左转。
    }
    if(distance_cm_left<30 && distance_cm_right<30 && distance_cm_left<distance_cm_
right){
      // 如果左侧和右侧检测距离均小于 30cm，而且左侧检测距离小于右侧检测距离，
      back();// 后退。
      back();// 后退。
      back();// 后退。
      back();// 后退。
      right();// 右转。
      right();// 右转。
      right();// 右转。
```

```
        right();// 右转。
    }
    if(distance_cm_left>30 && distance_cm_right<30){
        left();// 左转。
    }
    if(distance_cm_left<30 && distance_cm_right>30){
        right();// 右转。
    }
}
void forward(){// 前进。
    digitalWrite(pinleft1,0);
    digitalWrite(pinleft2,1);// 左侧电机（MB）前进。
    digitalWrite(pinright1,0);
    digitalWrite(pinright2,1);// 右侧电机（MA）前进。
    delay(200);// 延时 200ms。
    digitalWrite(pinleft2,0);
    digitalWrite(pinright2,0);
}
void back(){// 后退。
    digitalWrite(pinleft1,1);
    digitalWrite(pinleft2,0);// 左侧电机（MB）后退。
    digitalWrite(pinright1,1);
    digitalWrite(pinright2,0);// 右侧电机（MA）后退。
    delay(100);// 延时 100ms。
    digitalWrite(pinleft2,1);
    digitalWrite(pinright2,1);
}
void left(){// 左转。
    digitalWrite(pinleft1,1);
    digitalWrite(pinleft2,0);// 左侧电机（MB）后退。
    digitalWrite(pinright1,0);
    digitalWrite(pinright2,1);// 右侧电机（MA）前进。
    delay(100);// 延时 100ms。
    digitalWrite(pinleft1,0);
```

```
    digitalWrite(pinright2,0);
  }
  void right(){// 右转。
    digitalWrite(pinleft1,0);
    digitalWrite(pinleft2,1);// 左侧电机（MB）前进。
    digitalWrite(pinright1,1);
    digitalWrite(pinright2,0);// 右侧电机（MA）后退。
    delay(100);// 延时 100ms。
    digitalWrite(pinleft2,0);
    digitalWrite(pinright1,0);
  }
```

（2）实验结果

组装并焊接 AU47 电路板，将电路板的排针插入 Arduino Uno 开发板对应的插槽内，将左侧超声波测距模块 US-015 的 VCC、Trig、Echo、GND 引脚分别接 Arduino Uno 开发板的 VCC、12、11、GND 端口，将右侧超声波测距模块 US-015 的 VCC、Trig、Echo、GND 引脚分别接 Arduino Uno 开发板的 VCC、8、7、GND 端口。接通电源，小车可自动避开障碍物行走。

2.47.5　拓展和挑战

调整超声波测距时的延时时间与前后左右运动的延时时间，使小车行走速度更快，避障性能更佳。

2.48　单超声波测距模块扫描型避障小车

我们学习了双超声波测距模块固定型避障小车实验，能较好地实现小车避开障碍物行走功能，下面学习单超声波测距模块扫描型避障小车实验，实现小车避开障碍物行走功能。如果感兴趣，还可尝试编程控制红外线测距、毫米波雷达测距或其他方式，实现小车避开障碍物行走功能。

2.48.1　实验描述

本实验编程控制 1 只 US-015 超声波测距模块、1 只 SG90 舵机、MX1508 集成电路 、2 只减速电机，使小车可自动避开障碍物行走。

AU48 的电路原理图、电路板图和实物图如图 2.54 所示。

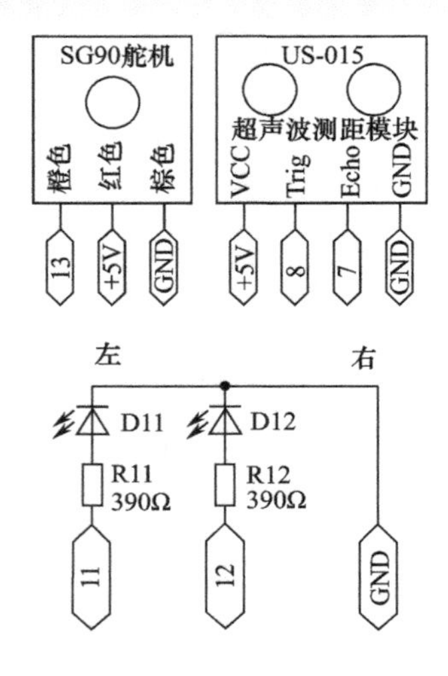

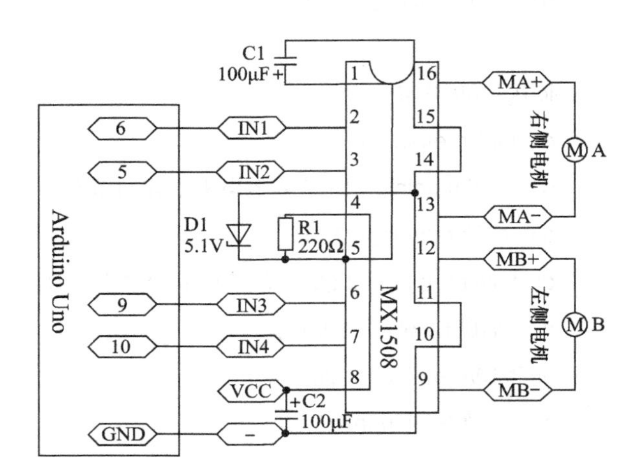

(a) 电路原理图

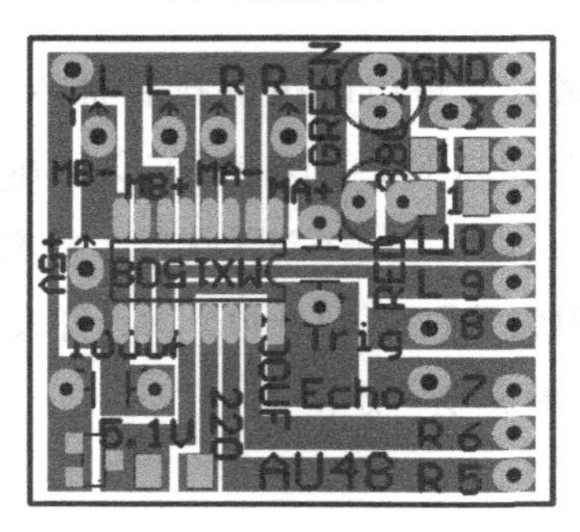

(b) 电路板图

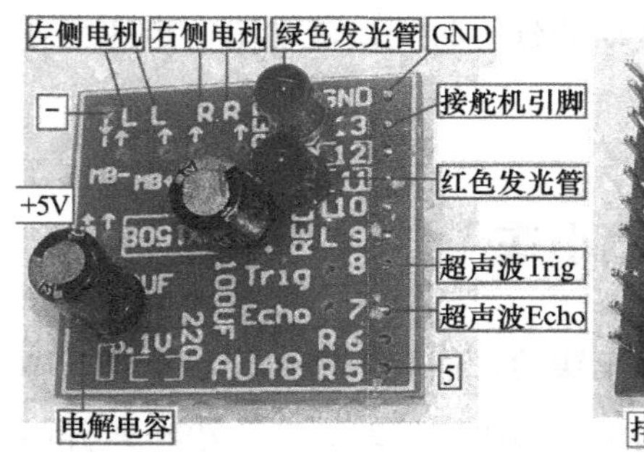

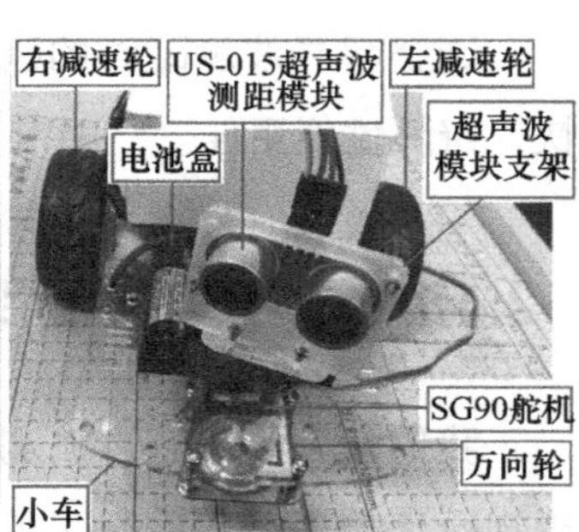

(c) 实物图

图 2.54　AU48 的电路原理图、电路板图和实物图

2.48.2　知识要点

本实验涉及舵机控制、超声波测距、双电机正反转、编程控制技术。

本实验将超声波测距模块 US-015 固定在 SG90 舵机上，将 SG90 舵机的橙色引线、红色引线、棕色引线分别接 Arduino Uno 开发板的端口 13、+5V、GND。

2.48.3　编程要点

单超声波测距模块扫描型避障小车的编程方法如下。

第一步，利用 2.48.4 节的代码一使超声波测距模块朝向正前方偏右 30°、正前方和正前方偏左 30°。

第二步，利用 2.48.4 节的代码二检测小车前进、后退、左转、右转功能是否正常。

第三步，利用 2.48.4 节的代码三实现小车避开障碍物行走功能。将超声波测距模块 US-015 的 VCC、Trig、Echo、GND 引脚分别接 Arduino Uno 开发板的 +5V、8、7、GND 端口，将 MX1508 电路的 -、IN1、IN2、IN3、IN4 分别接 Arduino Uno 开发板的 GND、6、5、9、10 端口，接直流 5 ~ 6V 电源；将左侧红色 LED 灯、右侧绿色 LED 灯分别接到 Arduino Uno 开发板的端口 11、12。

2.48.4　程序设计

1. 代码一

（1）程序参考

```
#include <Servo.h>// 定义头文件 Servo.h。
Servo servo13;// 定义舵机变量名 servo13。
void setup(){
  servo13.attach(13);// 设置舵机接口为数字端口 13。
}
void loop(){
  servo13.write(60);// 设置舵机旋转的角度为 60°，即朝向正前方偏右 30°。
  delay(3000);// 延时 3000ms。
  servo13.write(90);// 设置舵机旋转的角度为 90°，即朝向正前方。
  delay(3000);// 延时 3000ms。
  servo13.write(120);// 设置舵机旋转的角度为 120°，即朝向正前方偏左 30°。
  delay(3000);// 延时 3000ms。
}
```

（2）实验结果

此代码用于超声波测距模块方位调试。将超声波测距模块固定在舵机上，代码上传成功后，舵机第一次转动角度，超声波测距模块朝向车头正前方偏右 30°；舵机第二次转动角度，超声波测距模块朝向车头正前方；舵机第三次转动角度，超声波测距模块朝向车头正前方偏左 30°。方位调试示意图如图 2.55 所示。

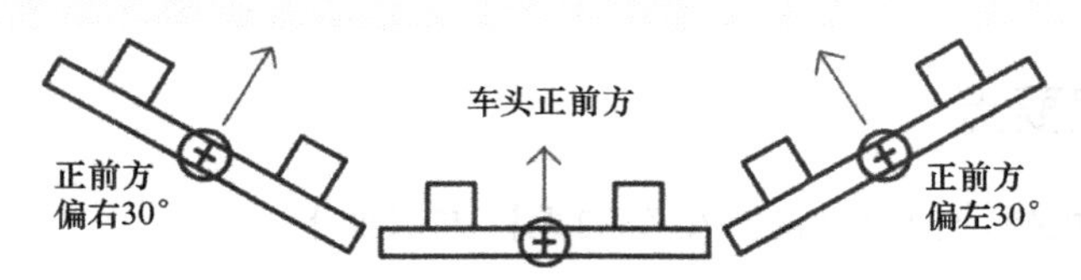

图 2.55　超声波测距模块方位调试示意图

2. 代码二

（1）程序参考

```
#define pinleft1 10// 左侧电机引脚 1 接数字端口 10。
#define pinleft2 9// 左侧电机引脚 2 接数字端口 9。
/* // 使用下面的两条语句可改变左侧电机的转动方向。
  #define pinleft1 9// 左侧电机引脚 1 接数字端口 9。
  #define pinleft2 10// 左侧电机引脚 2 接数字端口 10。
*/
#define pinright1 5// 右侧电机引脚 1 接数字端口 5。
#define pinright2 6// 右侧电机引脚 2 接数字端口 6。
/* // 使用下面的两条语句可改变右侧电机的转动方向。
  #define pinright1 6// 右侧电机引脚 1 接数字端口 6。
  #define pinright2 5// 右侧电机引脚 2 接数字端口 5。
*/
#define Rledleft 11// 左侧红色 LED 灯引脚接数字端口 11。
#define Gledright 12// 右侧绿色 LED 灯引脚接数字端口 12。
void setup(){// 设置电机、LED 灯引脚端口为输出模式。
  pinMode(pinleft1,OUTPUT);
  pinMode(pinleft2,OUTPUT);
  pinMode(pinright1,OUTPUT);
  pinMode(pinright2,OUTPUT);
  pinMode(Rledleft,OUTPUT);
  pinMode(Gledright,OUTPUT);
}
void loop(){
  forward();// 前进。
  delay(5000);// 延时 5000ms。
  back();// 后退。
  delay(2000);// 延时 2000ms。
  left();// 左转。
```

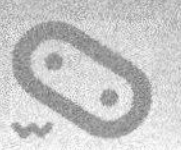

```
    delay(5000);// 延时 5000ms。
    right();// 右转。
    delay(2000);// 延时 2000ms。
}
void forward(){// 前进。
    digitalWrite(Rledleft,1);
    digitalWrite(Gledright,1);
    digitalWrite(pinleft1,0);
    digitalWrite(pinleft2,1);// 左侧电机（MB）前进。
    digitalWrite(pinright1,0);
    digitalWrite(pinright2,1);// 右侧电机（MA）前进。
    delay(200);// 延时 200ms。
    digitalWrite(Rledleft,0);
    digitalWrite(Gledright,0);
    digitalWrite(pinleft2,0);
    digitalWrite(pinright2,0);
}
void back(){// 后退。
    digitalWrite(pinleft1,1);
    digitalWrite(pinleft2,0);// 左侧电机（MB）后退。
    digitalWrite(pinright1,1);
    digitalWrite(pinright2,0);// 右侧电机（MA）后退。
    delay(100);// 延时 100ms。
    digitalWrite(pinleft1,0);
    digitalWrite(pinright1,0);
}
void left(){// 左转。
    digitalWrite(Gledright,1);
    digitalWrite(pinleft1,1);
    digitalWrite(pinleft2,0);// 左侧电机（MB）后退。
    digitalWrite(pinright1,0);
    digitalWrite(pinright2,1);// 右侧电机（MA）前进。
    delay(100);// 延时 100ms。
    digitalWrite(Gledright,0);
    digitalWrite(pinleft1,0);
    digitalWrite(pinright2,0);
```

```
}
void right(){// 右转。
  digitalWrite(Rledleft,1);
  digitalWrite(pinleft1,0);
  digitalWrite(pinleft2,1);// 左侧电机（MB）前进。
  digitalWrite(pinright1,1);
  digitalWrite(pinright2,0);// 右侧电机（MA）后退。
  delay(100);// 延时 100ms。
  digitalWrite(Rledleft,0);
  digitalWrite(pinleft2,0);
  digitalWrite(pinright1,0);
}
```

（2）实验结果

检测小车前进、后退、左转、右转功能是否正常。

3．代码三

（1）程序参考

```
#include <Servo.h>// 定义头文件 Servo.h。
Servo servo13;// 定义舵机变量名 servo13。
unsigned long EchoTime_us=0;// 定义无符号长整型变量。
unsigned long distance_cm_left=0;// 定义无符号长整型变量。
unsigned long distance_cm_right=0;// 定义无符号长整型变量。
#define pinleft1 10// 左侧电机引脚 1 接数字端口 10。
#define pinleft2 9// 左侧电机引脚 2 接数字端口 9。
/* // 使用下面的两条语句可改变左侧电机的转动方向。
  #define pinleft1 9// 左侧电机引脚 1 接数字端口 9。
  #define pinleft2 10// 左侧电机引脚 2 接数字端口 10。
*/
#define pinright1 5// 右侧电机引脚 1 接数字端口 5。
#define pinright2 6// 右侧电机引脚 2 接数字端口 6。
/* // 使用下面的两条语句可改变右侧电机的转动方向。
  #define pinright1 6// 右侧电机引脚 1 接数字端口 6。
  #define pinright2 5// 右侧电机引脚 2 接数字端口 5。
*/
#define Rledleft 11// 左侧红色 LED 灯引脚接数字端口 11。
#define Gledright 12// 右侧绿色 LED 灯引脚接数字端口 12。
```

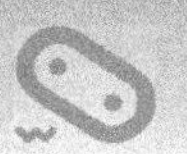

```
void setup(){
  servo13.attach(13);// 设置舵机接口为数字端口 13。
  pinMode(7,INPUT);// 超声波 Echo 引脚连接端口 7 为输入模式。
  pinMode(8,OUTPUT);// 超声波 Trig 引脚连接端口 8 为输出模式。
  pinMode(pinleft1,OUTPUT);
  pinMode(pinleft2,OUTPUT);
  pinMode(pinright1,OUTPUT);
  pinMode(pinright2,OUTPUT);
  pinMode(Rledleft,OUTPUT);
  pinMode(Gledright,OUTPUT);
}
void loop(){
  servo13.write(60);// 设置舵机旋转的角度为 60° 。
  delay(200);// 延时 200ms。
  digitalWrite(8,HIGH);// 超声波 Trig 引脚输出高电平。
  delayMicroseconds(50);// 延时 50 μ s。
  digitalWrite(8,LOW);// 超声波 Trig 引脚输出低电平。
  EchoTime_us=pulseIn(7,HIGH);// 测量超声波从发射到接收所经过的时间。
  distance_cm_right=EchoTime_us/58.14;// 距离 = 时间 × 声速 /2。
  delay(50);// 延时 50ms。
  if(distance_cm_right<30){
    digitalWrite(12,HIGH);// 右侧绿色 LED 灯连接端口 12 输出高电平。
  }
  if(distance_cm_right>30){
    digitalWrite(12,LOW);// 右侧绿色 LED 灯连接端口 12 输出低电平。
  }
  servo13.write(120);// 设置舵机旋转的角度为 120° 。
  delay(200);// 延时 200ms。
  digitalWrite(8,HIGH);// 超声波 Trig 引脚输出高电平。
  delayMicroseconds(50);// 延时 50 μ s。
  digitalWrite(8,LOW);// 超声波 Trig 引脚输出低电平。
  EchoTime_us=pulseIn(7,HIGH);// 测量超声波从发射到接收所经过的时间。
  distance_cm_left=EchoTime_us/58.14;// 距离 = 时间 × 声速 /2。
  delay(50);// 延时 50ms。
  if(distance_cm_left<30){
    digitalWrite(11,HIGH);// 左侧红色 LED 灯连接端口 11 输出高电平。
```

```
    }
    if(distance_cm_left>30){
      digitalWrite(11,LOW);// 左侧红色 LED 灯连接端口 11 输出低电平。
    }
    if(distance_cm_left>30 && distance_cm_right>30){
      forward();// 前进。
    }
    if(distance_cm_left<30 && distance_cm_right<30 && distance_cm_left>distance_cm_
right){
      back();// 后退。
      back();// 后退。
      back();// 后退。
      back();// 后退。
      left();// 左转。
      left();// 左转。
      left();// 左转。
      left();// 左转。
    }
    if(distance_cm_left<30 && distance_cm_right<30 && distance_cm_left<distance_cm_
right){
      back();// 后退。
      back();// 后退。
      back();// 后退。
      back();// 后退。
      right();// 右转。
      right();// 右转。
      right();// 右转。
      right();// 右转。
    }
    if(distance_cm_left>30 && distance_cm_right<30){
      left();// 左转。
    }
    if(distance_cm_left<30 && distance_cm_right>30){
      right();// 右转。
    }
  }
```

```
void forward(){// 前进。
  digitalWrite(Rledleft,1);
  digitalWrite(Gledright,1);
  digitalWrite(pinleft1,0);
  digitalWrite(pinleft2,1);// 左侧电机（MB）前进。
  digitalWrite(pinright1,0);
  digitalWrite(pinright2,1);// 右侧电机（MA）前进。
  delay(200);// 延时 200ms。
  digitalWrite(Rledleft,0);
  digitalWrite(Gledright,0);
  digitalWrite(pinleft2,0);
  digitalWrite(pinright2,0);
}
void back(){// 后退。
  digitalWrite(pinleft1,1);
  digitalWrite(pinleft2,0);// 左侧电机（MB）后退。
  digitalWrite(pinright1,1);
  digitalWrite(pinright2,0);// 右侧电机（MA）后退。
  delay(100);// 延时 100ms。
  digitalWrite(pinleft1,0);
  digitalWrite(pinright1,0);
}
void left(){// 左转。
  digitalWrite(Gledright,1);
  digitalWrite(pinleft1,1);
  digitalWrite(pinleft2,0);// 左侧电机（MB）后退。
  digitalWrite(pinright1,0);
  digitalWrite(pinright2,1);// 右侧电机（MA）前进。
  delay(100);// 延时 100ms。
  digitalWrite(Gledright,0);
  digitalWrite(pinleft1,0);
  digitalWrite(pinright2,0);
}
void right(){// 右转。
  digitalWrite(Rledleft,1);
  digitalWrite(pinleft1,0);
```

```
    digitalWrite(pinleft2,1);// 左侧电机（MB）前进。
    digitalWrite(pinright1,1);
    digitalWrite(pinright2,0);// 右侧电机（MA）后退。
    delay(100);// 延时 100ms。
    digitalWrite(Rledleft,0);
    digitalWrite(pinleft2,0);
    digitalWrite(pinright1,0);
}
```

（2）实验结果

实现单超声波测距模块扫描型避障小车行走功能。当小车右前方有障碍物时，右侧绿色 LED 灯点亮，小车左转弯；当小车左前方有障碍物时，左侧红色 LED 灯点亮，小车右转弯；当小车左前方和右前方都有障碍物时，左侧红色 LED 灯和右侧绿色 LED 灯均点亮，小车先后退，然后左转或右转；当小车前方无障碍物时，左右两侧的 LED 灯均不亮，小车前进。

2.48.5 拓展和挑战

（1）调整超声波测距时的延时值与前后左右运动时的延时值，使小车行走速度更快，避障性能更佳。

（2）编程控制红外线测距、毫米波雷达测距或其他方式，实现小车避开障碍物行走功能。